区块链技术开发系列

BLOCKCHAIN

"十四五"时期
国家重点出版物出版专项规划项目

U0233655

Go 语言

Hyperledger
区块链开发实战

李晓黎 / 编著

人民邮电出版社
北　京

图书在版编目（CIP）数据

Go语言Hyperledger区块链开发实战 / 李晓黎编著
. -- 北京：人民邮电出版社，2022.12
（区块链技术开发系列）
ISBN 978-7-115-60041-7

Ⅰ. ①G… Ⅱ. ①李… Ⅲ. ①区块链技术 Ⅳ.
①TP311.135.9

中国版本图书馆CIP数据核字(2022)第168849号

内 容 提 要

Go 语言是近年来非常流行的新兴编程语言，它不仅是以太坊客户端和 Hyperledger Fabric 区块链平台的开发语言，而且广泛应用于区块链应用的开发。

本书介绍使用 Go 语言开发的经典联盟链项目 Hyperledger Fabric，它由 Linux 基金会管理。国外的微软、摩根大通、世界银行和国内的华为、阿里巴巴、百度、腾讯等企业都参与了 Hyperledger 社区的建设。本书涵盖 Hyperledger Fabric 区块链平台的体系结构、各组件的工作原理和管理方法、Go 语言的基本编程方法，以及使用 Go 语言开发 Hyperledger Fabric 智能合约和应用程序的方法。读者在阅读本书时可以充分了解和体验 Hyperledger Fabric 区块链的强大功能，以及使用 Go 语言开发区块链应用的便利。

本书既可作为高等院校"区块链开发""Web 应用程序设计"等课程的教材，也可作为区块链应用开发人员的参考用书。

♦ 编　著　李晓黎
　责任编辑　曾　斌
　责任印制　王　郁　陈　犇
♦ 人民邮电出版社出版发行　　北京市丰台区成寿寺路 11 号
　邮编　100164　　电子邮件　315@ptpress.com.cn
　网址　https://www.ptpress.com.cn
　固安县铭成印刷有限公司印刷
♦ 开本：787×1092　1/16
　印张：21.25　　　　　　　　　2022 年 12 月第 1 版
　字数：446 千字　　　　　　　2025 年 3 月河北第 3 次印刷

定价：89.00 元

读者服务热线：(010)81055256　印装质量热线：(010)81055316
反盗版热线：(010)81055315

2019年10月24日，中共中央政治局就区块链技术发展现状和趋势进行第十八次集体学习，习近平总书记在主持学习时强调，区块链技术的集成应用在新的技术革新和产业变革中起着重要作用。我们要把区块链作为核心技术自主创新的重要突破口，明确主攻方向，加大投入力度，着力攻克一批关键核心技术，加快推动区块链技术和产业创新发展。

2020年4月30日，教育部印发《高等学校区块链技术创新行动计划》，文件提出，引导高校汇聚力量、统筹资源、强化协同，不断提升区块链技术创新能力，加快区块链技术突破和有效转化。2020年年初，教育部高等学校计算机类专业教学指导委员会参与审核的"区块链工程（080917T）"获批成为新增本科专业，两年来已有15所高校设置区块链工程专业。

2020年7月，信息技术新工科产学研联盟组织编写并发布了《区块链工程专业建设方案（建议稿）》。该方案依据《普通高等学校本科专业类教学质量国家标准》（计算机类教学质量国家标准）编写而成，内容涵盖区块链工程专业的培养目标、培养规格、师资队伍、教学条件、质量保证体系及区块链工程专业类知识体系、专业类核心课程建议、人才培养多样化建议等。该方案为高等学校快速、高水平建设区块链工程专业提供了重要指导。

区块链技术和产业的发展，需要人才队伍的建设作支撑。区块链人才的培养，离不开高校区块链专业的建设，也离不开区块链教材的建设。为此，人民邮电出版社面向国内区块链行业的人才需求特征和现状，以促进高等学校专业建设适应经济社会发展需求为原则，组织出版了"区块链技术开发系列"丛书。本系列丛书也入选了"十四五"时期国家重点出版物出版专项规划项目。

本系列丛书从整体上进行了系统的规划，案例以国内的自主创新成果为主。系列丛书编委会和作者们在深刻理解、领悟国家战略与区块链产业人才需求及《区块链工程专业建设方案（建议稿）》的基础上，将区块链技术的起源、发展与应用、体系架构、密码学基础、合约机制、开发技术与方法、开发案例等内容，按照产业人才培养需求，采用通俗易懂的语言，系统地组织在该系列丛书之中。

其中，《区块链导论》《区块链密码学基础》涵盖区块链技术的发展与特点、体系结构、区块链安全、密码学理论基础等内容，辅以典型应用案例。《Go 语言 Hyperledger 区块链开发实战》《Python 语言区块链开发实战》《Rust 语言区块链开发实战》《Solidity 智能合约开发技术与实战》这 4 本基于不同语言的区块链开发实战教材，通过不同的区块链工程应用案例，从不同侧面介绍了区块链开发实践。这 4 本教材可以有效提升区块链人才的开发水平，培养具有不同专业特长的高层次人才，有助于培育一批区块链领域领军人才和高水平创新团队。《区块链技术及应用》一书，通过典型工程案例，为读者展示了区块链技术与应用的分析方法和解决方案。

难能可贵的是，来自教育部高等学校计算机类专业教学指导委员会、信息技术新工科产学研联盟、国内一流高校以及国内外区块链企业的专家、学者、一线教师和工程师们，积极加入本系列丛书的编委会和作者团队，为深刻把握区块链未来的发展方向、引领区块链技术健康有序发展做出了重要贡献，同时通过丰富的理论研究和工程实践经验，在丛书编写中建立了理论到工程应用案例实践的知识桥梁。本系列丛书不仅可以作为高等学校区块链工程专业的系列教材，还适用于业界培养既具备正确的区块链安全意识、扎实的理论基础，又能从事区块链工程实践的优秀人才。

我们期待本系列丛书的出版能够助力我国区块链产业发展，促进构建区块链产业生态；加快区块链与人工智能、大数据、物联网等前沿信息技术的深度融合，推动区块链技术的集成创新和融合应用；能够提高企业运用和管理区块链技术的能力，使区块链技术在推进制造强国和网络强国建设、推动数字经济发展、助力经济社会发展等方面发挥更大作用。

陈钟

教育部高等学校计算机类专业教学指导委员会副主任委员

信息技术新工科产学研联盟副理事长

北京大学信息科学技术学院区块链研究中心主任

2021 年 9 月 20 日

前言
Foreword

■ 技术背景

区块链是一种近年来非常流行的技术，它不但孕育了比特币、以太坊等知名分布式应用平台，而且已经被确定为国家战略，成为国家重点发展的一种信息技术。在区块链发展的初期，大多数项目都属于公有链项目，企业使用区块链技术的成功案例并不多。区块链技术 3.0 可以实现具有完备权限控制和安全保障的企业级区块链——联盟链。联盟链可以解决企业间的信用问题，其由产业链中相关企业共同开发、建设，信息上链后不可随意修改，因此其可用于开发高度互信的企业级区块链应用项目。

本书介绍的 Hyperledger Fabric 就是极具代表性的联盟链平台。

需要特别说明的是，在我国，比特币和以太币等数字货币不具有与法定货币等同的法律地位，故不能作为法定货币在市场上流通使用。

■ 编写初衷

在区块链领域，国内企业既重视相关技术的自主研发，又重视对国外开源技术的学习与借鉴，以及与国外相关企业的合作与交流。很多开发者对区块链感兴趣，因此会选择从事相关的开发工作。在此过程中，"区块链应用技术与开发"课程也逐步成为越来越多的国内外高校计算机类专业和非计算机类专业的必修课程或选修课程。

Go 语言是近年来非常流行的新兴编程语言。本书将结合 Hyperledger Fabric 区块链平台介绍使用 Go 语言开发智能合约和区块链应用的方法。在众多开发语言中，Go 语言是读者了解和学习区块链开发技术的更优选择，原因如下。

（1）作为以太坊和 Hyperledger Fabric 的开发语言，Go 语言被应用于很多区块链平台的开源案例。读者可以选择成熟的平台来开发区块链应用，这样比从零开始开发区块链应用要容易得多。

（2）在开发过程中，读者可以根据需要查阅和研究原生区块链平台的源代码，并且可以在应用程序中参考和借鉴。

（3）Go 语言不是专门用于开发区块链应用的语言，它还可以用于开发 Web 应用、系统应用、云平台和容器化系统等。因此，使用 Go 语言开发的区块链应用更易于扩展。

■ 本书内容

本书从逻辑上可分为 3 个部分。

第 1 部分（第 1~2 章）介绍区块链技术的基本概念和 Hyperledger Fabric 区块链平台的体系结构。通过第 1 部分的学习，读者可以了解区块链技术及智能合约与区块链应用开发的背景知识和工作原理，为阅读本书后面的内容奠定基础。

第 2 部分（第 3~7 章）介绍搭建 Hyperledger Fabric 区块链环境的方法及 Hyperledger Fabric 区块链各组件的管理与配置方法，具体包括数据安全和隐私保护机制、对 Peer 节点和排序节点的管理、区块链数据的存储结构和数据分发方式，以及搭建 Hyperledger Fabric 网络的方法等。通过第 2 部分的学习，读者可以了解 Hyperledger Fabric 区块链平台的工作流程，以及配置和管理 Hyperledger Fabric 网络的基本方法，为进一步学习智能合约和区块链应用的开发奠定基础。

第 3 部分（第 8~10 章）介绍使用 Go 语言开发 Hyperledger Fabric 智能合约和区块链应用的实用技术，包括 Go 语言编程基础、使用 Fabric Contract API 开发智能合约及使用 Fabric SDK Go 开发客户端应用等。

■ 本书特色

本书特色如下。

1. 注重区块链技术科普，巧妙激发读者的学习兴趣

区块链平台作为去中心化分布式系统，它的工作原理和运作方式与传统的中心化系统有很大不同。为了使读者充分理解基础的技术框架和工作原理，本书第 1 章结合比特币、以太坊等经典区块链平台介绍区块链技术的工作原理和底层技术。

2. 依托经典开发案例，形象解读区块链技术的抽象概念

作为区块链应用开发的入门级教材，本书通过各种流程图、结构图、架构图来描述区块链技术的数据结构和工作原理。全书介绍了多个基于 Fabric 区块链的开发案例，以及开发智能合约与区块链应用的完整过程，为读者理解抽象的概念提供捷径。

3. 合理搭建内容架构，助力读者扎实培养综合能力

本书在内容编排上，区块链技术科普、Hyperledger Fabric 各组件的管理与配置方法讲解及 Go 语言智能合约与区块链应用开发技术介绍并重。为了节省篇幅，编者将开发实例做成电子资源提供给读者下载使用。对于 Hyperledger Fabric 这种架构复杂的企业级区块链平台，理论与实例相结合可以达到更好的教学目的和学习效果。通过系统学习，读者很容易做到知其然，更知其所以然。

4. 配套丰富教辅资源，立体化服务高校人才培养

编者为使用本书的高校教师制作了配套的电子教案，并提供各章习题的参考答案、上机实验的电子文档、重难知识点的微课视频及书中涉及的所有实例程序的源代码。高校教师可以通过人邮教育社区（www.ryjiaoyu.com）下载上述教辅资源。

限于编者水平，书中难免存在不足之处，敬请广大读者批评指正。

编　者
2022 年夏于北京

目录
Contents

第 1 章

区块链技术
基础

第 2 章

Fabric 区块链
的体系结构

第3章

搭建 Fabric 区块链环境

第 6 章

**数据存储与
数据分发**

第 9 章

智能合约开发

8

第 1 章　区块链技术基础

区块链技术不仅奠定了比特币和以太坊等平台的技术基础，而且已经上升为我国的国家战略。本书的主题是使用 Go 语言开发基于 Hyperledger（超级账本）Fabric 的区块链应用。作为开篇，本章首先介绍区块链技术的基础知识，为读者学习后面的内容奠定基础。

1.1 区块链的工作原理及底层技术

作为近几年兴起的新技术，区块链的技术细节还没有被大多数人了解。在学习区块链技术之前，有必要先介绍区块链的工作原理及底层技术。

1.1.1 分布式系统的概念

所有的区块链应用都是分布式系统。分布式系统是指建立在网络之上的软件系统，但是我们不能简单地把分布式系统理解为使用网络的软件系统。传统意义上的网络应用都是独立运行的，系统与系统之间往往只进行简单的数据交互。

而在分布式系统中，一组独立的计算机按照统一的规则，各司其职、密切配合，呈现给用户的是一个统一的整体，就好像只有一个服务器一样。

在大数据、云计算、物联网和本书所介绍的区块链技术等领域，分布式系统得到了广泛应用。由于篇幅所限，这里不做深入讨论，仅简单介绍分布式系统的概念。

比特币和以太坊都是由遍布全球的节点组成的分布式系统。在运转过程中，有的节点记账，有的节点验证交易、同步数据。用户在交易时感觉不到这些节点的存在和分工。

1.1.2 区块链技术的总体架构

"区块链"一词最早出现在中本聪的论文《比特币：一种点对点的电子现金系统》中，其中描述了一个完全不依赖任何第三方金融系统的、点对点的电子现金系统。这篇论文被视为比特币的白皮书，也有人称之

区块链技术的总体
架构和分类

为区块链的"创世圣经"。

在这篇论文中，中本聪对比特币网络的工作原理做了以下描述。

（1）我们可以把每一台参与组成比特币系统的计算机称为节点。

（2）每个节点将新交易收集到一个区块中。

（3）节点可以创建链上的下一个区块，并使用当前区块的哈希值作为新区块的"前一个哈希"字段值。

第 3 句话可以这样理解：对一个区块中的数据计算哈希值，并将其指向下一个区块的头部。用这种方式可以将区块串联成一个链条，这就是所谓的区块链，其示意如图 1-1 所示。为了便于理解，区块中包含的数据是经过简化的。

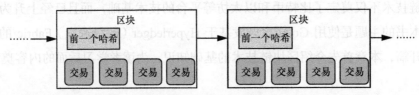

图 1-1　区块链示意

哈希算法是一种加密算法，所谓"哈希值"是指数据经过哈希算法处理的结果。哈希算法将在 1.1.3 小节介绍。

从整体架构的角度来看，区块链应用可以分为存储层、网络层、扩展层和应用层 4 个层次，具体如图 1-2 所示。

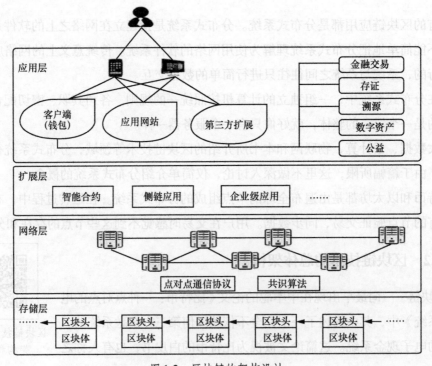

图 1-2　区块链的架构设计

1．存储层

存储层主要实现区块链的存储功能，其中涉及数据存储（存储格式、区块大小）和加密算法等技术细节。

2．网络层

网络层实现分布式网络编程，涉及网络通信（点对点通信）协议和共识算法等技术细节。共识算法包括比特币采用的工作量证明（Proof of Work，PoW，即谁的算力大，就由谁记账）和以太坊采用的权益证明（Proof of Stake，PoS，即谁的股权多，就由谁记账）。在分布式系统中，还有一个很常用的共识算法，就是投票，其会通过节点投票达成共识。

3．扩展层

扩展层是对经典区块链技术的补充和扩展。企业级应用是区块链扩展层的一个主要的发展方向。区块链技术在发展初期，应用场景多为公有链项目，所有人都可以选择参与。正因为这样，那时候很少有企业愿意应用区块链技术。另外一个因素，就是没有专门针对企业应用的区块链项目，而公有链项目大多需要使用数字货币支付。数字货币的价值浮动太大，企业很难控制项目的成本。

以 Hyperledger Fabric 为代表的具有完备权限控制和安全保障的企业级区块链，可以解决企业间的信用问题。产业链上下游的各环节，都可能发生企业间的信息交互和配合，如果用传统的线下记账方式，显然是低效的。很多企业都有自己的信息系统，但是它们彼此隔离，形成了一个个的"信息孤岛"。打通这些信息孤岛的成本是巨大的，而且存在彼此之间的信用问题。联盟链由产业链中相关企业共同开发、建设，信息上链后不可随意修改，可以解决企业间的信用问题。只要对相关企业做好科普工作，就可以大大提高企业间相互配合的效率，打通一个个信息孤岛，最终形成行业大数据。

4．应用层

应用层主要负责实现区块链技术在生产、交易、流通和社会生活中的应用。目前，区块链技术大规模应用的条件还不成熟。比较经典的区块链应用包括金融交易、存证、溯源、数字资产、公益（如慈善募捐、众筹等）等。

- 金融交易：区块链技术起源于数字货币，目前应用极为广泛的领域之一是金融交易，比如各种数字货币的钱包和交易所。支付宝、微信支付等平台都推出了与区块链相关的应用。

- 存证：区块链具有时间戳和不可篡改的特性，这两个特性决定了区块链技术可以用于数据的存证。目前在电子合同和知识产权等应用中已经使用区块链技术实现存证。

- 溯源：在商品流通的过程中，其通常要经过厂家（农户）、批发商、物流、仓储、零售商等诸多环节才能最终来到消费者手中，无论哪个环节出现问题都可能影响商品的质量。基于区块链的存证功能，可以将商品在各个环节的流通信息上链存证，从而有效避免假冒伪劣的情况发生。

- 数字资产：除了数字货币，现实生活中的一切资产都可以上链存证。链上数字资产流通（确权和转让）也是区块链技术的经典应用场景。
- 公益：公益活动对公平、公正、公开的要求很高，采用区块链技术可以有效地记录、保障善款的流向和使用，因此慈善募捐和众筹也是区块链技术的经典应用场景。

1.1.3 加密算法

加密算法

加密算法是区块链领域的核心技术，是将区块连成链的关键，也是数据防篡改和操作不可抵赖的算法保障。

从工作原理的角度划分，目前常见的加密算法可以分为三类：除了1.1.2 小节提及的哈希算法，还包括对称加密算法和非对称加密算法。从算法来源的角度划分，加密算法可以分为两类：国际加密算法和国密算法。如果没有明确说明，则本小节介绍的加密算法均指国际加密算法。

1．哈希算法

哈希算法可以将不同长度的数据映射为固定长度的数据。常用的哈希算法包括 MD5、SHA1、SHA-224、SHA-256、SHA-384、SHA-512 和 SM3（国产哈希算法）。这些算法支持的最大待处理消息长度与得到的摘要数据长度各不相同，具体如表 1-1 所示。

表 1-1　各种哈希算法支持的最大待处理消息长度与得到的摘要数据长度

哈希算法	最大待处理消息长度	得到的摘要数据长度
MD5	没有限制	128 位的数据，表现为长度为 32 个字符的十六进制字符串
SHA1	2^{64} 位	160 位的数据
SHA-224	2^{64} 位	240 位的数据
SHA-256	2^{64} 位	256 位的数据
SHA-384	2^{128} 位	384 位的数据
SHA-512	2^{128} 位	512 位的数据
SM3	2^{64} 位	256 位的数据

例如，比特币系统中采用 SHA-256 算法计算区块的摘要信息。

为了演示哈希算法的效果，可以搜索在线哈希计算网站来查看对数据进行 MD5 处理的效果。编者随机选择了一个网站，如图 1-3 所示。

在左侧文本框中输入待处理的数据，单击"加密"按钮，右侧文本框中即会出现摘要数据。

图 1-3　在线哈希计算网站对数据进行 MD5 处理

MD5 被称为单向加密算法，这是因为 MD5 的处理结果并不能被解密出原始数据。很多所谓的 MD5 解密工具实际上是将已知的 MD5 处理结果保存在字典中，然后根据字典中的结果数据反推出原始数据，也就是暴力破解。MD5 处理结果实际上是原始数据的唯一特征值。这个特征值通常被称为数字指纹，它可以标识原始数据是否被修改，因为哈希算法具有很强的抗碰撞能力。也就是说，2 个不同的数据，它们具有相同数字指纹的可能性非常小。

例如，表 1-2 所示是一组对数据进行 MD5 处理的结果。

表 1-2　一组对数据进行 MD5 处理的结果

待处理消息	摘要数据
123456	E10ADC3949BA59ABBE56E057F20F883E
123456789701234567890	D726DA56936D0A63A2B4D8D3ECA0D07B
123	202CB962AC59075B964B07152D234B70
1	C4CA4238A0B923820DCC509A6F75849B
abcdefghijklmnopqrstuvwxyz	C3FCD3D76192E4007DFB496CCA67E13B
比特币系统中采用 SHA-256 算法计算区块的摘要信息。	347EB694D649EAF3235C6BAD1D18BE30
区块链是一种近年来非常流行的技术，它不但孕育了比特币、以太坊等知名分布式应用平台，而且已经被确定为国家战略，成为国家重点发展的一种信息技术。在区块链发展的初期，大多数项目都属于公有链项目，企业使用区块链技术的成功案例并不多。区块链技术 3.0 可以实现具有完备权限控制和安全保障的企业级区块链——联盟链。联盟链可以解决企业间的信用问题，其由产业链中相关企业共同开发、建设，信息上链后不可随意修改，因此其可用于开发高度互信的企业级区块链应用项目。	20E8A32CA0685B530B94D7A7ADDF5D69

可以看到，无论是非常短的数据（例如 1）还是大段的文字，经过 MD5 处理，都会得到一个 32 位的十六进制字符串。有人对这种情况做了形象的比喻：无论是蚂蚁还是大象，

在经过 MD5 处理后都会得到一只猴子。

可能有的读者已经注意到了，在图 1-3 所示的网页中，可以选择摘要数据为 16 位的十六进制数据。实际上 16 位摘要数据是从 32 位摘要数据中截取（9～24 位）出来的。

2．对称加密算法

对称加密算法是使用密钥对数据进行加解密的算法。之所以称之为对称加密算法，是因为加密方和解密方使用相同的密钥。对称加密算法的加解密过程如图 1-4 所示。

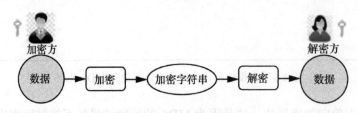

图 1-4　对称加密算法的加解密过程

常见的对称加密算法有 DES、3DES 和 AES 等。

对称加密算法的优点是算法公开、计算量小、加密速度快、解密效率高；缺点是一旦密钥丢失，加密的信息将被公开，而且无法证明信息是谁发送的，因为双方都拥有同样的密钥。

通常，区块链应用中不会使用对称加密算法。

3．非对称加密算法

顾名思义，非对称加密算法就是加密方和解密方使用不同的密钥的算法。这一对密钥分别被称为公钥和私钥。私钥是保密的，只有它的拥有者才知道。公钥由私钥生成，可以公开。公钥和私钥是匹配的一对。非对称加密算法包括下面两种应用方法。

（1）当向一个用户 A 发送数据时，可以使用他的公钥对数据进行加密。然后将加密数据发送给用户 A。用户 A 收到加密数据后，使用私钥进行解密。因为数据是使用用户 A 的公钥加密的，所以只能使用与公钥相匹配的私钥解密，其他人即使截获了加密数据也无法解密，从而实现数据传输的安全性。但是，用户 A 的公钥是公开的，很多人都知道，用公钥加密的数据不能证明发送者的身份。这就引入了非对称加密算法的第 2 种应用——数字签名。

（2）当向一个用户 A 发送数据时，可以首先对数据进行哈希加密，然后使用用户 B 的私钥对哈希摘要数据进行二次加密。使用用户 B 的私钥对数据进行加密，所有拥有其公钥的用户都可以解密。但是解密得到的是原始数据的哈希摘要，而哈希摘要是不可逆的，因此这么做并不会泄露原始数据。但是其他人使用用户 B 的公钥可以解密数据，这就证明了这条数据是用户 B 发送的，因为只有他拥有私钥。这就是数字签名的过程。

非对称加密算法的应用如图 1-5 所示。

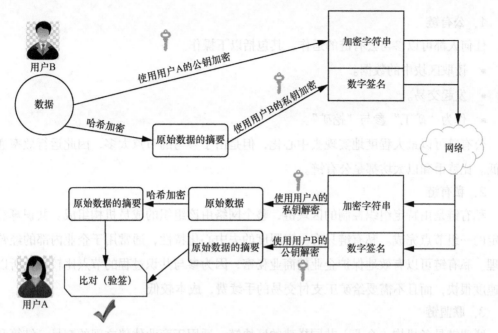

图 1-5　非对称加密算法的应用

4．国密算法

密码学在相当长的一段时间内都作为军用科技被各国政府严密管控。随着经济的发展，企业对于商用密码的需求愈发强烈。为保障商用密码的安全性，国家密码管理局制定了一系列密码标准，包括 SM1（SCB2）、SM2、SM3、SM4、SM7、SM9、祖冲之密码算法（ZUC）等。在《中华人民共和国网络安全法》中规定："国家实行网络安全等级保护制度。"

在进行等级保护评测时，要求被评测系统对敏感数据使用国密算法加密。国密算法的基本情况如下，读者可以在需要时选择使用。

- SM1：对称加密算法，密钥长度为 128bit，算法不公开，固化在芯片中。
- SM2：开源的非对称加密算法，可以用于数据的加解密和数字签名。
- SM3：开源的哈希算法，用于生成数据摘要。
- SM4：开源的对称分组加密算法，密钥长度为 128bit。
- SM7：对称分组加密算法，密钥长度为 128bit，适用于非接触式 IC 卡。
- SM9：标识密码算法，标识密码将用户的标识（如邮件地址、手机号码、QQ 号码、微信账号等）作为公钥，省略交换数字证书和公钥的过程，使安全系统变得易于部署和管理，非常适合端对端离线安全通信。
- ZUC：我国自主研究的流密码算法，是运用于移动通信网络中的国际标准密码算法。

1.1.4　区块链的分类

区块链可以分为公有链、私有链和联盟链 3 种类型。

1．公有链

任何人都可以参与公有链的运作，其包括以下操作。

- 读取区块中的数据。
- 发起交易。
- 作为"矿工"参与"挖矿"。

公有链可以最大程度地实现去中心化，但是由于参与的节点太多，因此运行效率通常较低。比特币和以太坊都是公有链。

2．私有链

私有链是由特定组织控制的区块链，整个网络由该组织的成员机构组成。共识算法由指定的一组节点完成。私有链只有一定限度的去中心化特性，通常用于企业内部的经营和管理。私有链可以有效地保护企业的商业秘密；因为参与共识过程的节点比较少，所以交易速度很快，而且不需要给矿工支付交易的手续费，成本较低。

3．联盟链

联盟链是各机构（企业）共同搭建的区块链，适用于商业伙伴之间的交易、结算和清算等 B2B 应用场景。本书的主题 Hyperledger Fabric 区块链就是知名的联盟链。

对企业而言，需要考虑区块链的以下需求。

- 参与者必须经过认证，已经被标识或可以被标识。
- 需要对参与者进行授权。
- 可以高效地处理交易，以免影响商机。
- 低时延的交易确认，以便交易可以快速地记录在区块链中。
- 交易数据的隐私性和保密性应满足商务交易的需求。

本书后面将讲解 Hyperledger Fabric 区块链是如何实现这些需求的。

1.2 经典的区块链平台

为了便于读者了解区块链技术的发展历程和现状，本节介绍几个经典的区块链平台。

1.2.1 区块链技术的发展阶段

从 2008 年 11 月 1 日中本聪发表《比特币：一种点对点的电子现金系统》论文的时候算起，区块链技术已经经历了 10 多年的发展。通常，可以将区块链技术的发展分为以下 3 个阶段。

（1）区块链 1.0：以比特币为代表的数字货币是区块链 1.0 的经典应用。这个阶段区块链技术的应用场景基本局限在与数字货币或金融相关的应用上，比如数字货币钱包和交易所。很多数字货币只是在比特币源代码的基础上做了简单升级。

（2）区块链 2.0：以太坊的诞生，拉开了区块链 2.0 的帷幕，智能合约的概念拓展了区块链的应用场景，使区块链技术可以应用到社会生产、生活的各个领域。

（3）区块链 3.0：区块链 1.0 和区块链 2.0 时期的项目大多数都是公有链项目，企业使用区块链技术的成功案例并不多。区块链 3.0 的经典应用是实现具有完备权限控制和安全保障的企业级区块链——联盟链。联盟链可以解决企业间的信用问题，其由产业链中相关企业共同开发、建设，信息上链后不可随意修改。只要对相关企业做好科普工作，就可以大大提高企业间相互配合的效率，打通一个个信息孤岛，最终形成行业大数据。联盟链的代表项目是 Hyperledger Fabric，它由 Linux 基金会管理，国外的微软、摩根大通、世界银行和国内的华为、阿里巴巴、百度、腾讯等都参与了 Hyperledger 社区的建设，可以说"巨头"云集。

虽然区块链技术经过了多年的发展，但是公众对其认可和接受程度还比较有限，大规模普及和推广区块链技术的时机也不够成熟。但是随着国家的高度重视，区块链技术的落地应用正在稳步推进。随着基础设施建设的日臻完善，时机成熟的时候社会上会爆发性地涌现一大批区块链应用，这会对社会生产、生活的各个方面产生深远的影响。

1.2.2　比特币

比特币系统是区块链技术落地应用的第一个项目，也是经典的区块链平台。

1. 比特币系统的发展历程

2009 年 1 月 3 日，中本聪"挖"出了比特币的第一个区块，也就是创世区块（Genesis Block），并得到了 50 个比特币的奖励，这也意味着比特币从理论变成了现实。

比特币最大的特色就是没有任何特定金融机构发行比特币，也没有任何机构为比特币的价值背书。比特币系统每隔一段时间就会产生一个区块，用于记录所发生的交易，记录和验证交易会得到一定数额的比特币奖励，这个过程被形象地称为"挖矿"，记录和验证交易的参与者被称为"矿工"。比特币系统是开放的，任何人下载并安装比特币客户端都可以参与挖矿，赚取比特币。

最初的比特币矿工大多是技术社区里的技术人员和爱好者。由于参与的人并不多，因此挖到比特币相对比较容易。但是那时的比特币几乎是没有价值的。最初的比特币开发者之一加文·安德烈森（Gavin Andresen）为了宣传和推广比特币，还创办了一个比特币网站，只要访问该网站的人都可以得到 5 个比特币。

2010 年 5 月 22 日是比特币发展历程中具有里程碑意义的一天。在这一天，早期的比特币矿工拉斯洛·豪涅茨（Laszlo Hanyecz）用 10 000 比特币给自己的女儿买了 2 个比萨，大约相当于 41 美元。这标志着比特币第一次有了实际的价值。

2011 年，津巴布韦发生了严重的通货膨胀。当时的津巴布韦政府发行了据称是人类历史上最大面额的纸币———百万亿津巴布韦元。津巴布韦人民对政府的金融体系丧失了信心，转而追捧比特币。这进一步推高了比特币的价值。到 2013 年 11 月，1 个比特币的价格飙升到了 1 000 美元。

比特币也经历过一些"黑暗"时刻。比如，2014 年 2 月，世界上最大的比特币交易商 Mt.Gox（昵称为门头沟）被黑客攻击，损失了 85 万个比特币；按当时的市值算，其价值超过 4.5 亿美元。随后 Mt.Gox 宣布破产。该事件影响了人们对比特币的信心，导致比特币大规模地贬值。

但是冷静下来后，人们意识到，安全漏洞并不是出现在比特币系统本身，而是出现在中心化的交易所系统。这其实从另一个侧面证实了去中心化的比特币系统的稳定性和安全性。随着时间的推移，人们的信心逐渐恢复。现在 1 个比特币的市值（截至完稿时）已经高达 20 000 多美元，越来越多的国家和企业开始接受、认可比特币。

- 德国财政部认可比特币为合法的私有资产，拥有者可以使用比特币缴纳税金等。
- 日本允许使用比特币来支付水电费。
- 微软、戴尔、维基百科和 PayPal 等知名企业陆续宣布接受比特币。

中本聪打造的比特币系统已经成长为一个庞大的数字货币"帝国"。

2．比特币的挖矿

比特币系统是一个去中心化的分布式系统，由分布在世界各地的很多矿工参与记账，那么怎样在所有矿工之间达成共识、防止矿工在记账时作假就很重要。共识算法可以解决这个问题，实现不同节点上数据的一致性和正确性。

分布式系统是一个不稳定的系统，其中的节点随时可能掉线或死机，而且不能排除节点恶意作假，因此共识算法应具有容错性。分布式系统的核心问题就是在各节点间达成共识。达成共识的方法被称为共识算法。

在比特币系统中，共识算法需要解决以下 2 个问题。

- 确定选择记账节点的机制。
- 确保账本数据在全网保持正确且一致。

比特币系统通过挖矿解决以上 2 个问题。挖矿既是比特币系统的记账过程，又是比特币的发行机制。在比特币系统中，平均每 10min 会产生一个区块，矿工会将最近发生的交易记录在新区块中。那么谁才能得到记账奖励呢？比特币系统采用 PoW 共识算法。这是一种简单、"粗暴"的共识算法，就是谁的算力大，就由谁记账。这有点儿类似于矿工之间的"华山论剑"。那么，比特币系统是如何进行算力"比武"的呢？

当产生新区块时，网络中所有在线矿工都会参与争夺记账权，这个过程就是挖矿。比特币的区块头中包含一个"难度目标"字段，这就是系统给所有矿工出的一道数学题。

比特币的区块头中还包含一个字段 Nonce，这是为了找到满足难度目标的矿工而设定的随机数。解题的过程就是不断地调整 Nonce 的值，然后对区块头进行双重 SHA-256 运算，进而得到 result。可以使用如下代码表示运算的过程：

```
result = SHA256(SHA256(区块头数据))
```

如果 result 小于给定的难度目标值，则视为成功解题。最先解题的矿工会取得记账权。

节点在成功解题后，会立即广播打包的区块。收到被打包的区块后，网络中的节点会按以下步骤进行处理。

（1）对打包的区块进行验证。验证的过程比较复杂，这里不展开介绍。

（2）如果未通过验证，则丢弃该区块，不做处理。比特币系统规定只有经过 6 个确认的交易才被认为是真实的交易。这样，即使有些矿工想作弊，也会因为得不到足够的确认而无法得逞。

（3）如果通过验证，则说明本轮挖矿已经结束，其他节点放弃竞争记账权，本节点将该区块记录在自己的账本中。

PoW 算法保证了全网只有一个节点将一个区块添加到账本中，其他节点均复制账本中该区块的数据，从而保证了比特币账本的全网一致性和唯一性。

在比特币网络刚刚建立的时候，参与挖矿的人很少，中本聪本人也要亲自参与挖矿，才能维持比特币系统的运转。那时候只需要用普通的 PC 就可以挖到比特币。

随着比特币的推广和普及，越来越多的人接受比特币，参与挖矿。于是诞生了生产专业矿机的硬件厂商。有些矿机利用 GPU（Graphics Processing Unit，图形处理单元）的计算能力进行挖矿，这种矿机被称为 GPU 矿机。

还有利用 ASIC（Application Specific Integrated Circuit，专用集成电路）芯片进行计算的 ASIC 矿机。ASIC 芯片是一种专门为某种特定用途而设计的芯片。例如比特币采用 SHA-256 算法，那么比特币 ASIC 矿机的芯片就被设计为仅能计算 SHA-256。还有一些其他种类的矿机，这里不展开介绍。

矿机出现后，普通计算机已经很难挖到比特币了。还有一些公司大量购置矿机，组成矿场，凭借规模优势提高挖矿的成功率。矿场通常开设在水电站旁边，因为那里的电费相对低廉。

为了进一步提高算力，矿池产生了。矿场和少量拥有矿机的个人可以联合起来，将算力合并，联合运作。以这种方式搭建的网站就是矿池。矿池挖到比特币后，由参与者按照贡献度分配。

1.2.3　以太坊

以太坊的创始人维塔利克·布特林（Vitalik Buterin，人称"V 神"）在区块链领域可以说是仅次于中本聪的传奇人物。他是一个俄罗斯人，4 岁开始编程，12 岁开始玩自己开发的游戏。17 岁那年，维塔利克的爸爸向他介绍了比特币，这很快就引起了维塔利克浓厚的兴趣，他开始为《比特币周报》撰写文章，这样可以赚取一些比特币。后来他创办了《比特币杂志》，为比特币的推广和普及做出了贡献。为了专心投入比特币的研究和推广，维塔利克在入学 8 个月后便从加拿大滑铁卢大学休学，并活跃于欧美各国的比特币开发者社群，参与比特币的转型工作。

2013 年末，维塔利克发布了以太坊（Ethereum）初版白皮书，吸引了一批认可以太坊理念的合作伙伴，并启动了相关项目。2014 年，以太坊陆续发布了几个版本的测试网络，并且发起了为期 42 天的以太币预售，共募集到 31 531 个比特币，按照当时的比特币汇率，相当于 1 843 万美元。

2015 年 7 月，以太坊网络正式发布，标志着以太坊区块链上线运行。

与比特币系统一样，以太坊也基于区块链的底层技术，而且它们都属于公有链，开放源代码，任何人都可以参与挖矿。从这个意义上说，比特币系统和以太坊都是"世界计算机"，它们都有遍布全球的参与者。

不同的是，数字货币不是以太坊的全部，尽管以太坊也支持数字货币，即以太币（ETH）。以太币是市值仅次于比特币的数字货币，但是以太币与比特币的设计初衷不尽相同。比特币为了实现点对点支付的功能，它的货币属性更强一些，可以在持有人之间互相流通，也可以用于购买各种商品和服务，而以太币则主要用于支付使用以太坊平台的费用。

以太坊是一个开放的开发平台，每个人都可以在以太坊平台中部署自己的应用。这一点与安卓系统很类似。但是在以太坊平台中部署应用、在区块中存储数据都是收费的。

在以太坊平台上运行的是一种叫作"智能合约"（Smart Contract）的特殊应用程序。智能合约的概念最早于 1996 年由法律学者尼克·绍博（Nick Szabo）提出。以太坊的诞生使智能合约从理论过渡到了实践。以太坊平台专为执行智能合约而设计，所有参与者都可以开发属于自己的智能合约应用，这使智能合约可以存储和运行在分布式账本上。

1.2.4 Hyperledger 项目

Hyperledger 项目由 Linux 基金会于 2015 年发起，目的是推动跨行业的区块链技术发展。与发布单一的区块链标准不同，Hyperledger 项目鼓励通过合作的方式开发区块链技术。

Hyperledger 项目的核心目标如下。

- 通过使用企业级的 DLT（Distributed Ledger Technology，分布式账本技术）解决方案提供对商业交易的支持。
- 建立和支持技术社区。
- 对区块链技术进行科普和推广，并提供市场机会。
- 提供促进社区发展的工具集。
- 提供由社区驱动的、开放的基础设施。

Hyperledger 是开源的、发展区块链技术的协作项目，由 Linux 基金会管理，目前已有超过 100 家公司参与，包括一些大的知名公司，例如 IBM、Intel、Oracle、微软、以太坊、华为、京东等。

Hyperledger 项目于 2016 年 2 月 9 日诞生于旧金山，由 Linux 基金会发布。那时候 Hyperledger 项目有 30 个创始会员，还有 SWIFT、IBM、VMware 等知名企业参与。他们的目标是发展区块链技术。Hyperledger 这个名字是由 Digital Asset 公司捐献给 Linux 基金会的。

截至 2020 年 2 月，Hyperledger 项目已经有超过 100 个会员。这些会员被分为重要会员、普通会员、准会员和学术准会员 4 个类型。重要会员包括 IBM、摩根大通、富士通、日立等知名企业。尽管重要会员中没有国内的企业，但是普通会员和准会员中既包括华为、腾讯、京东、联想等国内知名企业，也包括北京大学、浙江大学、中山大学、湖南大学等高校，还有中国信息通信研究院、中关村区块链产业联盟、福建省区块链协会、浙江省区块链技术应用协会等组织，加上一些暂时还不知名的国内区块链企业，共有 20 多个国内机构参与 Hyperledger 项目。可见 Hyperledger 项目在国内引起了广泛的关注和一定程度的普及。

Hyperledger 项目中包含一系列区块链子项目，具体如表 1-3 所示。

表 1-3　Hyperledger 项目中包含的子项目

子项目 Logo	说明
HYPERLEDGER ARIES	Hyperledger Aries 提供共享的、可复用的工具集，关注创建、传输和存储可验证的数字凭证解决方案
HYPERLEDGER BESU	Hyperledger Besu 是兼容公有链和私有链网络的企业级以太坊客户端
HYPERLEDGER FABRIC	Hyperledger Fabric 是本书的主题，是企业级的分布式账本，也是支持模块化架构应用程序的底层基础平台。Hyperledger Fabric 支持即插即用的组件，例如共识和成员服务。这种模块化、多样化的设计理念可以满足广泛的行业应用场景
HYPERLEDGER INDY	Hyperledger Indy 为区块链应用或其他分布式账本提供支持数字身份的工具、库和可复用的组件，其既可以与其他区块链平台配合使用，也可以独立提供去中心化的身份管理功能
HYPERLEDGER IROHA	Hyperledger Iroha 是简单的区块链平台，可用于管理数字资产，为企业提供构建金融应用程序和管理数字资产、数字身份的能力
HYPERLEDGER SAWTOOTH	Hyperledger Sawtooth 提供灵活的、模块化的体系架构以实现从应用程序中分离出核心系统，这样智能合约就可以为应用程序定义业务逻辑而无须了解核心系统的底层设计

Hyperledger 项目使用开放的技术管理结构，它们建立了一个社区。在实现区块链项目时，社区遵循标准框架和指导方针，并欢迎志愿者对完善代码库和设计原则提出建议。

本书重点介绍 Hyperledger Fabric，这是 Hyperledger 家族中最大的分布式账本项目。为了便于阅读和学习，本书后文多将 Hyperledger Fabric 简称为 Fabric。

与其他区块链网络相似，Hyperledger Fabric 也提供智能合约、账本和协议来帮助参与者管理自己的交易。但是与其他区块链平台相比，Hyperledger Fabric 有自己的特色。首先，它并不是与比特币和以太坊一样的公有链，它是需要授权才能访问的许可链。Fabric 区块链引入了成员的概念，只有经过认证并授权的成员才可以加入 Fabric 网络。这对于企业级区块链应用很有意义，因为可以很好地保障企业的数据安全。

Fabric 区块链具有以下优势和特色。

（1）开源：Fabric 区块链是开源平台，任何人都可以在自己的项目中免费使用它。当然，在使用之前要了解：Fabric 区块链是为开发区块链应用提供支持的基础设施平台，使用它的企业应该具有开发团队，进而基于 Fabric 区块链开发自己的企业级区块链应用。Hyperledger 项目提供了很多示例代码，供使用者参考并在开发过程中使用。

（2）广泛的适用性：Fabric 区块链广泛适用于各个行业。也就是说，无论什么样的企业都可以很方便地基于 Fabric 区块链搭建区块链应用。在供应链、银行、物联网、医疗、媒体、网络安全等领域，Fabric 区块链都有很多应用案例。

（3）高质量的代码：Hyperledger 项目对所有新增的代码都会进行仔细的检查，而且在开发文档中可以看到他们对代码所做的关键检查。所有示例程序也都是开源的，可供大家检查，这可以保障 Fabric 区块链代码的质量。

（4）更高的效率：Fabric 区块链的内部结构提供了更高效的能力，网络中的每个节点都承担着不同的职责，节点可以同时处理多个交易，而且不会使系统的运行速度变慢。并不是所有的节点都会用于处理交易，有的节点用于维护账本或身份验证，有的节点用于对交易进行排序。这可减少负责交易处理的节点的工作量。

（5）模块化的设计： Fabric 区块链支持模块化的设计，可以为不同的应用场景开发不同的算法。例如，可以为加密选择一种算法，为共识选择另一种算法。这种即插即用的模块化设计使 Fabric 区块链更便于扩展、更加灵活。

（6）性能和扩展性：区块链的性能受很多因素影响，例如交易的大小、区块的大小、网络的规模和硬件限制等。在 Fabric 区块链中，节点都是经过认证的，它们彼此互信，且所有节点的操作都是有迹可循的，无须通过烦琐、耗时的挖矿过程争夺记账权。

Hyperledger 社区的"性能与规模工作组"正在制定一套衡量区块链性能的标准草案，并开发了一个区块链性能测试框架 Hyperledger caliper。随着工作的推进，区块链平台性能与规模特性的衡量标准规范逐步形成。IBM 研究院曾发表过一篇关于 Fabric 区块链的评估报告，对 Fabric 区块链的系统架构进行深入探讨，并对 Fabric1.1.0 平台进行性能评测。

该团队的评测结果表明：与 1.0.0 版本相比，1.1.0 版本在性能上有了大幅提高。本书介绍的 Fabric 2.x 也对区块链的性能进行了全面优化。

1.2.5　区块链编程语言

随着区块链技术的普及和推广，越来越多的程序员开始从事区块链开发工作。经典的区块链编程语言如下。

（1）Solidity：以太坊推出的智能合约开发语言。由于以太坊的影响力，加上 Solidity 又是一门专注于开发智能合约的语言，因此它是应用比较广泛的区块链编程语言。

（2）Java：作为历史悠久、热度很高的编程语言，Java 拥有超过 900 万的开发者。很多区块链应用是使用 Java 开发的。

（3）Go：Google 公司于 2009 年推出的编程语言，也是本书的主题之一。而其他流行的编程语言几乎都是 20 世纪的产物。Go 语言是近年来非常流行的一门新兴编程语言，具有语法简洁、高并发、高效运行等特性，比较适合区块链底层系统的开发。Fabric 区块链和以太坊官方客户端 Geth 都是使用 Go 语言开发的。

（4）JavaScript：常用的开发 Web 应用的前端脚本语言。在开发区块链应用时，经常会使用 JavaScript。

（5）Python：近年来很流行的编程语言。编者在编写本书时，Python 在知名的 TIOBE 开发语言排行榜中排名第 1 名。

（6）C#：微软公司推出的编程语言，广泛应用于 Windows 应用和 Web 应用的开发。

（7）C++：经典的编程语言，比较适合区块链底层系统的开发。比特币就是使用 C++ 开发的。

Go 语言既可以用于开发 Fabric 区块链平台，也可以用于开发 Fabric 区块链应用。本书第 3 部分将介绍 Go 语言编程基础，以及使用 Go 语言开发 Fabric 区块链智能合约和客户端应用的方法。

1.3 本章小结

本章首先介绍了区块链的工作原理和底层技术；然后为了让读者能够更直观、更便捷地理解抽象、复杂的技术问题，本章结合比特币、以太坊、Hyperledger 等经典区块链平台，介绍了区块链在不同领域的应用情况；最后介绍了常用的区块链编程语言。

本章的主要目的是结合经典应用科普区块链技术，为读者学习本书后面的内容奠定基础。

习　题

一、选择题

1. 国产哈希算法是（　　　）。

A. SM3　　　　　　B. MD5　　　　　　C. SHA-256　　　　D. SHA-512

2. 不属于对称加密算法的是（　　　）。

A. DES　　　　　　　B. MD5　　　　　　C. 3DES　　　　　　D. AES

3. 比特币系统中采用（　　　）算法计算区块的摘要信息。

A. MD5　　　　　　　B. SHA1　　　　　　C. SHA-256　　　　　D. SM3

4. 国密算法中开源的非对称加密算法是（　　　）。

A. SM1　　　　　　　B. SM2　　　　　　C. SM3　　　　　　D. ZUC

二、填空题

1. 　【1】　可以将不同长度的数据映射为固定长度的数据。

2. 从整体架构的角度来看，区块链应用可以分为　【2】　、　【3】　、　【4】　和　【5】　4个层次。

3. 非对称加密算法就是加密方和解密方使用不同的密钥的算法。这一对密钥分别被称为　【6】　和　【7】　。

4. 区块链可以分为　【8】　、　【9】　和　【10】　3种类型。

三、简答题

1. 简述分布式系统的概念。

2. 简述区块链技术的发展阶段。

3. 简述 Hyperledger Fabric 区块链的优势和特色。

第2章 Fabric 区块链的体系结构

作为联盟链的代表，Fabric 区块链有很多不同于比特币和以太坊等公有链平台的特色。本章结合 Fabric 区块链的体系结构介绍这些特色及其实现方法。

2.1 Fabric 网络模型

本节介绍 Fabric 区块链的网络模型，使读者从整体上了解 Fabric 区块链的体系结构和工作原理。

2.1.1 Fabric 网络的主要组件

Fabric 网络的主要组件如下。

- 成员服务提供者（Membership Service Provider，MSP）。
- 客户端。
- Peer 节点。
- 排序节点（Orderer 节点）。

1．MSP

MSP 是定义身份验证方式和访问网络权限规则的组件。它可以管理希望加入网络的用户和客户端，为发起交易提案的客户端提供证书。MSP 通过 CA（Certificate Authority，证书颁发机构）来颁发、验证或撤销证书。Fabric 区块链支持可插拔的 CA 服务，默认的 CA 服务是 Fabric CA，但是组织可以选择使用外部的 CA 服务。

Fabric 网络模型中包含两种 MSP。

（1）本地 MSP：管理用户、客户端和节点（Peer 节点和排序节点）的身份与权限。每个节点和客户端都有一个本地 MSP，它定义了谁拥有管理或访问自身的权限。

（2）通道 MSP：定义通道级别的管理权限。Fabric 网络中的不同成员可以组成一个通道（channel），每个通道都有一个独立的区块链。这样多个组织就可以共同使用一个区块链网络，分别维护不同的区块链。只有通道的成员才能看到通道中其他成员的交易。也就是说，通道相当于网络的分区，目的是确保只有相关参与方才能看到相关交易。

关于 MSP 的具体情况将在第 4 章介绍。

2．客户端

客户端应用可以通过 Fabric SDK 与区块链网络通信，并发起交易提案。Fabric SDK 可以提供读/写区块链中数据的功能。每个客户端都有 CA 颁发的证书。本书第 10 章将介绍使用 Go 语言开发客户端应用的方法。

3．Peer 节点

节点仅指某项逻辑功能，而不是网络中的物理设备。多个不同类型的节点可以运行在同一个物理服务器上。除了 Peer 节点，Fabric 网络中还包含排序节点。

Peer 节点是用于记账并维护世界状态数据和账本副本的节点，负责接收经过排序服务排序的、以区块形式打包存储的状态更新数据，并维护账本和状态数据。排序服务负责在交易被记账到区块链和状态数据库之前对交易进行排序。交易必须进行排序，因为这样才能确保交易在被写入网络时对世界状态的更新是有效的，也就是说，确保状态数据库中的数据是最新交易产生的。可以这样理解，账本中记录的是交易的明细数据，状态数据库中存储的是最新的交易结果。关于 Fabric 区块链的数据存储结构将在第 6 章中介绍。

Peer 节点还有一个特殊的背书角色，即在记账之前对交易进行背书。

Fabric 网络中包含背书节点、记账节点、锚节点和领导节点这 4 种类型的 Peer 节点，具体说明如下。

（1）背书节点。背书节点是一种具有背书交易角色的特殊的记账节点，可以对来自客户端的交易请求进行背书。每个背书节点都负责处理一个安装好的智能合约和一个账本，它的主要功能是模拟交易。背书基于智能合约和账本的本地副本运行，运行过程中会生成读/写集，然后会将读/写集发送至提交交易提案的客户端。在模拟交易的过程中，交易并不会被写入账本中。模拟交易的目的是对交易进行验证。交易的完整流程将在 2.1.3 小节介绍。

智能合约是运行于区块链平台的程序。客户端应用可以通过接口层调用智能合约，与 Fabric 网络进行交互。关于智能合约开发的具体情况将在第 9 章介绍。

（2）记账节点。记账节点负责将从排序服务接收到的交易数据写入区块，并将区块追加到自己维护的区块链副本中。区块中包含一个交易列表，记账节点会对列表中的每个交易进行验证，并标记有效或无效，然后将其写入区块。无论有效交易还是无效交易都会被写入区块链中，以备将来审计时使用。

（3）锚节点。因为 Fabric 网络可能由多个组织构成，所以需要一些 Peer 节点进行跨组织通信。并不是所有 Peer 节点都可以跨组织通信，只有经过授权的特殊 Peer 节点才可以做到这一点，这些特殊 Peer 节点就是锚节点。锚节点在通道配置中定义。

（4）领导节点。领导节点负责将排序服务发送来的消息传送给同一组织中的其他 Peer 节点。领导节点使用 Gossip 协议确保组织内的每个 Peer 节点都可以收到消息，但是它不能跨组织通信。如果领导节点掉线，则组织可以通过投票或随机产生等方式从在线活动的 Peer 节点中再选择一个作为领导节点。

4．排序节点

排序节点是运行排序服务的节点。关于排序服务的概念将在 2.1.3 小节介绍。

比特币由矿工在挖矿时根据交易费的金额选择记账的顺序，愿意支付更高手续费的交易会被优先记账。而 Fabric 区块链则采用不同的策略，它允许组织自行选择最合适的排序机制。这种策略使 Fabric 区块链更适合企业用户。

Fabric 区块链支持 SOLO、Kafka 和 Raft 这 3 种排序机制。关于 Fabric 区块链的共识算法将在 5.3.1 小节介绍。

2.1.2　Fabric 区块链平台的体系结构

Fabric 区块链平台的体系结构如图 2-1 所示。

Fabric 区块链平台
的体系结构

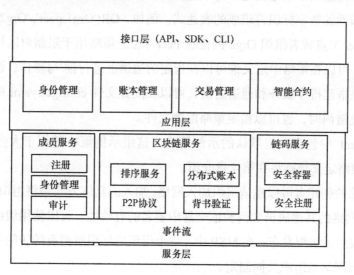

图 2-1　Fabric 区块链平台的体系结构

Fabric 区块链平台分为接口层、应用层和服务层 3 个层次。

1．接口层

接口层负责为客户端应用提供与 Fabric 网络进行交互的渠道，包括 API、SDK 和 CLI，具体说明如下。

- API（Application Program Interface，应用程序接口）是 Fabric 区块链提供的对区块链网络进行访问和操作的接口。可以在客户端应用中调用 API 与网络进行交互。

- SDK（Software Development Kit，软件开发工具包）是 Fabric 区块链提供的开发包，客户端应用可以利用 SDK 与智能合约进行交互。
- CLI（Command Line Interface，命令行界面）是一个命令行客户端工具，用户可以通过命令行访问 Fabric 网络。开发者可以通过 CLI 快速测试链码，或者查询交易状态。智能合约经过打包就是链码。

2．应用层

应用层位于接口层和服务层之间，包括身份管理、账本管理、交易管理和智能合约 4 个模块。

（1）身份管理

身份管理模块负责对 Fabric 网络中的成员进行身份管理，颁发数字证书，并提供身份验证服务。

加入 Fabric 网络的组织也被称为"成员"。Fabric 区块链属于联盟链。与比特币、以太坊等公有链不同，并不是任何人都可以随意加入 Fabric 网络。在大多数情况下，由多个组织组合在一起构成一个联盟，形成一个区块链网络。在对网络进行初始化时，联盟会制定一组安全策略。这组安全策略决定了每个组织的权限。

策略是由属性的数字标识符组成的表达式。例如，OR('Org1.peer', 'Org2.peer')表示组织 Org1 的任意 Peer 节点或者组织 Org2 的任意 Peer 节点。策略用于限制对区块链上的资源进行访问。例如，可以在策略中定义谁可以在指定的通道上进行读/写操作，谁可以调用指定的链码 API。在搭建排序服务和通道之前，可以在配置文件 configtx.yaml 中定义策略。当在通道中初始化链码时，也可以指定策略配置文件。

configtx.yaml 中包含一组默认的示例策略，这组示例策略适用于大多数网络。关于 Fabric 网络的策略定义规则将在第 4 章介绍。

区块链网络的创建者可以邀请组织加入网络，加入的具体方式是将组织的 MSP 加入网络。MSP 定义网络的其他成员如何验证交易中签名的有效性。可以使用组织的数字证书来生成签名，生成后由组织发布。在 MSP 中，一个组织的标识所拥有的访问权限由策略来管理。策略由加入网络的组织共同制定。

组织可以是一个跨国公司，也可以是一个人。在 Fabric 区块链的网络拓扑中使用三角形表示一个组织，如图 2-2 所示。

联盟是区块链网络中排名不分先后的组织的集合。这些组织共同组建了通道，通道是允许数据隔离和保密的私有区块链实现。指定了通道的账本，可以在通道中的 Peer 节点间共享数据。交易各方必须通过身份验证才能与通道进行交互。通道在配置文件 configtx.yaml 中被定义。

在 Fabric 区块链的网络拓扑中使用椭圆表示一个通道，如图 2-3 所示。通道 C 连接应用程序 A1、Peer 节点 P2 和排序节点 O1。

图 2-2　使用三角形表示一个组织

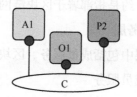

图 2-3　使用椭圆表示一个通道

尽管一个网络可以有多个联盟，但是大多数网络中都只有一个联盟。在创建通道时，所有加入通道的组织必须是联盟的成员。但是通道创建后，不是联盟成员的组织也可以加入其中。

排序服务是指事先定义好的一组节点，用于对交易进行排序，并写入区块，然后将区块发布至相关 Peer 节点进行验证和记账。

排序服务独立于 Peer 节点，按照先到先服务的原则对网络中的所有通道提供服务。

排序服务集成 Kafka 消息队列和 Raft 共识算法，具体情况将在第 5 章介绍。

（2）账本管理

账本负责存储网络中的交易数据。Fabric 区块链中的数据存储结构由区块链、状态数据库、区块索引和历史索引组成。

- 区块链中的数据保存在区块中，不可篡改，并且按交易发生的顺序存储。
- 状态数据库中保存着账本数据的当前缓存值。
- 区块索引和历史索引分别保存当前和历史的区块索引，以便可以在账本数据中快速定位交易数据。

在比特币和其他很多区块链网络中，区块一旦被加入链中，其内容就不允许被修改了。但是 Fabric 网络的状态数据库内容是可以修改的。状态数据库中以键值对的形式记录账本的最新数据，因此其内容是经常变化的。通道中的每个 Peer 节点都会维护其自己的账本副本，并会通过一个名为 Consensus 的进程与其他 Peer 节点同步账本的内容。关于 Fabric 区块链的账本存储方式将在 6.1 节具体介绍。在 Fabric 区块链的网络拓扑中，账本的表现形式如图 2-4 所示。

图 2-4　账本的表现形式

每个通道只有一个账本，通道中的每个 Peer 节点都会维护一个该通道的账本副本。

（3）交易管理

交易是指资产在网络成员之间转移的操作。资产是区块链管理的对象，它可以是有形的（比如房地产或硬件设备），也可以是无形的（比如智能合约或知识产权）。在 Fabric 区块链中使用一组键值对表示资产（可以是二进制格式或 JSON 格式的），并且可以通过交易修改资产。

（4）智能合约

智能合约是指部署于区块链网络上的程序，可以存取状态数据库中的数据。

3．服务层

服务层中包括成员服务、区块链服务、链码服务和事件流，具体说明如下。

（1）成员服务

成员服务用于管理用户 ID，并对网络的所有参与者进行身份验证，可以通过 ACL（Access Control List，访问控制列表）对用户的特定网络操作授权进行管理和控制。关于成员服务的具体情况将在第 4 章中介绍。

（2）区块链服务

区块链服务用于管理 Fabric 网络中的数据存储和交易，在交易过程中负责节点间的共识管理，维护一个分布式账本。账本存储在 Peer 节点中，Peer 节点间通过 P2P 网络传输协议进行通信。

Fabric 网络的共识机制由以下几个阶段组成。

* 客户端向背书节点提交交易提案。
* 背书节点对交易的有效性进行检查，通过检查后进行背书签名。
* 背书节点把经过背书签名后的交易发送回客户端，客户端收集到足够数量的背书签名后把包含背书签名的交易广播给排序节点。
* 排序服务对交易进行排序并产生区块。
* 排序服务将排序后的区块广播给记账节点，记账节点对所有的交易和背书信息进行验证，通过验证后把区块写入账本中。

（3）链码服务

链码是经过打包的智能合约；链码服务用于管理 Fabric 网络中的智能合约，包括智能合约的编码、部署和调用等。

链码可以部署于区块链网络中。客户端应用可以通过调用链码来与状态数据库进行交互。链码可以通过多种编程语言实现，例如 Go、Node.js 和 Java 等。

多个智能合约可以放在一个链码中。当链码被部署后，其中的所有智能合约都可以被客户端应用调用。此时智能合约是一个与特定商业过程相关的、有域名的程序，而链码则是一组相关智能合约的容器。每个链码都有自己的背书策略，该策略应用于链码中定义的所有智能合约。背书策略中会指定哪个组织必须对智能合约生成的交易进行签名，从而证明该交易是有效的。

智能合约可以调用通道内的其他智能合约，也可以跨通道调用智能合约。

（4）事件流

事件流是 Fabric 网络中各组件的通信机制，可以在应用程序、Peer 节点、排序服务和智能合约间传递消息。所谓事件流是指事件在各组件之间流转、传递的机制。由于篇幅所限，本书不对事件流展开介绍。

2.1.3 排序服务与交易的流程

在 Fabric 网络中，交易是各成员间资产转移和管理的记录，是区块链中保存的数据。本小节介绍 Fabric 网络的交易流程。在交易的流程中，排序服务发挥着重要的作用，它决定了交易被记录到区块中的顺序。

排序服务与
交易的流程

1．什么是排序

在比特币、以太坊等公有链中，任何节点都可以不经授权就参与共识的过程，也就是所谓的挖矿。在形成共识的过程中，交易被排序并打包到区块中。正因如此，这些公有链都依赖具有概率性的共识算法（不确定由谁记账，也不确定记账交易的顺序）。最终共识算法保障了账本在很大概率上一致。这可能会造成账本的分叉，因为从网络中不同参与者的视角来看，交易的顺序各不相同。

Fabric 区块链的工作原理与前文提到的公有链的工作原理不同，它设置了一种特殊的节点，即排序节点，专门负责对交易进行排序。多个排序节点构成排序服务。因为 Fabric 区块链采用确定的共识算法，到达记账节点的区块顺序是一致的，而且交易内容经过多次验证，所以不可能存在互相冲突的交易，比如一笔钱被使用两次。这样就保证了区块链不可能出现分叉。

为了提升效率，Fabric 区块链将背书操作从排序过程中分离出来，由 Peer 节点完成。这就优化了自身性能、提高了可扩展性。

2．排序节点和通道配置

除了负责排序，排序节点还负责维护一个可以创建通道的组织的列表，这些组织构成联盟，联盟信息保存在系统通道的配置中。关于系统通道将在第 5 章具体介绍。默认情况下，系统通道的配置数据只能由其所在的排序节点的管理员编辑。

排序节点还可以增强对通道的基本访问控制，例如约束哪些组织的哪些用户可以读/写通道上的数据。当创建联盟或通道时，管理员设置的策略中定义了谁有权限更新通道的配置数据。

更新通道配置的交易由排序节点处理，以确认交易的发起者是否拥有指定的管理员权限。如果有，则排序节点会根据当前的配置数据验证配置更新请求，生成一个新的配置交易，并将配置更新请求打包到一个区块中，然后将该区块发送至通道中的所有 Peer 节点。Peer 节点对经过排序节点授权的交易数据（其中包含对通道配置的修改）进行验证，确认对配置的修改符合通道定义的策略。通过验证后对通道配置的修改将被写入区块链中。

3．身份标识

与 Fabric 区块链的所有组件（包括 Peer 节点、应用程序、管理员和排序节点）进行交互都需要组件所属组织的身份标识，身份标识由数字证书和组织的 MSP 所定义。

与 Peer 节点一样，排序节点也属于一个组织。同样，每个独立的 CA 也应该只为一个组织服务。可以选择使用一个单独的 CA，也可以部署一个根 CA，然后设置中间 CA，这取决于每个组织的选择。

4．基本交易流程

Fabric 网络可以为应用程序提供账本和智能合约（链码）服务。智能合约用于生成交易，交易会被顺序地派发至网络中的每个节点，然后会被永久地记录在节点上的账本副本中。应用程序的用户可以是客户端应用的用户，也可以是区块链网络的管理员。

账本存储在 Peer 节点上，可以在应用程序中通过智能合约访问账本数据，如图 2-5 所示。

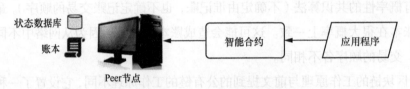

图 2-5　应用程序访问账本数据的流程

向账本中写入数据实际上是一个交易。交易的基本流程分为图 2-6 所示的 3 个阶段。这 3 个阶段的目的是确保区块链网络中所有 Peer 节点上的账本保持一致。

图 2-6　Fabric 网络中交易的基本流程

图 2-7 描述了更详细的交易流程。

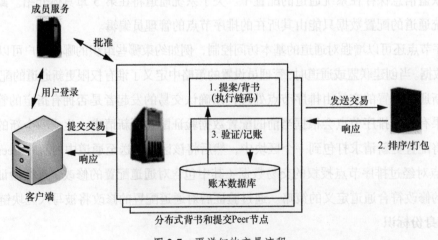

图 2-7　更详细的交易流程

（1）提案/背书

在提案/背书阶段，客户端应用会发送一个交易提案到一组 Peer 节点，Peer 节点会调用智能合约发起一个更新账本的申请，然后对结果进行背书。此时，背书 Peer 节点不会将更新提案应用到自己的账本副本中，而是会将背书的结果返回至客户端应用。背书结果中包含背书节点的签名和对应的带有版本号的交易数据读/写集。

客户端应用如果收集了策略中规定的足够数量的背书，则将交易发送至排序服务。

（2）排序/打包

在交易的第 2 阶段，排序服务会通过共识协议对交易进行排序。在 Fabric 网络中，共识协议是可插拔的，即可以从多个配置好的共识协议中选择使用其中的一个，并且可以动态增加共识协议。

排序服务从不同的客户端接收交易，并按通道对它们进行排序。排序服务不需要查看交易的内容，也不会执行交易的操作。排序服务可以为每个通道的交易创建区块，将交易打包到区块，并使用自己的数字证书为区块签名，然后利用 Gossip 协议将签名后的区块向所有 Peer 节点广播。

（3）验证/记账

根据应用程序在提交交易到账本之前指定的背书策略对交易进行验证。应用程序指定的背书策略中包括需要哪个 Peer 节点或需要多少个 Peer 节点对给定智能合约的正确执行提供担保。每个交易都需要经过背书策略中指定数量的 Peer 节点进行背书。如果要求多个 Peer 节点对交易进行背书，则并发执行背书可以提高系统的性能。

所有的 Peer 节点都会从排序服务接收到经过排序的区块。Peer 节点会验证排序服务对区块的签名，然后对读集合中的数据进行验证，以判断交易是否有效。每个有效的区块都会被写入区块链账本中。区块中每个交易中的写集合都会被更新到状态数据库中。

5．完整的交易流程

下面以一个由多组织构成的 Fabric 网络为示例演示完整的交易流程。示例网络的拓扑如图 2-8 所示。

图 2-8 中使用的图例如表 2-1 所示。

示例网络中包含 3 个组织，分别是 Org1、Org2 和 Org3。Org1 提供 5 个 Peer 节点，Org2 提供 4 个 Peer 节点和 1 个排序节点，Org3 提供 3 个 Peer 节点和 1 个排序节点。

这些组织共同组成一个通道。任何组织发起的交易都会通过通道传送给所有 3 个组织。通道中包含一个智能合约的实例和通道策略。通道策略在配置文件 configtx.yaml 中定义，在创建通道时指定其内容。默认情况下，每个 Peer 节点都有一个记账者角色（记账节点），在图 2-8 中用三角形图标表示。Peer 节点可以有多个角色，比如可以是背书节点、领导节点和锚节点。每个节点上都保存着一个账本的副本，其中包括区块链和状态数据库。背书节点上都安装了智能合约，以便对交易进行确认。

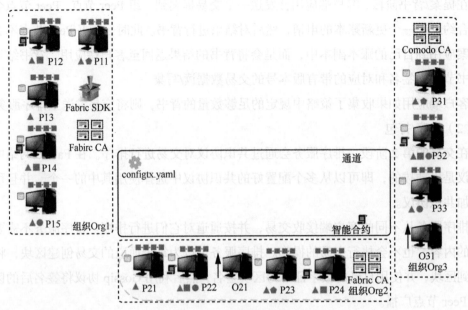

图 2-8 示例网络的拓扑

表 2-1 图 2-8 中使用的图例

图例	说明
	Peer 节点
	区块链
	状态数据库
	智能合约
	记账节点
	背书节点
	锚节点
	领导节点
	排序节点
	Fabric SDK
	CA

　　每个组织都有自己的 CA。Fabric 网络采用模块化设计，每个组织都可以选择使用任何 CA 产品。在本例中 Org1 和 Org2 使用 Fabric CA，而 Org3 使用 Comodo CA。

　　Fabric 网络中交易的完整流程如图 2-9 所示。

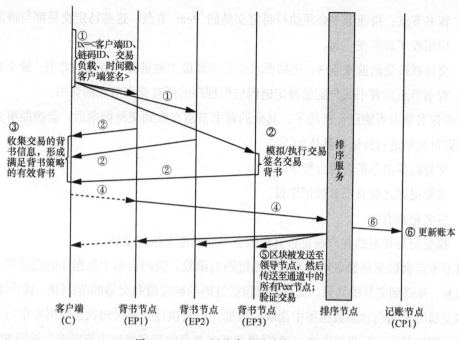

① tx=<客户端ID、链码ID、交易负载、时间戳、客户端签名>

③ 收集交易的背书信息，形成满足背书策略的有效背书

② 模拟/执行交易 签名交易 背书

⑤区块被发送至领导节点，然后传送至通道中的所有Peer节点；验证交易

排序服务

⑥ 更新账本

客户端
(C)

背书节点
(EP1)

背书节点
(EP2)

背书节点
(EP3)

排序节点

记账节点
(CP1)

图 2-9　Fabric 网络中交易的完整流程

整个交易过程可以分为以下 6 个步骤。

（1）客户端初始化交易

在 Fabric 网络中交易由客户端应用发起，发起交易的方式是向背书节点发送交易提案。提案是向通道上指定的 Peer 节点提出的背书请求。提案可以是初始化（init）请求，也可以是读/写请求。

可以使用 Fabric SDK 构造交易提案。交易提案的作用是请求调用一个链码，以便读/写账本。Fabric SDK 是一个将请求绑定到对应程序包的进程。SDK 持有客户端的数字证书，因此为客户端所接受，可以代表客户端对其发起的交易提案进行签名，然后向选择的背书节点发送请求。

在发送交易提案到背书节点前，客户端 SDK 需要知道网络中所有背书节点的列表。在图 2-8 中有 5 个背书节点，分别是 P12、P14、P22、P24 和 P32。背书节点在配置文件 configtx.yaml 中定义，configtx.yaml 中保存着前文提到的背书策略。

每个背书节点上都安装了一个链码，还存储着一个账本副本。所有 Peer 节点上的账本副本都保持同步。

（2）背书节点验证签名并执行交易

背书是指定 Peer 节点执行链码交易并对客户端应用的交易提案返回一个"提案响应"的处理过程。提案响应中包括执行链码的响应信息、结果（读集合和写集合）、事件，以及作为 Peer 节点执行链码证据的数字签名。

链码应用程序应符合背书策略。背书策略可以指定如下配置信息。

- 背书节点：指通道中必须执行特定交易的 Peer 节点。这些特定交易都与特定链码应用程序绑定在一起。
- 交易被接受的前提条件：比如要求交易得到最少数量背书节点的背书、最小百分比背书节点的背书或分配给特定链码应用程序的所有背书节点的背书。

有些背书节点可能已经离线了，其余的背书节点在收到交易提案后，会按照事先定义好的步骤对交易进行验证，具体如下。

- 交易提案消息是否符合要求。
- 交易提案之前有没有被记账过。
- 签名是否有效。
- 提交交易提案的客户端是否有权限在当前通道上执行交易。

背书节点会以交易提案作为参数调用链码的函数，链码会基于数据库的当前状态执行模拟交易，并得到交易的结果。交易结果包括链码的响应值和交易的读/写集。读/写集中包含模拟交易时从当前状态数据库中读取的数据，以及执行交易时向状态数据库中写入的数据。此步骤中并不实际更新账本，读/写集和背书节点的签名将作为提案响应返回 SDK。

（3）检查提案响应

客户端应用在收到所有背书节点的响应后，对背书响应列表进行验证，检查其是否满足背书策略的规则。不同的通道拥有不同的背书策略。

客户端应用会对背书节点的签名进行有效性校验。如果链码只希望查询账本，则客户端应用将检查查询响应，而不会将交易提交至排序服务。在交易发送至排序服务之前，客户端应用会检查提案响应以确保满足指定的背书策略的规则。

（4）客户端将背书信息集成到交易中

背书响应通过验证后，客户端应用会将其发送到合适的排序服务。背书信息最终会出现在区块中。在图 2-8 所示的示例网络中由组织 Org2 和 Org3 提供的两个排序节点组成排序服务。在生产网络中，通常会启动多个排序节点，以防出现故障影响网络的正常运行。

SDK 会将交易提案和背书响应都封装到交易信息中，然后将其发送至排序服务。发送至排序服务的交易信息中包含以下信息。

- 模拟交易时产生的读/写集。
- 背书节点的签名。
- 通道 ID。

排序服务并不会对交易信息中的所有信息进行检查，而只会从网络的所有通道中接收所有交易，然后按时间对它们进行排序，为每个通道创建一个区块，用于存储该通道的交易。

对交易的排序在网络范围内进行，不同应用程序的交易背书和提交的读/写集会同时被排序。

排序服务由一组排序节点组成，它并不对交易和智能合约进行处理，也不维护共享账本。排序服务接收经过背书的交易，并为这些交易指定一个记账节点，由记账节点将这些交易写入账本中。

（5）验证交易

当区块被经过排序的交易填满后，它会被发送至网络中的领导节点。理想状态下，Fabric网络中应该有一个领导节点，但是这并不是强制要求。如果没有领导节点，则排序节点需要逐一确认此区块已经被传送至所有的记账节点，这样做会增加网络的负载。为了避免这种情况，联盟中的每个组织都会提名自己的领导节点。每个组织可以有多个领导节点，以防止出现故障。有的组织如果只有一个领导节点，而且该领导节点没有对请求做出响应，则会在活动的 Peer 节点中启动一个投票机制，选举新的领导节点。

借助通道，所有的排序节点都可以得到通道中的领导节点列表。排序节点会将准备好的区块发送至所有活动的领导节点。

领导节点会将区块发送给同一组织内的其他记账节点。区块会通过 Gossip 协议而被传送至通道中的所有 Peer 节点。区块中的交易会被验证以确认如下事项。

- 满足背书策略的规则。
- 从交易执行生成读集合后，读集合中的变量与账本状态相比并没有发生变化。

根据验证的结果，区块中的交易会被标记为有效或无效。

（6）更新账本

Peer 节点会根据链码的策略检查背书是否有效，同时要对读/写集进行检查，判断其是否与世界状态数据一致；特别是当背书节点模拟交易时，需要判断已经存在的读数据是否与世界状态数据一致。

当记账节点完成验证交易后，交易将会被写入账本中（也就是将区块追加到区块链中），并使用读/写集中的写数据更新状态数据库。

每个 Peer 节点均可与多个通道相关联。因此，在 Fabric 网络中可以存在多个区块链。

最后，每个记账节点都会将交易记账的结果异步通知到发起交易的客户端应用。

6．交易模拟和读/写集

在对交易进行背书时，有一个模拟交易的过程。在此过程中会生成交易的读/写集。读集合中包含一组唯一的关键字和它们的版本（注意不是由键和键的值数据所组成的键值对，而是由键和版本号组成的数据），以记录模拟过程中所读取的数据；写集合中包含一组唯一的关键字及它们的新值，新值就是在交易过程中写入区块链的值。如果交易删除某个关键字，则在写集合里该关键字会被记录一个删除标记。

如果在模拟交易的过程中多次修改一个关键字的值，则写集合里只保留最后一次写入的值。

关键字的版本号只在读集合中记录，写集合中只保存关键字及其最新值，并不包含版本号。版本号的最低要求是可用于标识关键字的不重复的标识符，可以通过以下两种方式实现版本号。

- 使用自增数字作为版本号。
- 基于区块链的高度生成版本号。

下面是一个读/写集的示例。

```
<TxReadWriteSet>
  <NsReadWriteSet name="chaincode1">
    <read-set>
      <read key="K1", version="1">
      <read key="K2", version="1">
    </read-set>
    <write-set>
      <write key="K1", value="V1">
      <write key="K3", value="V2">
      <write key="K4", isDelete="true">
    </write-set>
  </NsReadWriteSet>
<TxReadWriteSet>
```

读集合中包含 K1 和 K2 两个关键字；写集合中包含 3 个关键字，即 K1、K3 和 K4。

记账节点会利用读集合检查交易的有效性，利用写集合更新相关关键字的版本号和值。由于篇幅所限，这里不展开介绍使用读/写集进行交易有效性校验和记账的过程。

2.2 搭建示例网络的过程

本节将通过一个简单的示例网络介绍 Fabric 网络主要架构和组件的工作原理。在讲解过程中将通过网络拓扑演示搭建示例网络的过程，并不涉及具体的操作和配置。

2.2.1 示例网络的拓扑

从技术角度看，Fabric 网络是为客户端应用提供账本和智能合约服务的基础设施。智能合约用于生成交易，交易会以账本副本的形式、按生成的顺序记录在网络中的每个 Peer 节点中。网络中的用户可以是使用客户端应用的终端用户，也可以是 Fabric 网络的管理员。

在大多数情况下，Fabric 网络由多个组织组成的联盟构成。联盟成员共同协商制定策略，策略中定义了每个成员的权限。在创建 Fabric 网络时需要配置策略。策略可以根据联盟中成员的协议进行修改。

本节介绍的示例网络 N 的拓扑，如图 2-10 所示。示例网络由 4 个组织组成的联盟构成，它们分别是 R1、R2、R3 和 R4。具体说明如下。

- R4 被指定为网络的发起人，可以建立网络的初始版本。但是 R4 并不希望在网络中执行交易。

- R1 和 R2 需要通过网络进行私密通信。R2 和 R3 也是这样的。
- R1 有一个客户端应用 A1，可以在通道 C1 中执行交易。
- R2 有一个客户端应用 A2，可以在通道 C1 和通道 C2 中执行交易。
- R3 有一个客户端应用 A3，可以在通道 C2 中执行交易。
- Peer 节点 P1 维护与通道 C1 相关联的账本副本 L1。
- Peer 节点 P2 同时维护与通道 C1 相关联的账本副本 L1 和与通道 C2 相关联的账本副本 L2。
- Peer 节点 P3 维护与通道 C2 相关联的账本副本 L2。
- NC4 代表示例网络的配置，其中定义了管理网络的策略。网络受组织 R1 和 R4 的共同控制。
- 通道配置 CC1 中定义了管理通道 C1 的策略。通道 C1 由组织 R1 和 R2 共同管理。
- 通道配置 CC2 中定义了管理通道 C2 的策略。通道 C2 由组织 R2 和 R3 共同管理。
- 排序服务 O4 可以使用系统通道，也可以使用应用通道 C1 和 C2。这样就可以在对交易排序后将其写入区块中。关于系统通道和应用通道的概念将在第 5 章中介绍。
- 每个组织都有对应的 CA，分别是 CA1、CA2、CA3 和 CA4。它们分别为组织 R1、R2、R3 和 R4 管理数字证书。

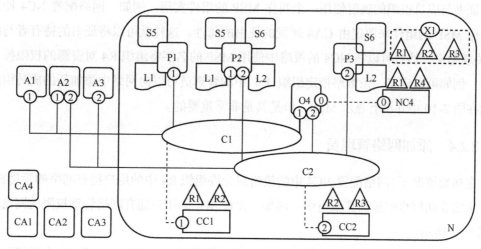

图 2-10　示例网络 N 的拓扑

2.2.2　创建示例网络

示例网络是由组织 R4 创建的。R4 的管理权限在网络配置 NC4 中定义。NC4 中还定义了排序服务 O4 的配置信息。当排序服务 O4 启动时，网络就形成了。CA4 为组织 R4 的网络节点、管理员和用户分配数字证书。

在创建示例网络时，示例网络 N 的拓扑如图 2-11 所示。

排序服务是示例网络的第一个组件，可以将其理解为网络的初始管理点。组织 R4 的管理员根据事先达成的共识对 O4 进行配置，并启动服务。NC4 中包含关于网络管理能力的策略，初始时策略中只包含 R4 的权限。随着其他成员的加入，策略的内容会发生变化。

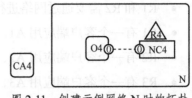

图 2-11　创建示例网络 N 时的拓扑

2.2.3　证书颁发机构

在图 2-11 中包含一个证书颁发机构 CA4，它在示例网络中扮演着关键的角色。它可以为组织 R4 的组件分配 X.509 证书，用于标识组件的身份。关于 X.509 证书的具体情况将在第 4 章介绍。

CA 颁发的证书还可以用来对交易进行签名，表明拥有证书的组织对交易的结果进行背书，这也是交易被记录在区块上的前提条件之一。

Fabric 网络的不同组件使用证书来标识自己，以区分来自不同组织的组件。这就是 Fabric 网络要设置不同 CA 的原因，每个组织通常有自己的 CA。Fabric 网络有一个内置的 CA，叫作 Fabric CA。

证书与成员组织的映射使用一个叫作 MSP 的组件实现。例如，网络配置 NC4 使用一个叫作 MSP 的组件来鉴定由 CA4 颁发的证书的属性。这样就可以将证书的持有者与组织 R4 关联起来，然后可以在 NC4 的策略中使用 MSP 的名字将组织 R4 对资源的权限授予参与者。例如可以定义一条策略指定组织 R4 中的管理员可以向网络中添加新的成员组织。虽然在图 2-10 中并没有显示 MSP，但是其是非常重要的。

2.2.4　添加网络管理员

在初始情况下，网络配置 NC4 中的策略只允许组织 R4 中的用户拥有网络的管理权限。接下来需要向网络中添加其他组织。例如，允许 R1 的用户拥有网络管理权限的网络拓扑如图 2-12 所示。

组织 R4 更新网络配置，使组织 R1 也成为网络管理员。此后，R1 和 R4 在网络配置上拥有相同的权限。

然后，需要添加一个证书颁发机构 CA1，用于管理组织 R1 用户的证书。此后，组织 R1 和组织 R4 的用户都可以对示例网络进行管理。

尽管排序服务 O4 运行在组织 R4 的

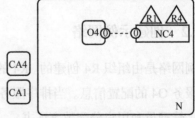

图 2-12　允许 R1 的用户拥有网络管理权限的网络拓扑

服务器上，但是组织 R1 也分享了对 O4 的管理权限。R1 和 R4 都可以更新网络配置 NC4，并将组织 R2 加入网络。

本示例网络是比较简单的，排序服务只是网络中一个单独的节点。在实际的生产网络中，排序服务通常由不同组织的多个节点组成。例如，可以在组织 R4 的服务器上运行 O4，然后连接到 O1。O1 是组织 R1 的排序节点，运行在组织 R1 的服务器上。这就构成了多站点、多组织管理的网络结构。

2.2.5 创建一个联盟

现在组织 R1 和 R4 都可以管理网络了。接下来需要创建一个联盟，假定联盟的名字为 X1，其中包含组织 R1 和 R2 两个成员。联盟的定义保存在网络配置 NC4 中。CA1 和 CA2 分别是组织 R1 和 R2 的证书颁发机构。在 Fabric 网络中，联盟可以由任意成员组成。本节介绍的示例网络中，联盟只有 R1 和 R2 两个成员，如图 2-13 所示。

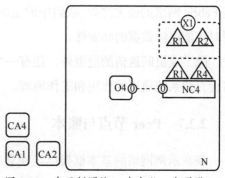

图 2-13　在示例网络 N 中定义一个联盟 X1

联盟的定义很重要，因为它定义了网络中需要与其他组织共享交易数据的组织集合。联盟中的组织为了共同的目标各司其职、共同协作。

2.2.6 为联盟创建通道

通道是联盟中成员间互相通信的主要机制。网络中可以包含多个通道，在本节所介绍的示例网络中只定义了一个通道 C1。添加通道 C1 后的网络拓扑如图 2-14 所示。

通道 C1 供联盟 X1 中的组织 R1 和 R2 使用，可以通过通道配置 CC1 对通道 C1 进行管理。通道配置与网络配置是完全分离的。组织 R1 和 R2 共同管理 CC1，而作为网络管理员和网络创建者，组织 R4 并没有对 CC1 进行管理的权限。这充分保障了组织间通信的私密性。通道 C1 也连接到了排序服务 O4，以便将

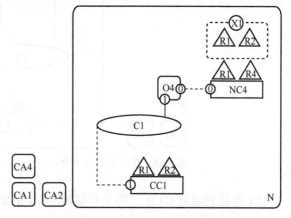

图 2-14　添加通道 C1 后的网络拓扑

交易发送至排序服务。尽管通道 C1 是示例网络 N 的组成部分，但是它是很特殊的，组织 R3 和 R4 并不在其中。通道 C1 只用于处理 R1 和 R2 间的交易。在前面的步骤中 R4 已经

授权 R1 可以创建联盟，但其还应该授予 R1 创建通道的权限。本例中由 R1 或 R4 创建通道 C1。

通道配置 CC1 中包含 R1 和 R2 拥有管理通道 C1 权限的策略，它与网络配置 NC4 是完全分离的。R3 和 R4 在通道 C1 上并没有管理权限。如果 R1 和 R2 在 CC1 中添加了相关策略，则 R3 和 R4 也可以与通道 C1 进行通信。

需要注意的是，虽然 R4 可以在网络中添加组织，但是它并不能将自己添加到通道 C1 中。如果它希望加入通道 C1，那么必须经过 R1 和 R2 的授权才行。

通道提供了私密通信的机制，可以保证联盟中成员间的数据安全和通信安全。这也正是 Fabric 网络的强大之处。联盟中的组织间可以共享彼此的基础设施（如服务器和网络等），同时还能保障数据的私密性。

除了成员间通信的通道外，还有一个特殊的供排序服务使用的系统通道。在第 5 章中将会介绍系统通道的作用和工作原理。

2.2.7　Peer 节点与账本

现在示例网络的基本框架已经建立起来了。联盟的成员已添加到网络中，并可以通过通道进行通信。接下来可以利用通道将组织的其他组件连接在一起。

为了实现成员间的交易，需要定义 Peer 节点和账本。在示例网络中，添加一个 Peer 节点 P1 和一个账本实例 L1。此时的网络拓扑如图 2-15 所示。

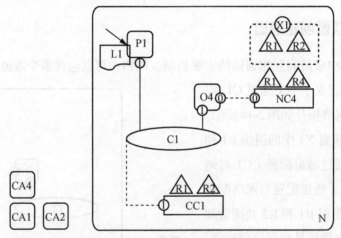

图 2-15　在示例网络中添加一个 Peer 节点 P1 和一个账本实例 L1

P1 连接到通道 C1 上，用于存储账本 L1 的副本。P1 和 O4 可以通过 C1 进行通信。换句话说：账本 L1 物理上存储在 P1 中，逻辑上存储在 C1 中。

P1 配置的关键部分是 CA1 提供的 X.509 证书，它将 P1 与组织 R1 关联在一起。当 R1 的管理员将 P1 连接到通道 C1 后，P1 就开始从排序服务 O4 拉取区块，并将其存储在账本中。排序服务 O4 使用通道配置 CC1 来决定 P1 在通道 C1 上的权限（如是否可以从通道 C1 上读/写数据）。

2.2.8 客户端应用与智能合约

可以将客户端应用 A1 连接到通道 C1 上，消费 Peer 节点 P1 提供的服务。此时的网络拓扑如图 2-16 所示。

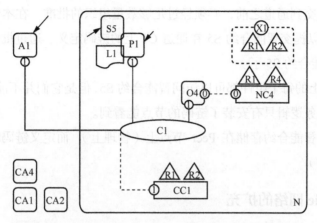

图 2-16　客户端应用 A1 消费 Peer 节点 P1 提供的服务

智能合约 S5 安装在 Peer 节点 P1 上。组织 R1 的客户端应用 A1 访问存储在 P1 上的账本 L1。除了 P1 外，A1 和 O4 都连接到通道 C1 上，它们都可以利用 C1 提供的通信能力进行交互。

每个客户端应用都有一个将其与所属组织关联在一起的数字证书。在示例网络中客户端应用 A1 与组织 R1 相关联。尽管客户端应用并不在 Fabric 网络中，但是它们可以通过通道连接到 Fabric 网络。

A1 实际上是借助智能合约（链码）S5 来管理账本的，可以将智能合约理解为定义访问账本模式的程序。S5 可以提供已经定义好的查询和更新账本 L1 的方法。客户端应用 A1 必须通过 S5 访问账本 L1。

智能合约可以由参与商业交易的组织共同开发、建设，在联盟成员间共享。要使用智能合约，就必须完成以下两个操作。

- 在 Peer 节点上安装智能合约。
- 在通道上定义链码。

（1）安装智能合约

智能合约 S5 被开发完成后，组织 R1 的管理员应该创建一个链码包，并将其安装在 Peer 节点 P1 上。完成后，P1 就掌握了 S5 的业务逻辑，即 S5 访问账本 L1 的代码。

如果一个组织在一个通道上有多个 Peer 节点，则它可以选择安装智能合约的 Peer 节点，而并不需要在每个 Peer 节点上都安装智能合约。

（2）定义链码

尽管链码被安装在单个组织的 Peer 节点上，但是它的管理和操作范围是通道。通道中的组织需要根据策略约定批准链码定义。所谓链码定义是指定义链码在通道上如何被使用的一系列参数。一个组织必须首先批准链码定义，然后才可以使用已经安装好的链码来查询账本或背书交易。

链码定义被提交到通道之前，必须经过足够数量组织的批准。在本节的示例网络中组织 R1 的管理员可以提交智能合约 S5 在通道 C1 上的链码定义。通过批准后，客户端应用 A1 就可以调用智能合约 S5 了。

尽管通道 C1 上的每个组件都可以访问智能合约 S5，但是它们并不能看到 S5 的业务逻辑。智能合约的业务逻辑只有安装了链码的节点能看到。

安装链码时将智能合约存储在 Peer 节点上（物理上），而定义链码时将智能合约存储在通道上（逻辑上）。

2.2.9 Fabric 网络的扩充

随着联盟成员的不断增加，以及联盟业务的不断拓展，Fabric 网络也会根据需求不断扩充。例如，在网络中增加新的联盟成员 R3，增加步骤如下。

（1）建立组织 R3 的证书颁发机构 CA3。

（2）创建通道配置 CC2，由组织 R3 和 R2 共同组成通道 C2；CC2 由 R3 和 R2 共同维护。

（3）搭建组织 R3 的 Peer 节点 P3，在 P3 上存储通道 C2 的账本 L2，并部署通道 C2 中的智能合约 S6。

（4）此时，组织 R2 同时参与通道 C1 和 C2，因此 Peer 节点 P2 既存储账本 L1 和 L2，又部署智能合约 S5 和 S6。

（5）为组织 R3 安装客户端应用 A3，其可以连接到通道 C2。

（6）根据需要为组织 R2 安装客户端应用 A2，其可以同时连接到通道 C1 和 C2。

此时，联盟 X1 中包含组织 R1、R2 和 R3，图 2-10 所示的示例网络也就搭建成功了。

2.3 本章小结

本章介绍了 Fabric 区块链的体系结构，包括 Fabric 网络的主要组件和交易流程。作为企业级区块链平台，Fabric 区块链的体系结构比较复杂，拥有 MSP、排序节点、Peer 节点和客户端等组件。在交易过程中，这些组件分工配合，确保了区块链上数据的一致性和正确性。为了使读者更直观地理解 Fabric 区块链的网络拓扑和搭建过程，本章还以拓扑的形式演示了一个示例网络的搭建过程。

本章的主要目的是使读者从整体上了解 Fabric 区块链的工作原理，为后面学习 Fabric 网络各组件的管理和配置方法，以及智能合约和客户端应用的开发方法奠定基础。

习　题

一、选择题

1. 在 Fabric 网络中，（　　　）是定义身份验证方式和访问网络权限规则的组件。

A. MSP　　　　　　　B. 排序节点　　　　C. Peer 节点　　　D. 客户端

2. 客户端应用可以通过（　　）与 Fabric 网络通信，在网络中发起交易提案。

A. Fabric SDK　　　B. CA　　　　　　C. 链码　　　　　　D. MSP

3. 经过授权的可以跨组织通信的节点是（　　　）。

A. 背书节点　　　B. 锚节点　　　　C. 记账节点　　　D. 领导节点

4. 用于管理用户 ID，并对网络的所有参与者进行身份验证的服务是（　　　）。

A. 区块链服务　　　B. 链码服务　　　C. 成员服务　　　D. 事件流

5. 当客户端通过 Fabric SDK 提交交易提案时，此提案会被发送至（　　）节点。

A. 锚　　　　　　　B. 背书　　　　　C. 记账　　　　　　D. 领导

6. 排序节点可以看到所有的交易，并将它们排序组成一个区块。区块会被发送至所有的（　　　）节点，这些节点会对其中的交易进行检查，并在自己的账本副本中添加新的区块。

A. 锚　　　　　　　B. 背书　　　　　C. 记账　　　　　　D. 领导

二、填空题

1. Fabric 网络包含　__【1】__　和　__【2】__　这两种 MSP。

2. Fabric 区块链中的数据存储结构由　__【3】__　、　__【4】__　、　__【5】__　和　__【6】__　组成。

3. Fabric 区块链中的整个交易流程分为　__【7】__　、　__【8】__　和　__【9】__　3 个步骤。

三、简答题

1. 简述 Fabric 网络的共识机制由哪些阶段组成。

2. 简述 Fabric 网络中的交易流程。

第3章

搭建 Fabric 区块链环境

本章介绍在局域网中搭建 Fabric 区块链环境的方法，使读者对 Fabric 区块链有直观的认知，为学习本书后面的内容奠定硬件和软件基础。

3.1 搭建基础环境

在搭建 Fabric 区块链环境之前，需要搭建基础环境。Fabric 区块链

搭建 Fabric 区块链
的基础环境

的各组件采用 Docker 容器化部署，因此基础环境应包含操作系统和 Docker 容器环境。

Fabric 区块链是跨平台的，支持 Windows、Linux 或 macOS 等操作系统。为了更接近生产网络，本书选择使用 CentOS 虚拟机安装 Fabric 区块链。CentOS（Community Enterprise Operating System, 社区企业操作系统）是 Linux 的一个发行版本，是 Red Hat Enterprise Linux 依照开放源代码规定释出的源代码编译而成的。

3.1.1 安装 VirtualBox 虚拟机

Oracle VM VirtualBox（简称 VirtualBox）是 Oracle 公司推出的一款开源虚拟机软件。为了便于读者学习，并尽量少地占用物理资源，本书选择在 VirtualBox 虚拟机中搭建 Fabric 区块链环境。

访问 VirtualBox 的官网可以下载最新的安装包。具体网址可以参见配套资源中的"本书使用的网址"文档。

如果因为网络原因而无法访问官网，则可以通过搜索来下载安装包。VirtualBox 的安装包是经典的 Windows 安装程序，只需要按照提示操作即可完成安装。

3.1.2 安装 CentOS

CentOS 是部署服务应用程序、Web 应用程序、分布式应用程序的常用操作系统。本书选择 CentOS 作为搭建 Fabric 区块链环境的基础环境。

为了便于读者学习，推荐在 VirtualBox 中安装 CentOS 虚拟机。

1. 在 VirtualBox 中安装 CentOS 虚拟机

运行 VirtualBox 软件，在系统菜单中选择"控制"/"新建"，打开"新建虚拟电脑"对话框。在"名称"文本框中输入 Hyperledger Fabric（读者可以根据习惯自定义），类型选择"Linux"，版本选择"Red Hat (64-bit)"，如图 3-1 所示。单击"下一步"按钮，进入"内存大小"界面，如图 3-2 所示。建议将计算机的物理内存容量的一半作为虚拟机的内存。

图 3-1　"新建虚拟电脑"对话框　　　　图 3-2　"内存大小"界面

单击"下一步"按钮，进入"设置虚拟硬盘"对话框。选择"现在创建虚拟硬盘"，然后单击"创建"按钮，打开"虚拟硬盘文件类型"对话框，选择"VDI（VirtualBox）磁盘映像"，然后根据提示设置虚拟硬盘的大小。建议根据物理硬盘的容量设置，至少为 10GB，如果有条件，建议设置为 30GB ~ 50GB，因为一旦空间不足，扩充空间会比较麻烦。创建完成后，VirtualBox 的左侧窗格中出现了一个 CentOS 虚拟机图标，如图 3-3 所示。

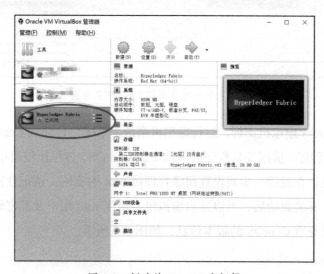

图 3-3　新建的 CentOS 虚拟机

这只是一个空的虚拟机，还没有安装操作系统。下面介绍在虚拟机中安装 CentOS 的过程。

首先要选择一个 CentOS 的安装镜像，例如 CentOS-7-x86_64-Minimal-2003.iso。

右击 CentOS 虚拟机图标，在弹出的快捷菜单中选择"设置"，打开虚拟机设置对话框，在左侧窗格中选中"存储"，如图 3-4 所示。

图 3-4　设置虚拟机的存储属性

在"存储介质"中可以看到控制器 IDE 还没有盘片，如图 3-5 所示。选中"没有盘片"，在右侧的"分配光驱"下拉列表框右侧单击 图标，选中提前准备好的 CentOS 7 安装镜像 CentOS-7-x86_64-Minimal-2003.iso。

图 3-5　选中提前准备好的 CentOS 7 安装镜像

然后双击 CentOS 虚拟机图标，运行虚拟机系统。系统会自动从 CentOS 的安装镜像引导启动，运行安装程序。根据安装程序的提示安装 CentOS，过程比较简单，由于篇幅所限，这里不再具体介绍。在最后一步要设置超级管理员 root 的密码，请记住密码，因为在下次登录时需要使用。安装成功后，可以重启虚拟机。使用 root 用户及其密码登录，然后执行下面的命令，可以查看 CentOS 的版本信息，如图 3-6 所示。

```
cat /etc/redhat-release
```

在使用虚拟机时经常会出现各种问题，主要是虚拟机与实体机的网络通信问题。如果有条件准备实体的 CentOS 服务器，那是最佳的选择。

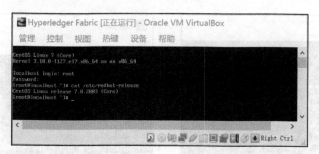

图 3-6　查看 CentOS 的版本信息

2．设置 CentOS 虚拟机的静态 IP 地址

本书以 CentOS 虚拟机为部署 Fabric 区块链的服务器，读者需要从互联网下载并安装相关软件，有时也需要从客户端上传和部署程序包。这些都离不开网络通信。因此在安装好 CentOS 虚拟机后，第一件事就是设置 CentOS 虚拟机的静态 IP 地址。

在设置静态 IP 地址之前，首先打开 VirtualBox，右击 CentOS 虚拟机图标，在弹出的快捷菜单中选择"设置"，打开虚拟机设置对话框。在左侧窗格中选中"网络"，在右侧的"网卡 1"选项卡中选中"启用网络连接"复选框，然后在"连接方式"处选择"桥接网卡"；展开"高级"选项，将"混杂模式"设置为"全部允许"，如图 3-7 所示。

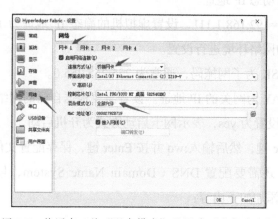

图 3-7　将网卡 1 的"混杂模式"设置为"全部允许"

设置好后，启动 CentOS 虚拟机，登录后执行下面的命令，查看 CentOS 的网卡名。

```
ip addr
```

执行结果如图 3-8 所示，enp0s3 就是 CentOS 的网卡名。执行下面的命令可以编辑默认网卡上的配置信息。如果有需要，读者可以将 enp0s3 替换成自己设置的网卡名。

```
cd /etc/sysconfig/network-scripts
vi ifcfg-enp0s3
```

默认的网络配置参数如图 3-9 所示。

图 3-8　查看 CentOS 的网卡名　　　　　　图 3-9　默认的网络配置参数

Vi 是 Linux 操作系统的文本编辑工具，与 Windows 操作系统下的记事本相比，它的使用方法有很大的区别。由于篇幅所限，这里不展开介绍。

设置以下配置项。

- 将 BOOTPROTO 设置为 static，表示使用静态 IP 地址。默认值为 dhcp，表示使用由系统分配的动态 IP 地址。
- 新增 IPADDR=192.168.1.111，设置虚拟机的静态 IP 地址为 192.168.1.111。读者需要根据自己的网络环境进行设置。
- 设置 NETMASK 为子网掩码，通常为 255.255.255.0。
- 设置 GATEWAY 为网关的 IP 地址。读者需要根据自己的网络环境进行设置。
- 将 ONBOOT 设置为 yes，表示网卡启动方式为开机启动。

设置好后，按 Esc 键，然后输入:wq 并按 Enter 键，保存配置文件。

要连接互联网，还需要配置 DNS（Domain Name System，域名系统）。执行命令 vi /etc/resolv.conf，并添加如下内容：

```
nameserver 202.106.0.20
nameserver 8.8.8.8
```

保存后，执行下面的命令，重新启动网络。

```
service network restart
```

执行下面的命令，如果可以 ping 通百度，则说明 IP 地址配置成功。

```
ping www.baidu.com
```

本书假定 CentOS 虚拟机的 IP 地址为 192.168.1.111。

3．使用 PuTTY 工具远程连接 CentOS 虚拟机

直接在 VirtualBox 虚拟机里输入命令比较麻烦，但又无法粘贴命令，而且字体比较小。为了方便操作，建议使用一些远程连接工具操作 CentOS，比如 PuTTY。PuTTY 是一款免费的、基于 SSH 和 Telnet 协议的远程连接工具。

安装 PuTTY 的过程很简单，只需要根据提示单击"Next"按钮即可。安装成功后不会创建桌面快捷方式，读者可以到安装目录下找到 putty.exe 创建桌面快捷方式。

在远程连接 CentOS 之前，要在虚拟机上做一些准备工作。

首先，为远程连接建立一个通道。打开 VirtualBox 软件，右击 CentOS 虚拟机图标，在弹出的快捷菜单中选择"设置"，打开虚拟机设置对话框。在左侧窗格中选中"网络"，在右侧的"网卡 2"选项卡中选中"启用网络连接"复选框，在"连接方式"处选择"仅主机（Host-Only）网络"，然后单击"OK"按钮。设置好后，可以在宿主机（安装 VirtualBox 的计算机）中看到一个名为 VirtualBox Host-Only Ethernet Adapter 的虚拟网络连接，如图 3-10 所示。右击它，在弹出的快捷菜单中选择"属性"，可以查看它的 IP 地址，如图 3-11 所示。此 IP 地址可以作为虚拟机系统的网关（假定为 192.168.56.1）。这个虚拟网络连接就是远程连接 CentOS 的专用通道，而前面介绍的 enp0s3 网卡是用来与外界网络进行通信的。

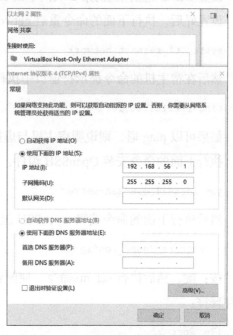

图 3-10　虚拟网络连接　　　　　　　图 3-11　查看虚拟网络连接的 IP 地址

接下来为第 2 块网卡配置 IP 地址。将 ifcfg-enp0s3 复制为 ifcfg-enp0s8，参照前面的方法设置 IP 地址（本书假定为 192.168.56.101），将网关设置为前面在宿主机中看到的虚拟网络连接的 IP 地址（本书假定为 192.168.56.1）。编者虚拟机中 ifcfg-enp0s8 的内容如下：

```
TYPE=Ethernet
PROXY_METHOD=none
BROWSER_ONLY=no
BOOTPROTO=static
IPADDR=192.168.56.101
NETMASK=255.255.255.0
DNS1=202.106.0.20
DNS2=8.8.8.8
GATEWAY=192.168.56.1
DEFROUTE=yes
IPV4_FAILURE_FATAL=no
IPV6INIT=yes
IPV6_AUTOCONF=yes
IPV6_DEFROUTE=yes
IPV6_FAILURE_FATAL=no
IPV6_ADDR_GEN_MODE=stable-privacy
NAME=enp0s8
UUID=b86ee2d0-57a8-4e49-8eaf-803edd59d4df
DEVICE=enp0s8
ONBOOT=yes
```

设置 CentOS 虚拟机的第 2 块网卡的 IP 地址为 192.168.56.101。

设置好后，执行下面的命令重启 network 服务，并应用新的网络配置。

```
systemctl restart network
```

然后在宿主机的命令提示符窗口中执行下面的命令：

```
ping 192.168.56.101
```

如果可以 ping 通，则说明宿主机与虚拟机的通信通道已经建立。

执行下面的命令安装 OpenSSH 组件：

```
yum install openssh-server
```

然后执行下面的命令编辑 OpenSSH 组件的配置文件：

```
vi /etc/ssh/sshd_config
```

按:键，然后执行 set nu 命令，使配置文件中显示行号。找到如下配置项，去掉前面的注释符：

```
17    Port 22
19    ListenAddress 0.0.0.0
38    PermitRootLogin yes
65    PasswordAuthentication yes
```

具体说明如下。

- Port 22：指定 OpenSSH 组件在端口 22 上监听。

- ListenAddress 0.0.0.0：指定 OpenSSH 组件监听所有的 IPv4 地址。
- PermitRootLogin yes：指定 OpenSSH 组件允许使用 root 用户连接。
- PasswordAuthentication yes：指定 OpenSSH 组件允许使用密码进行身份验证。

配置完成后，执行:wq 命令进行保存并退出，然后重新启动 sshd 服务并关闭防火墙：

```
systemctl restart sshd
systemctl disable firewalld
```

双击 putty.exe，打开"PuTTY Configuration"对话框，如图 3-12 所示。在"Host Name (or IP address)"文本框中输入要连接的服务器 IP 地址，然后单击"Open"按钮，可以打开终端窗口。登录后就可以在其中输入命令，操作 CentOS 服务器。用户可以在其中很方便地复制和粘贴文本。如果觉得字体小，可以在"PuTTY Configuration"对话框中选择"Window"/"Appearance"，单击字体后面的"Change"按钮，设置字体。在"Host Name (or IP address)"文本框中输入第 2 块网卡的 IP 地址（192.168.56.101）。

4．使用 WinSCP 工具向 CentOS 服务器上传文件

如果需要向 CentOS 服务器上传我们编写的程序包或其他资源文件，则推荐使用 WinSCP 工具通过图形界面实现上传功能。

安装 WinSCP 的过程很简单，只需要根据提示单击"Next"按钮即可。安装成功后不会创建桌面快捷方式。

启动 CentOS 服务器后，运行 WinSCP，首先弹出"登录"窗口，如图 3-13 所示。

图 3-12 "PuTTY Configuration"对话框

图 3-13 "登录"窗口

输入 CentOS 服务器的主机名、用户名和密码，单击"登录"按钮，即可打开 WinSCP 主窗口，如图 3-14 所示。

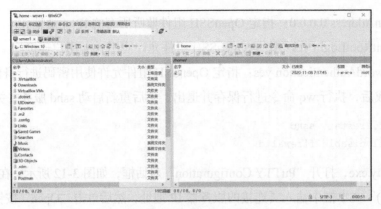

图 3-14　WinSCP 主窗口

WinSCP 主窗口分为左、右 2 个窗格，可以分别选择双方的文件。在左、右 2 个窗格间拖曳文件，可以实现在 Windows 与 CentOS 服务器之间传递文件。

3.1.3　安装和使用 Docker

Docker 是一个开源的引擎，使用 Docker 可以很轻松地为任何应用程序创建轻量级的、便于移植的、自包含的容器。

容器化是目前非常流行的部署软件系统的方法。容器是软件的一个标准的单元，其中打包了代码和运行代码所有依赖的软件和组件，以便使应用程序可以快捷、稳定地运行，而且因为容器是相对独立存在的，所以可以很方便地在不同环境下实现应用程序的迁移。使用容器部署应用程序的方法称为容器化。

1．Docker 的基本概念

下面介绍 Docker 的几个基本概念，为进一步学习奠定基础。

（1）镜像

镜像（Image）是一个轻量级的、独立的、可以执行的包，其中包含运行指定软件所需要的一切资源，包括代码、库、环境变量和配置文件等。

（2）容器

容器（Container）是镜像的一个运行时实例。如果将镜像比作类，则容器就是类的一个实例化的对象。当镜像被加载到内存中并实际执行时，它与主机环境是完全隔离的，此时容器只能访问主机上的文件和端口。

（3）标签

标签（Tag）用于标识镜像的版本。

（4）栈

栈（Stack）是一组相互关联的服务，这些服务可以共享依赖、一起被编排，从而实现 Web 服务器集群。

（5）镜像仓库

镜像仓库（Repository）用于存储 Docker 镜像，可以分为公开仓库和私有仓库。公开仓库是大家都可以访问的仓库，最大的公开仓库是 Docker Hub。私有仓库是自己搭建的、用于存储私有镜像的仓库，其他人无权访问。

（6）注册服务器

注册服务器（Registry）用于管理镜像仓库。

注册服务器、镜像仓库、标签和镜像的关系如图 3-15 所示。

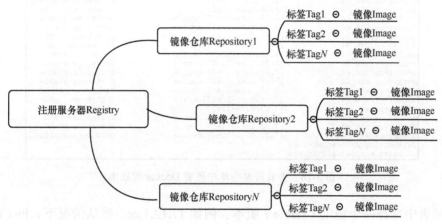

图 3-15　注册服务器、镜像仓库、标签和镜像的关系

2．在 CentOS 中安装 Docker

首先运行 docker 命令，如果返回 docker: command not found，则说明还没有安装 Docker。可以参照如下步骤安装 Docker。

（1）升级 yum 包

执行如下命令升级 yum 包：

```
sudo yum update
```

（2）卸载旧版本

为了避免冲突，执行如下命令卸载旧版本的 Docker：

```
sudo yum remove docker  docker-common docker-selinux docker-engine
```

（3）安装需要的软件包

接下来安装 Docker 需要的软件包，命令如下：

```
sudo yum install -y yum-utils device-mapper-persistent-data lvm2
```

（4）选择安装 Docker 的版本

执行如下命令设置 yum 源：

```
sudo  yum-config-manager  --add-repo  http://mirrors.aliyun.com/docker-ce/linux/
centos/ docker- ce.repo
```

然后执行如下命令查看所有仓库中所有 Docker 的版本：

```
yum list docker-ce --showduplicates | sort -r
```

执行结果如图 3-16 所示。

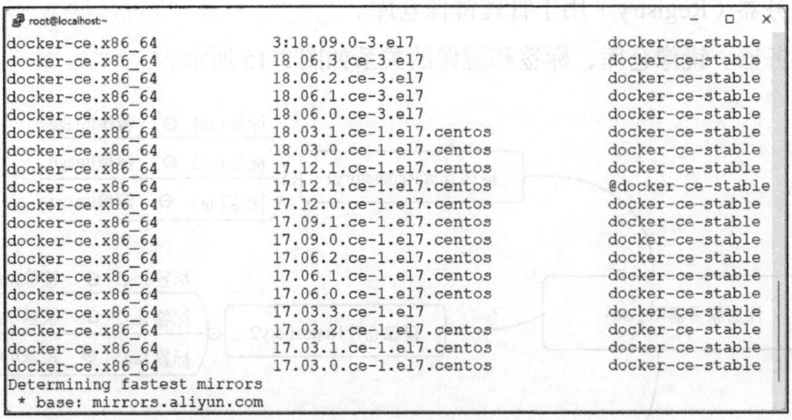

图 3-16　查看所有仓库中所有 Docker 的版本

从列表中选择一个稳定（stable）版本，例如 17.12.1.ce。默认情况下，PuTTY 窗口使用黑色背景，为了便于阅读，本书统一调整为白色背景。读者可以根据个人习惯进行设置。

执行如下命令安装 Docker 17.12.1.ce。

```
yum install docker-ce-17.12.1.ce
```

安装完成后，执行如下命令，可以查看 Docker 的版本。

```
docker --version
```

如果返回结果类似如下，则说明安装成功。

```
Docker version 17.12.1.ce, build 7390fc6
```

3．Docker 服务管理

安装 Docker 后，执行如下命令可以启动 Docker 服务。

```
systemctl start docker
```

然后执行如下命令可以查看 Docker 服务的状态。

```
systemctl status docker
```

如果返回图 3-17 所示的结果，状态（在上机运行时）为绿色文字 active (running)，则说明 Docker 服务已经成功启动。

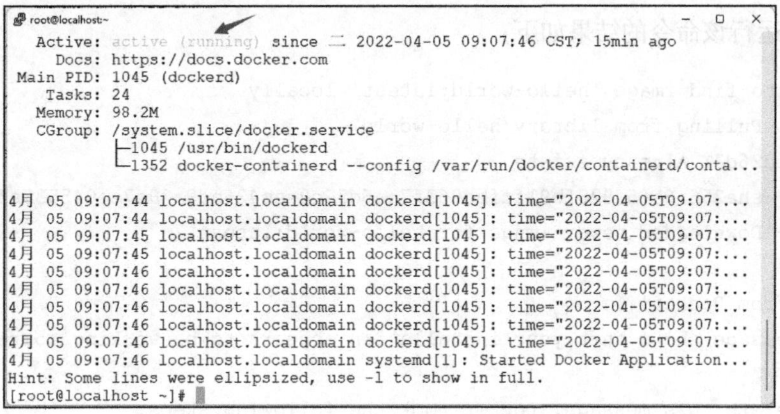

```
root@localhost:~
   Active: active (running) since 二 2022-04-05 09:07:46 CST; 15min ago
     Docs: https://docs.docker.com
 Main PID: 1045 (dockerd)
    Tasks: 24
   Memory: 98.2M
   CGroup: /system.slice/docker.service
           ├─1045 /usr/bin/dockerd
           └─1352 docker-containerd --config /var/run/docker/containerd/conta...

4月 05 09:07:44 localhost.localdomain dockerd[1045]: time="2022-04-05T09:07:...
4月 05 09:07:44 localhost.localdomain dockerd[1045]: time="2022-04-05T09:07:...
4月 05 09:07:45 localhost.localdomain dockerd[1045]: time="2022-04-05T09:07:...
4月 05 09:07:45 localhost.localdomain dockerd[1045]: time="2022-04-05T09:07:...
4月 05 09:07:46 localhost.localdomain dockerd[1045]: time="2022-04-05T09:07:...
4月 05 09:07:46 localhost.localdomain dockerd[1045]: time="2022-04-05T09:07:...
4月 05 09:07:46 localhost.localdomain dockerd[1045]: time="2022-04-05T09:07:...
4月 05 09:07:46 localhost.localdomain dockerd[1045]: time="2022-04-05T09:07:...
4月 05 09:07:46 localhost.localdomain dockerd[1045]: time="2022-04-05T09:07:...
4月 05 09:07:46 localhost.localdomain systemd[1]: Started Docker Application...
Hint: Some lines were ellipsized, use -l to show in full.
[root@localhost ~]#
```

图 3-17 查看 Docker 服务的状态

每次都手动启动服务比较麻烦，因此可以执行如下命令设置自动启动 Docker 服务。

```
systemctl enable docker
```

4．配置 Docker 镜像加速器

因为默认的 Docker 仓库部署在境外，所以经常会出现无法连接的情况。可以采用设置国内镜像加速器的方法来解决此问题。

首先搜索一个国内镜像地址，搜索过程不做详细介绍。在 CentOS 中执行如下命令可以配置 Docker 镜像加速器。

```
sudo mkdir -p /etc/docker
vi /etc/docker/daemon.json
```

在/etc/docker/daemon.json 中填写如下内容：

```
{
 "registry-mirrors": ["http://hub-mirror.c.163.com"]
}
EOF
```

这里使用的是网易 163 Docker 镜像加速器。然后应用如下配置，重启 Docker 服务。

```
sudo systemctl daemon-reload
sudo systemctl restart docker
```

5．使用 Docker 容器

（1）运行 Docker 镜像

使用 docker run 命令可以运行 Docker 镜像，生成一个 Docker 容器。例如，执行如下命令可以运行 hello-world 镜像，这是一个很简单的 Docker 镜像。

```
docker run hello-world
```

第一次运行该命令的结果如下：

```
Unable to find image 'hello-world:latest' locally
latest: Pulling from library/hello-world
0e03bdcc26d7: Already exists
Digest: sha256:6a65f928fb91fcfbc963f7aa6d57c8eeb426ad9a20c7ee045538ef34847f44f1
Status: Downloaded newer image for hello-world:latest

Hello from Docker!
This message shows that your installation appears to be working correctly.

To generate this message, Docker took the following steps:
 1. The Docker client contacted the Docker daemon.
 2. The Docker daemon pulled the "hello-world" image from the Docker Hub.
    (amd64)
 3. The Docker daemon created a new container from that image which runs the
    executable that produces the output you are currently reading.
 4. The Docker daemon streamed that output to the Docker client, which sent it
    to your terminal.

To try something more ambitious, you can run an Ubuntu container with:
 $ docker run -it ubuntu bash

Share images, automate workflows, and more with a free Docker ID:
 https://hub.docker.com/

For more examples and ideas, visit:
 https://docs.docker.com/get-started/
```

命令的运行过程如下。

- Docker 客户端连接到 Docker 守护进程（Docker daemon）。
- Docker 守护进程从 Docker Hub 拉取 hello-world:latest 镜像。首先在本地仓库中查找 hello-world:latest 镜像，如果找不到，则从线上仓库中拉取 hello-world:latest 镜像。
- Docker 守护进程使用下载的镜像新建一个容器，然后运行它，并输出上面的结果。
- Docker 守护进程将输出结果发送到 Docker 客户端显示。

（2）查看本机 Docker 镜像

执行 docker images 命令可以查看本机 Docker 镜像，结果如下：

```
              TAG            IMAGE ID           CREATED          SI ZE
hello-world   latest         feb5d9fea6a5       6 months ago     13.3KB
```

可以看到本机 Docker 镜像为 hello-world 镜像，TAG 为 latest，即最新版本。每个 Docker 镜像都有唯一标识 IMAGE ID，这里为 feb5d9fea6a5。该镜像于 6 个月前创建，镜像的大小为 13.3KB。

（3）在 Docker 容器中执行交互操作

上文介绍的 hello-world 镜像在输出信息后就退出了，来不及查看 Docker 容器的信息。下面演示一个可以长时间运行的 Docker 镜像，并在 Docker 容器中执行交互操作。

首先拉取 Ubuntu（Ubuntu 是一个以桌面应用为主的 Linux 操作系统）：

```
docker pull ubuntu
```

然后运行镜像：

```
docker run -i-t ubuntu /bin/bash
```

参数说明如下。

- -i：指定支持交互操作。

- -t：指定以终端（Terminal）形式运行。

- /bin/bash：指定启动一个交互式的 Shell，用户可以在 Docker 镜像里执行命令。

命令的执行结果如下：

```
[root@localhost ~]# docker run -i-t ubuntu /bin/bash
root@9046f5fc2c66:/#
```

root@9046f5fc2c66:表示已经进入 Docker 容器里面，执行 ls 命令可以查看 Ubuntu 镜像里面的目录结构，如图 3-18 所示。按 Ctrl+D 组合键可以退出容器。

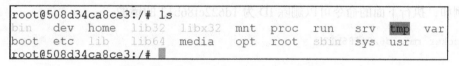

图 3-18　查看 Ubuntu 镜像里面的目录结构

（4）查看 Docker 容器信息

执行下面的命令可以查看 Docker 容器的信息。

```
docker ps -a
```

执行结果如图 3-19 所示。

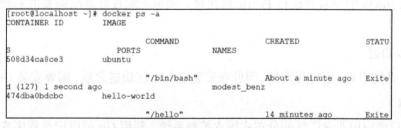

图 3-19　查看 Docker 容器的信息

每个 Docker 容器都有一个 CONTAINER ID，从中可以看到 Docker 容器对应的镜像、执行的命令、创建容器的时间和容器的状态。列表中 Docker 容器的状态都是 Exited，即已退出。

（5）启动和停止 Docker 容器

使用 docker start 命令可以启动 Docker 容器，命令格式如下：

```
docker start  <Docker 容器 ID>
```

使用 docker stop 命令可以停止 Docker 容器，命令格式如下：

```
docker stop  <Docker 容器 ID>
```

（6）删除 Docker 容器

使用 docker rm 命令可以删除 Docker 容器，命令格式如下：

```
docker rm <Docker 容器 ID>
```

例如，执行下面的命令可以删除 ID 为 ccb52f4b4774 的容器。

```
docker rm ccb52f4b4774
```

（7）删除 Docker 镜像

使用 docker rmi 命令可以删除 Docker 镜像，命令格式如下：

```
docker rmi <Docker 镜像 ID>
```

例如，执行下面的命令可以删除 ID 为 1d622ef86b13 的镜像。

```
docker rmi 1d622ef86b13
```

3.2 安装 Fabric 区块链

本节介绍在 CentOS 中安装 Fabric 区块链的方法。

3.2.1 配置 Fabric 区块链所需要的基础环境

要在 CentOS 中安装和运行 Fabric 区块链，须事先配置好其所需要的基础环境，介绍如下。

1．Go 语言

Fabric 是使用 Go 语言开发的，因此在安装 Fabric 区块链之前，需要安装 Go 语言环境。

2．Git

Git 是目前应用非常广泛的分布式版本控制系统，利用 Git 可以记录程序或文档的不同版本，也就是记录每一次对文件的改动。GitHub 是知名的远程 Git 仓库。这里需要从 GitHub 下载 Fabric 区块链的源代码。

3．Docker

Fabric 区块链中的各组件均以 Docker 容器的形式运行，因此需要安装 Docker。

4．Docker Compose

Docker Compose 是定义和运行多容器 Docker 应用程序的工具。在 Docker Compose 中，可以使用.yml 文件配置应用程序服务，然后根据配置使用一个命令创建并启动应用程序中的所有服务。

3.2.2　安装 Go 语言环境

（1）使用 wget 命令下载 Go 1.15.3 的安装包：

```
cd /usr/local/
wget https://studygolang.com/dl/golang/go1.15.3.linux-amd64.tar.gz
```

读者可以根据情况下载合适版本的 Go 语言安装包。wget 是 Linux 中的一个下载文件工具。如果系统中没有安装 wget，则可以执行如下命令进行安装。

```
yum install -y wget
```

（2）解压缩 Go 语言安装包到$HOME 目录，命令如下：

```
tar -C $HOME -xzf go1.15.3.linux-amd64.tar.gz
```

（3）创建保存 Go 语言程序的目录$HOME/gocode，命令如下：

```
mkdir $HOME/gocode
```

（4）执行下面的命令，设置 Go 语言的环境变量。

```
vi ~/.bashrc
```

然后在.bashrc 文件中添加如下代码：

```
export GOPATH=$HOME/gocode
export GOROOT=$HOME/go
export PATH=$PATH:$GOROOT/bin
export PATH=$PATH:$GOPATH/bin
```

保存并退出后，执行下面的命令编译.bashrc 文件。

```
source ~/.bashrc
```

在 Linux 操作系统中，.bashrc 文件用于保存个人的一些个性化设置，如命令别名和路径等。

编译完成后，可以执行如下命令查看 Go 语言的版本：

```
go version
```

如果输出如下信息，则说明安装成功。

```
go version go1.15.3 linux/amd64
```

3.2.3 安装 Git

首先执行 git 命令，检查系统中是否已经安装 Git。如果返回如下结果，则说明尚未安装 Git。

```
-bash: git: 未找到命令
```

如果已安装，则执行如下命令卸载较低版本的 Git。

```
yum remove -y git
```

安装 Git 的命令如下：

```
yum -y install git
```

安装完成后，执行如下命令查看 Git 的版本信息。

```
git version
```

编者在编写本书时，返回的版本信息如下：

```
git version 1.8.3.1
```

3.2.4 安装 Docker Compose

首先从 GitHub 下载与 CentOS 版本相匹配的 Docker Compose，命令如下：

```
sudo  curl  -L  https://get.daocloud.io/docker/compose/releases/download/1.29.2/
docker-compose-`uname -s`-`uname -m` > /usr/local/bin/docker-compose
```

uname -s 命令显示操作系统的内核信息，这里为 Linux；uname -m 命令显示计算机硬件架构，这里为 x86_64。下载的 Docker Compose 保存为/usr/local/bin/docker-compose。

curl 是常用的命令行工具，用于从 Web 服务器请求数据和资源。如果 CentOS 中没有 curl，则可以通过如下命令安装：

```
yum install -y curl
```

执行下面的命令为安装脚本添加执行权限。

```
sudo chmod +x /usr/local/bin/docker-compose
```

执行下面的命令可以查看 Docker Compose 的版本信息。

```
docker-compose -v
```

如果执行结果如下，则说明 Docker Compose 已经安装成功。

```
docker-compose version 1.29.2, build cabd5cfb
```

应尽量安装新版本的 Docker Compose，这样才能使后面的应用运行得更加顺利。可以访问 GitHub 上 Docker Compose 的主页查询其最新版本的信息。

3.2.5　安装 Fabric 区块链

首先创建一个保存 Hyperledger 源代码的目录$GOPATH/src/github.com/hyperledger，命令如下。

```
mkdir $GOPATH/src
mkdir $GOPATH/src/github.com
mkdir $GOPATH/src/github.com/hyperledger
```

1．下载 Fabric 区块链的源代码

执行下面的命令可以从 Gitee 下载 Fabric 区块链的源代码。如果可以连接 GitHub 网站，也可以选择从 GitHub 下载 Fabric 区块链的源代码，只需要替换域名即可。

```
cd $GOPATH/src/github.com/hyperledger
git clone https://gitee.com/mirrors/fabric.git
```

Gitee 是开源中国社区推出的基于 Git 的代码托管服务，目前已经成为国内最大的代码托管平台之一。因为 Git 服务器部署在境外，经常出现资源无法下载的情况，所以从 Gitee 下载资源是最佳选择。

下载完成后会在$GOPATH/src/github.com/hyperledger 目录下得到一个 fabric 目录，其中包含 Fabric 区块链的源代码。

2．下载 Fabric 区块链的示例代码

为了便于用户了解 Fabric 区块链的使用方法，Hyperledger Fabric 官方提供了一组示例代码，其中包含一个简单的测试网络。本书将结合示例代码对 Fabric 区块链进行讲解。下载示例代码的命令如下：

```
cd $GOPATH/src/github.com/hyperledger/fabric/scripts/
git checkout release-2.3
git clone https://gitee.com/hyperledger/fabric-samples.git
```

下载成功后，可以在$GOPATH/src/github.com/hyperledger/fabric/scripts/目录下得到一个 fabric-samples 文件夹，其中包含 Fabric 区块链的示例代码。

3．安装 Fabric 区块链

进入 scripts 文件夹，运行其中的 bootstrap.sh 脚本，即可运行 Fabric 网络，命令如下：

```
cd $GOPATH/src/github.com/hyperledger/fabric/scripts/
sh bootstrap.sh
```

在执行 bootstrap.sh 脚本时会从 GitHub 下载资源，同样会遇到下载失败的情况，解决

方案如下。

（1）查看 bootstrap.sh 的内容，找到 pullBinaries()函数，其代码如下：

```
pullBinaries() {
    echo "===> Downloading version ${FABRIC_TAG} platform specific fabric binaries"
    download "${BINARY_FILE}" "https://github.com/hyperledger/fabric/releases/
    download/v$ {VERSION}/${BINARY_FILE}"
    if [ $? -eq 22 ]; then
        echo
        echo "------> ${FABRIC_TAG} platform specific fabric binary is not available
        to download <----"
        echo
        exit
    fi

    echo "===> Downloading version ${CA_TAG} platform specific fabric-ca-client
    binary"
    download "${CA_BINARY_FILE}" "https://github.com/hyperledger/fabric-ca/ releases/
    download/v${CA_VERSION}/${CA_BINARY_FILE}"
    if [ $? -eq 22 ]; then
        echo
        echo "------> ${CA_TAG} fabric-ca-client binary is not available to download
        (Available from 1.1.0-rc1) <----"
        echo
        exit
    fi
}
```

pullBinaries()函数的作用是下载 Hyperledger Fabric 的安装包。程序调用 download()函
数并传递了 2 个参数。第 1 个参数用于指定要下载的二进制文件，第 2 个参数用于指定下
载资源的 URL（Uniform Resource Locator，统一资源定位符）。

download()函数的代码如下：

```
download() {
    local BINARY_FILE=$1
    local URL=$2
    echo "===> Downloading: " "${URL}"
    curl -L --retry 5 --retry-delay 3 "${URL}" | tar xz || rc=$?
    if [ -n "$rc" ]; then
        echo "==> There was an error downloading the binary file."
        return 22
    else
        echo "==> Done."
    fi
}
```

download()函数通过执行 curl 命令可以从指定的 URL 下载资源。

（2）分析要下载资源的 URL。通过 pullBinaries()函数的代码可以看到，两次调用 download()函数的下载文件和对应的 URL 如表 3-1 所示。

表 3-1　两次调用 download()函数的下载文件和对应的 URL

调用 download()函数的序号	下载文件	URL
1	"${BINARY_FILE}"	"https://github.com/hyperledger/fabric/releases/download/v${VERSION}/${BINARY_FILE}"
2	"${CA_BINARY_FILE}"	"https://github.com/hyperledger/fabric-ca/releases/download/v${CA_VERSION}/${CA_BINARY_FILE}"

其中用到了 4 个变量，它们的具体取值如表 3-2 所示。其中还包含变量取值中包含的其他变量。

表 3-2　pullBinaries()函数中用到的变量

变量名	取值
BINARY_FILE	hyperledger-fabric-${ARCH}-${VERSION}.tar.gz
VERSION	2.3.3
CA_BINARY_FILE	hyperledger-fabric-ca-${ARCH}-${CA_VERSION}.tar.gz
CA_VERSION	1.5.2
ARCH	$(echo "$(uname -s|tr '[:upper:]' '[:lower:]'|sed 's/mingw64_nt.*/windows/')-$(uname -m | sed 's/x86_64/amd64/g')")

变量 ARCH 的取值为执行如下命令的返回结果。uname -s 用于返回操作系统的信息，uname -m 用于返回当前主机的硬件类型。

```
echo "$(uname -s|tr '[:upper:]' '[:lower:]'|sed 's/mingw64_nt.*/windows/')-$(uname
-m | sed 's/x86_64/amd64/g')"
```

编者的主机硬件类型为 linux-amd64。

综上所述，第 1 次调用 download()函数下载的二进制文件为 hyperledger-fabric-linux-amd64-2.3.3.tar.gz，下载资源的 URL 如下：

```
https://github.com/hyperledger/fabric/releases/download/v2.3.3/hyperledger-fabric-
linux-amd64-2.3.3.tar.gz
```

第 2 次调用 download()函数下载的二进制文件为 hyperledger-fabric-ca-x86_64-1.5.2.tar.gz，下载资源的 URL 如下：

```
https://github.com/hyperledger/fabric-ca/releases/download/v1.5.2/hyperledger-
fabric-ca-linux-amd64-1.5.2.tar.gz
```

（3）借助下载工具手动下载上面的两个二进制文件。如果有必要，可以借助代理等技术手段访问 GitHub，例如搜索"GitHub 文件加速"可以找到加速下载 GitHub 网站文件的方法。

（4）将下载得到的两个文件上传至文件夹$GOPATH/src/github.com/hyperledger/fabric/scripts/fabric-samples，然后执行如下命令，将它们解压。

```
cd $GOPATH/src/github.com/hyperledger/fabric/scripts/fabric-samples
tar -zxvf hyperledger-fabric-linux-amd64-2.3.3.tar.gz
tar -zxvf hyperledger-fabric-ca-linux-amd64-1.5.2.tar.gz
```

解压后可以看到 fabric-samples 文件夹下出现了 bin 和 config 子文件夹。bin 文件夹下是 Fabric 网络的可执行文件，config 文件夹下是配置文件。这些文件在后面的章节中会用到，请确认完成此操作后再继续后面的操作，否则后面可能会报错。

fabric-samples 文件夹下包含一些 Fabric 区块链的示例代码。

（5）启动 Fabric 网络。在执行 bootstrap.sh 脚本的时候，利用参数-b 可以控制跳过调用 download()函数，不下载这两个文件，命令如下：

```
cd $GOPATH/src/github.com/hyperledger/fabric/scripts/
./bootstrap.sh -b
```

bootstrap.sh 脚本会拉取 Fabric 网络所依赖的所有 Docker 镜像。Fabric 网络所依赖的所有 Docker 镜像如表 3-3 所示。

表 3-3　Fabric 网络所依赖的所有 Docker 镜像

镜像名	本书使用的版本	具体说明
hyperledger/fabric-peer	2.3.3	Fabric 网络的 Peer 节点镜像
hyperledger/fabric-orderer	2.3.3	Fabric 网络的排序服务镜像
hyperledger/fabric-ccenv	2.3.3	fabric-ccenv 镜像是链码的编译和执行环境
hyperledger/fabric-tools	2.3.3	fabric-tools 镜像中包含配置和部署 Fabric 网络的一些脚本
hyperledger/fabric-baseos	2.3.3	fabric-baseos 镜像为 Peer 节点编译链码提供基础环境
hyperledger/fabric-ca	1.5.2	fabric-ca 镜像是 Fabric CA Server 的镜像，可以执行 Fabric CA Client 中的相关操作，实现登录、注册与注销等

最后执行 docker images 命令显示所有 Docker 镜像，如果表 3-3 中的镜像没有出现在列表中，则需要重复执行 bootstrap.sh 脚本。

3.3　管理工具和配置文件

Fabric 区块链提供了一组管理工具和配置文件，在管理和配置 Fabric 时会经常用到它们。为了便于读者阅读本章后面的内容，首先介绍这些管理工具和配置文件的基本情况。

3.3.1 Fabric 区块链的管理工具

参照 3.2 节的方法安装 Fabric 区块链后，在$GOPATH/src/github.com/ hyperledger/fabric/ scripts/ fabric-samples/bin 目录下保存着一些管理工具，如表 3-4 所示。

表 3-4　Fabric 区块链的管理工具

工具名	说明
configtxgen	用于对通道进行配置的工具，可以用来生成如下 3 种文件。 • 排序节点的创世区块文件。 • 创建通道时使用的通道配置交易文件。 • 更新通道时使用的通道配置交易文件。 在第 5 章中将结合具体场景介绍 configtxgen 工具的使用方法
configtxlator	在 Fabric 区块链中，通道配置交易文件（扩展名为.tx）和创世区块文件（扩展名为.block）都是二进制格式的，用户无法直接编辑。 configtxlator 工具可以将这些配置文件在二进制格式和 JSON 格式之间进行转换。 在第 5 章中将结合具体场景介绍 configtxlator 工具的使用方法
cryptogen	用于生成证书文件。在第 4 章中将介绍 cryptogen 工具的使用方法
discover	服务发现命令行工具，用于发现 Fabric 服务的客户端。本书不展开介绍 discover 的使用方法
fabric-ca-client	Fabric CA Client 工具。在第 4 章中将介绍 Fabric CA Client 的基本情况
fabric-ca-server	Fabric CA Server 工具。在第 4 章中将介绍 Fabric CA Server 的基本情况
idemixgen	Idemix 的配置生成器。在第 4 章中将介绍 Idemix 的基本情况
orderer	排序节点的命令行工具。在第 5 章中将介绍排序节点的管理工具和配置方法
osnadmin	OSN（Ordering Service Node，排序服务节点）管理工具。在第 5 章中将介绍 osnadmin 工具的使用方法
peer	Peer 节点管理工具。在第 5 章中将介绍 Peer 节点的管理工具和配置方法

为了方便使用这些管理工具，建议参照如下步骤将$GOPATH/src/github. com/hyperledger/ fabric/scripts/fabric-samples/bin 添加至全局环境变量 PATH 中。

（1）编辑/etc/profile，在文件最后添加如下代码：

```
export PATH="$GOPATH/src/github.com/hyperledger/fabric/scripts/fabric-samples/
bin:$PATH"
```

注意，此时应该已经参照 3.2.2 小节的内容设置了环境变量$GOPATH。

（2）保存并退出后，执行如下命令使环境变量生效。

```
source /etc/profile
```

配置完环境变量后，在任意路径下执行如下命令：

```
configtxgen --help
```

如果可以输出 configtxgen 工具的帮助信息，则说明配置成功了。

3.3.2　Fabric 区块链的常用配置文件

在管理和配置 Fabric 区块链时会用到一些配置文件。安装 Fabric 区块链后，在 $GOPATH/src/github.com/hyperledger/fabric/sampleconfig 目录下保存着常用配置文件的模板。常用的配置文件如表 3-5 所示。

表 3-5　Fabric 区块链的常用配置文件

配置文件	说明
configtx.yaml	工具 configtxgen 生成创世区块文件或通道配置交易文件时使用的配置文件。在第 4 章、第 5 章和第 7 章中将结合具体场景介绍 configtx.yaml 配置文件的使用方法
core.yaml	Peer 节点的配置文件。在第 5 章中将介绍 core.yaml 的基本情况
orderer.yaml	排序节点的配置文件。在第 5 章中将介绍 orderer.yaml 的基本情况

在搭建 Fabric 网络的过程中，需要通过 configtx.yaml 来定义网络的组织结构。因此，首先介绍配置文件 configtx.yaml 的基本情况。除了定义组织结构外，configtx.yaml 的主要功能如下。

- 配置生成启动排序节点所需的创世区块文件。
- 配置生成创建应用通道所需的通道配置交易文件。
- 配置生成组织锚节点所需的更新配置交易文件。

configtx.yaml 中通常包含下面 6 个配置段。

（1）Organizations：定义组织结构，其中包含 MSP 的相关配置，可以在 Profiles 部分被引用。此部分的具体内容将在 4.4.4 小节结合配置 MSP 的方法进行介绍，请参照理解。

（2）Capabilities：用于定义 Fabric 网络的能力。例如，下面的代码定义了 Fabric 网络的通道能力支持 2.0 版本。通道中的排序节点和 Peer 节点都必须支持此配置项，即运行 Fabric 2.0 及以上版本的程序，否则将与通道不兼容。

```
Capabilities:
Channel: &ChannelCapabilities
    V2_0: true
```

（3）Application：应用通道的相关配置，包括参与应用网络的组织信息和策略配置。此部分的具体内容将在第 5 章结合通道进行介绍，请参照理解。

（4）Orderer：排序节点的相关配置，用于定义要编码写入创世区块或通道配置交易的排序节点参数。此部分的具体内容将在第 5 章结合排序节点进行介绍，请参照理解。

（5）Channel：通道的相关配置，用于定义要编码写入创世区块或通道配置交易的通道参数。此部分的具体内容将在第 5 章结合通道进行介绍，请参照理解。

（6）Profiles：定义一系列通道配置模板，包括排序服务系统通道的配置模板和应用通道的配置模板。此部分的具体内容将在第 5 章结合排序节点进行介绍，请参照理解。

3.4　Fabric 测试网络

Fabric 测试网络

下载完 Fabric 区块链的 Docker 镜像和示例代码后，可以通过 fabric-sample 仓库中提供的脚本部署一个测试网络。测试网络可以在本地计算机上运行，仅用于学习 Fabric 区块链。开发者可以使用测试网络测试智能合约和客户端应用。

Fabric 区块链的生产网络通常比较复杂，很多资料提到 fabric-sample 仓库中包含一个 first-network 子文件夹，用于提供构建第一个 Fabric 网络的脚本和资源，比较便于初学者学习和使用。但是从 Fabric 2.2 起，此文件夹被移除了。Fabric 区块链的生产网络通常非常复杂，为了方便读者理解，本书将主要结合 Fabric 测试网络进行介绍。

为了使读者直观地对 Fabric 区块链形成初步认识，本节介绍 Fabric 测试网络的基本管理方法，其中涉及 CA、通道、Peer 节点、排序节点、链码等 Fabric 组件。这些组件的工作原理和具体的管理细节会在本书后面的章节展开介绍。

3.4.1　测试网络的特点

测试网络仅用于学习和测试，通常不建议修改测试网络的脚本，因为这样会影响测试网络的工作。测试网络建立在有限配置的基础上，而不能作为部署生产网络的模板。

测试网络的特点如下。

（1）测试网络中只包含两个 Peer 组织和一个排序组织。

（2）出于简化考虑，只能配置一个单节点的排序服务。

（3）为了降低复杂度，并未部署 TLS（Transport Layer Security，传输层安全协议）CA，所有证书均由根 CA 生成和管理。

（4）使用 Docker Compose 部署 Fabric 网络，因为在 Docker Compose 网络中节点是隔离的。测试网络不能与其他运行的 Fabric 节点连接。

在 $GOPATH/src/github.com/hyperledger/fabric/scripts/fabric-samples 目录下有一个名为 test-network 的子文件夹，其中包含 Fabric 测试网络。

3.4.2　启动和关闭测试网络

在对 Fabric 网络进行管理和操作之前，应该启动测试网络。

1．以默认方式启动测试网络

执行如下命令，能以默认方式启动测试网络。

```
cd $GOPATH/src/github.com/hyperledger/fabric/scripts/fabric-samples/test-network
./network.sh up
```

注意，应该首先确认在 fabric-samples/bin 文件夹下有在 3.2.5 小节中解压缩得到的可执行文件，在 fabric-samples/config 文件夹下有配置文件，而且当前用户对相关可执行文件都有执行的权限。否则在启动测试网络时会报错。在学习和实验过程中建议使用 root 用户管理测试网络。

如果在启动测试网络时遇到如下错误，则说明安装的 Docker Compose 与下载的 Fabric 区块链的源代码不匹配。

```
ERROR: Version in "./docker/docker-compose-test-net.yaml" is unsupported. You might
be seeing this error because you're using the wrong Compose file version. Either specify
a supported version (e.g "2.2" or "3.3") and place your service definitions under the
`services` key, or omit the `version` key and place your service definitions at the root
of the file to use version 1.

For more on the Compose file format versions, see https://docs.docker.com/ compose/
compose-file/
```

根据提示修改 ./docker/docker-compose-test-net.yaml 的 version 参数，例如将 3.7 修改为 3.3。另外需要注意，尽量使用最新版本的 Docker Compose，否则可能会遇到一些相关的错误。

如果一切正常（没有报错），则启动测试网络的过程如下：

```
Starting nodes with CLI timeout of '5' tries and CLI delay of '3' seconds and using
database 'leveldb' with crypto from 'cryptogen'
LOCAL_VERSION=2.3.3
DOCKER_IMAGE_VERSION=2.3.3
//root/gocode/src/github.com/hyperledger/fabric/scripts/fabric-samples/bin/crypt
ogen
Generating certificates using cryptogen tool
Creating Org1 Identities
+ cryptogen generate --config=./organizations/cryptogen/crypto-config-org1.yaml
--output=organizations
org1.example.com
+ res=0
Creating Org2 Identities
+ cryptogen generate --config=./organizations/cryptogen/crypto-config-org2.yaml
--output=organizations
org2.example.com
+ res=0
Creating Orderer Org Identities
+ cryptogen generate --config=./organizations/cryptogen/crypto-config-orderer.yaml
--output=organizations
+ res=0
Generating CCP files for Org1 and Org2
[+] Running 7/7
……
CONTAINER ID    IMAGE       COMMAND      CREATED       STATUS       PORTS          NAMES
63852c9a445e    hyperledger/fabric-tools:latest   "/bin/bash"  2 seconds ago    Up Less
```

```
than a second cli
   a44369f259f5   hyperledger/fabric-peer:latest   "peer node start"   2 seconds ago
Up 1 second   0.0.0.0:7051->7051/tcp, 0.0.0.0:17051->17051/tcp  peer0.org1.example.com
   21944e21f54e   hyperledger/fabric-peer:latest      "peer node start"   2 seconds
ago   Up 1 second        0.0.0.0:9051->9051/tcp, 7051/tcp, 0.0.0.0:19051->19051/tcp
peer0.org2.example.com
   8f04c9efb178   hyperledger/fabric-orderer:latest   "orderer"   2 seconds ago
Up 1 second   .0.0.0.0:7050->7050/tcp, 0.0.0.0:7053->7053/tcp, 0.0.0.0:17050->17050/tcp
orderer.example.com
```

由于篇幅所限，这里省略了部分下载 Docker 镜像的输出信息。启动过程的具体描述如下。

（1）使用 cryptogen 工具为组织 Org1、Org2 和 Orderer 生成证书。

（2）为 Peer 节点和排序节点创建用于存储数据的 Docker 卷（Volume）。

（3）创建组织 Org1 的 Peer 节点容器 peer0.org1.example.com。

（4）创建组织 Org2 的 Peer 节点容器 peer0.org2.example.com。

（5）创建排序节点容器 orderer.example.com。

启动完成后，程序执行 docker ps 命令，列出当前运行的 Docker 容器。与测试网络有关的 Docker 容器如表 3-6 所示。

表 3-6　与测试网络有关的 Docker 容器

容器名称	镜像	说明
cli	hyperledger/fabric-tools:latest	客户端工具容器
peer0.org1.example.com	hyperledger/fabric-peer:latest	组织 Org1 的 Peer 节点容器
peer0.org2.example.com	hyperledger/fabric-peer:latest	组织 Org2 的 Peer 节点容器
orderer.example.com	hyperledger/fabric-orderer:latest	排序节点容器

与 Fabric 网络进行交互的所有节点和用户都必须属于一个组织。测试网络中有两个组织，即 Org1 和 Org2；还包含一个独立的组织 Orderer，用于维护网络的排序服务。

在任何一个 Fabric 网络中，Peer 节点都是最基本的组件。它的主要作用是存储账本，以及在交易被提交至账本之前对交易进行验证。Peer 节点上还运行着智能合约。每个 Peer 节点都属于一个组织，表 3-6 中列举了分别属于组织 Org1 和 Org2 的两个 Peer 节点容器。

测试网络中还包含一个排序节点。在 Peer 节点对交易进行验证并将包含交易的区块写入区块链的过程中，由排序节点决定交易的顺序。在测试网络中，排序服务是单个的 Raft 节点。而在生产网络中，排序服务通常由多个节点构成，由一个或多个排序组织管理。

2．关闭测试网络

启动测试网络后，在 test-network 目录下执行如下命令可以关闭测试网络。

```
cd $GOPATH/src/github.com/hyperledger/fabric/scripts/fabric-samples/test-network
./network.sh down
```

关闭测试网络的过程如下。

（1）关闭网络。

（2）停止排序节点容器 orderer.example.com。

（3）停止组织 Org2 的 Peer 节点容器 peer0.org2.example.com。

（4）停止组织 Org1 的 Peer 节点容器 peer0.org1.example.com。

（5）移除网络 fabric_test。

（6）移除为 Peer 节点和排序节点创建的用于存储数据的 Docker 卷。

（7）移除与测试网络有关的 Docker 容器。

（8）移除与测试网络有关的链码 Docker 镜像。

在使用测试网络时如果遇到问题，则可以关闭测试网络，然后重新启动测试网络。

3．启动测试网络的同时启用 CA

Fabric 区块链使用 PKI（Public Key Infrastructure，公钥基础设施）模型验证所有网络参与者的操作。每个 Peer 节点、网络管理员和用户在处理交易时都需要有公钥和私钥来验证彼此的身份。这些身份需要有一个有效的可信根。关于 PKI 模型的概念和应用情况将在第 4 章介绍。

在生产网络中，每个组织都管理着自己的 CA，或者设置了多个中间 CA。所有网络组件的数字证书均由网络成员通过 CA 颁发，所有数字证书共享一个可信根。为每个组织逐一搭建 CA 的过程比较烦琐。为了方便读者使用测试网络，network.sh 脚本提供了一个命令选项，即是否在启动测试网络的同时启用内置的 CA 服务。如果已经启动测试网络，则将其关闭。

```
./network.sh down
```

然后执行如下命令，就可以在启动测试网络的同时启用内置的 CA 服务。

```
./network.sh up -ca
```

启动测试网络的输出信息很多，在启动测试网络的同时会创建下面 3 个 CA。

- 组织 Org1 的 CA（ca_org1）。
- 组织 Org2 的 CA（ca_org2）。
- 排序节点的 CA（ca_orderer）。

在启动测试网络的最后，输出了运行的 Docker 容器。其中与 CA 相关的 Docker 容器如下：

```
b7ac4235363f  hyperledger/fabric-ca:latest  "sh -c 'fabric-ca-se…"  6 seconds ago
Up 4 seconds  0.0.0.0:9054->9054/tcp, 7054/tcp, 0.0.0.0:19054->19054/tcp ca_orderer
9f460cb76db3 hyperledger/fabric-ca:latest "sh -c 'fabric-ca-se…"  6 seconds ago
Up 4 seconds  0.0.0.0:7054->7054/tcp, 0.0.0.0:17054->17054/tcp  ca_org1
b9cdb2e19fae hyperledger/fabric-ca:latest   "sh -c 'fabric-ca-se…"   6 seconds ago
Up 4 seconds   0.0.0.0:8054->8054/tcp, 7054/tcp, 0.0.0.0:18054->18054/tcp ca_org2
```

在部署好 CA 后，脚本会执行如下操作。

（1）测试网络的 Fabric CA Client 使用每个组织的 CA 来注册该组织的 Peer 节点和用户的身份标识。关于身份标识的概念将在 4.1.3 小节介绍。

（2）为每个身份标识创建一个 msp 文件夹，其中包含每个身份标识的数字证书和私钥。

（3）为身份标识创建角色。

（4）为管理 CA 的组织创建网络成员。

在 test-network 目录下执行下面的命令可以查看 Org1 管理员用户的 msp 文件夹。

```
tree organizations/peerOrganizations/org1.example.com/users/Admin@org1.example.com/
```

如果一切正常，上面命令的执行结果如图 3-20 所示。

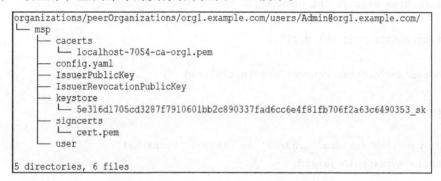

图 3-20　查看 Org1 管理员用户的 msp 文件夹

msp 文件夹下的子文件夹的作用如下。

- cacerts：用于存放根 CA Server 的证书。
- keystore：用于存放节点或者账号的私钥。
- signcerts：用于存放节点或者账号的 X.509 证书。

tree 命令用于显示指定文件夹的目录结构，包括其下的各级子目录和文件。如果未找到 tree 命令，则可以执行如下命令进行安装。

```
yum -y install tree
```

关于 CA 和 MSP 的具体管理方法将在第 4 章介绍。

3.4.3　创建通道

启动测试网络后，测试网络中已经运行 Peer 节点和排序服务。可以通过脚本 network.sh 为组织 Org1 和 Org2 创建一个用于交易的通道，具体命令如下：

```
cd $GOPATH/src/github.com/hyperledger/fabric/scripts/fabric-samples/test-network
./network.sh createChannel
```

命令的执行结果如下：

```
Creating channel 'mychannel'.
If network is not up, starting nodes with CLI timeout of '5' tries and CLI delay
```

```
of '3' seconds and using database 'leveldb with crypto from 'cryptogen'
Bringing up network
……
Generating channel genesis block 'mychannel.block'
……
Creating channel mychannel
……

Channel 'mychannel' created
Joining org1 peer to the channel...
……
Joining org2 peer to the channel...
……
Setting anchor peer for org1...
……
Endorser and orderer connections initialized
……
Anchor peer set for org 'Org1MSP' on channel 'mychannel'
……
nchor peer set for org 'Org2MSP' on channel 'mychannel'
Channel 'mychannel' joined
```

由于篇幅所限，命令执行结果中的部分内容被"……"代替，只保留主要的输出信息。

创建通道的具体过程如下。

（1）如果测试网络没有启动，则命令会自动启动测试网络。

（2）创建通道的创世区块 mychannel.block。

（3）创建通道 mychannel。因为在执行./network.sh createChannel 命令时没有指定通道的名字，所以使用默认的名字 mychannel。

（4）将组织 Org1 的 Peer 节点加入通道。

（5）将组织 Org2 的 Peer 节点加入通道。

（6）设置组织 Org1 的锚节点。

（7）初始化背书节点和排序节点，并将它们加入通道。

（8）设置组织 Org1 在通道 mychannel 上的锚节点。

（9）设置组织 Org2 在通道 mychannel 上的锚节点。

至此，相关组件都已连接到通道 mychannel。

可以使用-c 命令选项指定要创建的通道的名字。例如，执行下面的命令可以创建通道 channel1。

```
./network.sh createChannel -c channel1
```

关于通道管理的具体方法将在第 5 章结合测试网络的源代码进行介绍。

3.5 本章小结

本章介绍了搭建 Fabric 区块链环境的方法，包括安装 CentOS 虚拟机和 Docker 等基础环境，以及下载 Fabric 区块链的源代码并将其安装在 CentOS 虚拟机上的过程。为了便于读者学习和应用，本章还介绍了 Fabric 区块链的管理工具和配置文件，这些管理工具和配置文件在本书后面的章节会经常被用来管理和配置 Fabric 区块链的各个组件。本章最后介绍了 Fabric 区块链的测试网络；通过使用简单的测试网络，读者可以对 Fabric 区块链的各个组件形成直观的印象。

本章的主要目的是讲解搭建 Fabric 区块链环境的方法，使读者初步认识 Fabric 区块链，并为进一步学习奠定基础。

习　题

一、选择题

1. 在 Docker 中，（　　）是一个轻量级的、独立的、可以执行的包，其中包含运行指定软件所需要的一切资源，包括代码、库、环境变量和配置文件等。

A. 镜像　　　　　　B. 容器　　　　　　C. 标签　　　　　　D. 栈

2. （　　）是目前应用非常广泛的分布式版本控制系统。

A. Go　　　　　　　B. Git　　　　　　C. Docker　　　　　D. CentOS

3. Fabric 测试网络中包含（　　）个 Peer 组织。

A. 1　　　　　　　　B. 2　　　　　　　C. 3　　　　　　　D. 4

4. Fabric 测试网络中包含（　　）个排序组织。

A. 1　　　　　　　　B. 2　　　　　　　C. 3　　　　　　　D. 4

二、填空题

1. 在 Docker 中＿＿＿【1】＿＿＿是镜像的一个运行时实例。

2. 启动 Fabric 测试网络的命令为 network.sh ＿＿【2】＿＿。

3. 关闭 Fabric 测试网络的命令为 network.sh ＿＿【3】＿＿。

4. 执行 network.sh up ＿＿【4】＿＿命令可以在启动测试网络的同时启用内置的 CA 服务。

5. 在 Fabric 测试网络中，创建通道的命令为 network.sh ＿＿【5】＿＿。

三、简答题

简述 Fabric 测试网络的特点。

第4章 Fabric 区块链的安全机制

Fabric 区块链是由多个组织共同参与的联盟链。联盟链中的各组织共享它们的数据，因此数据安全和隐私保护尤为重要。在构建 Fabric 区块链之前，相关各组织需要协商并约定各自所扮演的角色、承担的责任和拥有的权限。本章介绍 Fabric 区块链的安全机制。

4.1 背景知识

对企业级区块链平台而言，安全机制是非常重要的。因为只有在确保安全的前提下，企业才有可能选择使用区块链平台。

4.1.1 许可链的概念

与比特币和以太坊等公有链平台不同，Fabric 区块链既是联盟链又是许可链；因此，并不是所有人都可以随意加入 Fabric 区块链。

每个人都可以参与公有链，而且每个参与者都可以是匿名的。在这种情况下，除了区块链的状态外，没有什么是可信的。为了应对这种缺乏信任的情况，公有链通常需要引入挖矿机制。例如，比特币网络采用 PoW 挖矿机制，谁的算力高，就由谁来记账，其他节点只对交易的有效性进行验证。挖矿相当于在矿工之间进行算力比拼，这会消耗大量的能源。

在许可链中，所有的节点都经过身份验证，根据授权加入区块链网络，进行权限范围内的操作。许可链的所有参与者都是可信的，因此不需要通过挖矿决定记账的节点，参与者向智能合约中植入恶意代码的风险也大大降低了。首先，参与者可以通过各自的证书了解彼此是谁；其次，参与者的所有操作都会被记录在区块中，包括提交交易、修改配置文件或部署智能合约等。

Fabric 区块链是模块化的、可扩展的开源许可链，也是第一个使用标准的通用编程语言开发的、不依赖任何原生数字货币的、用于运行分布式应用程序的区块链。而其他的区块链通常需要满足以下两个条件。

（1）使用特定的专用编程语言开发智能合约。例如以太坊平台使用 Solidity 语言开发智能合约。除了以太坊平台的智能合约，Solidity 语言并不能用于开发其他应用。

（2）系统的运行依赖特定的数字货币。例如，以太坊平台依赖以太币来支付使用平台的费用。部署和调用智能合约都需要支付费用（以太坊平台将费用称为 Gas）。

Fabric 区块链支持使用 Go 和 Node.js 等通用编程语言开发和调用智能合约，并且通过一个轻量级的概念"成员"实现了许可链模型，其中集成了企业级的身份管理。

由于 Fabric 区块链中所有成员都拥有经过授权的数字证书，可以标识彼此的身份，所有网络组件都彼此互信，不用浪费能源和时间去做所谓的工作量证明，因此 Fabric 区块链是高效的，每秒可以完成超过 3 500 笔端到端的交易，而比特币（网络）每秒只能处理 7 笔交易，以太坊（网络）每秒只能处理 15 笔交易。

正如前面介绍的，在公有链中，通常交易可以在任意一个节点上执行，而且任何人都可以参与区块链网络。这就意味着节点既不能充分信任智能合约，也不能充分信任它们所处理的交易数据。每个交易及执行交易的代码对网络中的所有节点都是可见的。因此只能通过 PoW 算法选择一个记账节点，由其他节点对交易数据进行校验，从而建立节点间的彼此互信。

缺乏互信是很多企业级区块链应用的最大问题。例如，在供应链网络中，有些合作伙伴可能会通过打折以维持彼此的长期合作关系，或者达到提升交易量的目的。如果每个参与者都可以看到每个智能合约和每条交易数据，那将没有商业秘密可言。在完全透明的网络中，每个参与者都会要求最低的折扣。

为了满足企业级区块链应用对隐私保护和彼此互信的需求，不同的区块链平台尝试了各种方法，而且这些方法各有利弊。这里列举两个解决方案。

（1）对数据进行加密存储可以保证商业数据的隐私。但是，在使用 PoW 共识算法的公有链中，加密数据存储在每一个节点中，只要有足够的时间和算力，加密数据就有可能被破解。而这在企业级应用中是不可接受的。

（2）使用 ZKP（Zero Knowledge Proof，零知识证明）算法。ZKP 算法是解决隐私保护与彼此互信的经典算法，不需要泄露相关信息，就可以证明自己是某些权益的合法所有者。ZKP 算法存在于证明者和验证者之间，验证者随机地向证明者提出问题，如果证明者都可以给出正确答案，则说明他拥有主张的权益。ZKP 算法需要耗费时间和算力，且它有可能误判（也就是冒牌的证明者每次都蒙对了答案），尽管这只是小概率事件。可以通过调整算法降低误判的概率，但是这样会降低区块链网络的性能。

作为许可链平台，Fabric 区块链通过通道体系结构建立了互信机制。Fabric 区块链可以在参与者的子集之间建立通道，可以对指定的参与者授权允许其查看通道中的交易。只有通道的参与者才能访问通道中的智能合约和交易数据，这既可以保证数据隐私，又可以实现彼此间的互信。

Fabric 区块链还支持私有数据的概念和 ZKP 算法。关于私有数据将在第 6 章中介绍。关于 ZKP 算法将在 4.1.4 小节中结合 Idemix 做简单的介绍。

4.1.2 安全机制的重要意义

在国内的所有企业中，中小型企业的数量占比约为 99%，提供了超过 80% 的就业机会，是国民经济的重要组成部分。但是由于缺乏足够的抵押物及信息不透明，中小型企业很难得到金融机构充分的信贷支持。

缺乏资金支持是影响中小型企业发展的最大障碍，而且在供应链中，中小型企业通常处于弱势位置。应收款和预付款占据了这些企业的大部分资金流。这可能会加剧企业的资金紧张，增加资金链断裂的概率。这些都会影响产品的竞争力。

供应链金融作为解决中小型企业资金问题的新方法，可以盘活大量非流动资金，比如应收款、预付款及库存等。根据国家统计局的数据显示，2021 年年末，规模以上工业企业应收账款为 18.87 万亿元。但是，根据中国银行业协会发布的《中国保理产业发展报告（2020—2021）》，2020—2021 年度，国内商业保理业务量只有 2.25 万亿元。所谓商业保理是一整套基于保理商和供应商所签订的保理合同的金融方案，而保理合同是指不论是否出于融资目的，供应商为实现应收款分户管理、账款催收、防范坏账中的一项或多项功能，将已经或即将形成的应收款转让给保理商的合同。可见，还存在数额巨大的非流动资金未被盘活。

区块链技术可以使交易数据可信、可共享，但是增加了泄露商业隐私的概率。所有公司都不希望竞争对手了解自己的交易价格、成本、利润等信息。因此，如何有效地保护区块链网络中的各种数据是至关重要的。

中小型企业需要借助供应链金融服务来解决财务问题。提供在线金融服务需要满足以下两个条件。

（1）防止企业的恶意欺骗，或者来自第三方的恶意攻击。

（2）为了提供金融服务，金融机构需要得到必要的中小型企业商业信息。为了保障企业的商业秘密，在分享企业信息的同时，应该注重保护企业的隐私数据。

一方面，可以通过区块链技术保障交易数据不可篡改，所有操作可追踪，从而降低信用风险。另一方面，区块链技术支持多种数据加密算法，可以有效保护数据安全。以 Hyperledger Fabric 为代表的联盟链是由联盟企业构成的区块链网络，网络成员彼此了解，每个成员的权限由联盟共同制定，成员企业只与经过认可的机构共享数据，联盟之外的第三方无权访问网络。这样可以有效地保护数据安全和数据隐私，为供应链金融服务的落地奠定技术基础。

4.1.3　身份标识

Fabric 网络中包含 Peer 节点、排序节点、客户端应用和管理员等角色，这些角色都有一个身份标识。身份标识的存在形式是 X.509 数字证书。身份标识非常重要，因为它能够决定其所有者对网络中资源的访问权限。身份标识中包含一些附加的属性，例如所属组织、部门和角色等。Fabric 网络可以根据这些属性决定其所有者的权限。

为了使身份标识可验证，就必须构建一个可信的 CA。4.2 节介绍的 Fabric CA 就是 Fabric 网络默认的可信 CA。Fabric 网络使用 X.509 数字证书作为身份标识，并采用传统的 PKI 模型保障安全通信。

PKI 包含一系列可以在网络中提供安全通信保障的互联网技术。常见的 HTTPS（Hypertext Transfer Protocol Secure，超文本传输安全协议），就是在传统的 HTTP（Hypertext Transfer Protocol，超文本传送协议）基础上通过 PKI 技术进行安全通信而实现的。

PKI 模型的工作原理如图 4-1 所示。

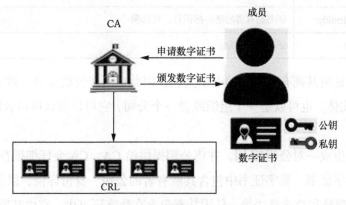

图 4-1　PKI 模型的工作原理

PKI 模型的核心组件是 CA，它可以向成员颁发数字证书。这里所说的成员可以是服务的用户，也可以是服务的提供者。获得数字证书后，成员就可以在交换信息时使用数字证书来证明自己的身份。

CA 维护一个 CRL（Certificate Revocation List，证书吊销列表），其中包含无效证书的引用。证书被吊销可能有多种原因，例如与证书相关联的私有加密材料被泄露。

尽管区块链网络不仅仅是一个通信网络，但它仍然需要依赖 PKI 模型来保障在区块链上传输的消息是经过认证的。因此，理解 PKI 模型的基本工作原理是很重要的。在 PKI 模型中，包含以下 4 个关键元素。

（1）数字证书

数字证书是包含与持有者有关的一系列属性的文档，大多数类型的数字证书都兼容

X.509 标准。X.509 标准定义了在结构体中对成员的标识细节进行编码的规范。X.509 证书中包含的基本字段如表 4-1 所示。

表 4-1　X.509 证书中包含的基本字段

字段	说明
Version	证书的版本号
Serial Number	证书的唯一标识符，由 CA 分配的、用于标识证书的一个整数
Signature	证书所用的数字签名算法，例如 SHA-1 或 RSA
Issuer	证书颁发者的可识别名
Validity	证书有效期的时间段
Subject	证书持有人的基本信息，其中包含一组属性字段。例如： C=CN, ST=北京, L=海淀, O=×××公司, OU=开发部, CN=小明, UID=xiaoming
Subject Public Key Info	主体的公钥
Issuer Unique Identifier	证书颁发者的唯一标识符，可选项
Subject Unique Identifier	证书拥有者的唯一标识符，可选项
Extensions	证书扩展部分

数字证书是证明其拥有者公钥的电子文档，因此也叫作公钥证书。数字证书由 CA 颁发。CA 是一个实体，也可以是一个组织或者一个公司，它可以确认申请者的身份，并颁发数字证书。

申请者首先生成一对公钥/私钥，并将公钥提供给 CA。CA 会仔细核查申请者的身份，然后向其颁发数字证书。数字证书中包含其所有者的公钥、身份详情，以及 CA 的数字签名、有效期、序列号和哈希算法等。私钥并不包含在数字证书中，它由其所有者自行保管。

（2）公钥/私钥

在 1.1.3 小节讲解非对称加密算法时，介绍了公钥/私钥的概念，请参照理解。

（3）CA

Fabric 网络中的组件或节点都有网络信任的 CA 所授予的数字证书。数字证书可以广泛传播，因为其中并不包含其所有者的私钥，也没有 CA 的私钥。

CA 也有自己的证书，并且可以广泛应用。从 CA 获得证书的用户可以验证 CA 证书的有效性，因为用户可以验证 CA 证书中的数字签名是否由 CA 的私钥生成。

在 Fabric 网络中，每个希望与网络进行交互的参与者都必须有一个身份标识，因此需要建立一个 CA 用于为参与者定义网络成员身份。Fabric 网络中也可以有多个 CA。

CA 可以分为根 CA 和中间 CA。根 CA 是顶级的 CA，赛门铁克和 GeoTrust 等知名安全企业都是根 CA。因为根 CA 要为上亿互联网用户颁发证书，所以需要通过中间 CA 来帮助它完成此项工作。根 CA 为中间 CA 颁发证书，拥有证书的中间 CA 也可以为其他中间 CA 颁发证书，从而建立一个可信链。所有证书都是由可信链中的某个 CA 颁发的。最终每个证书都可以追溯到根 CA，这样既扩展了根 CA 颁发证书的能力，也保障了安全性。用户因为根 CA 而信任中间 CA，这样也限制了根 CA 的过多暴露，以免影响整个可信链的安全性。

根 CA、中间 CA 和可信链的关系如图 4-2 所示。

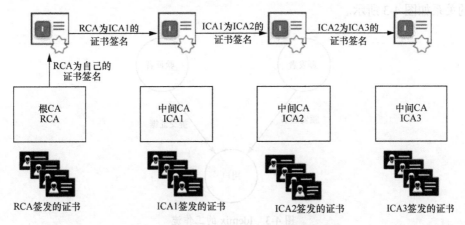

图 4-2　根 CA、中间 CA 和可信链的关系

中间 CA 为跨组织颁发证书提供了很强的灵活性，特别是在 Fabric 这种许可链网络中，可以为每个组织建立不同的根 CA，也可以使用拥有同一个根 CA 的不同的中间 CA。

在许可链网络中，CA 非常重要，因此 Fabric 提供了内置的 CA 组件——Fabric CA。用户可以选择使用开源的或商业的根 CA 或中间 CA。关于 Fabric CA 的具体情况将在 4.2 节介绍。

（4）CRL

数字证书是有有效期的，在其到期之前，也可能由于如下原因导致 CA 主动将其作废。

- 私钥丢失。
- 用户身份信息发生变化。

CA 需要及时处理吊销证书的申请，并将被吊销证书的信息放入 CRL 中公开发布。CRL 每 90 天发布一次。即使从上次发布以来没有被吊销的证书，也必须再次发布 CRL。CRL 也需要 CA 为其签名，以证明其有效性。

在验证一个 CA 所颁发证书的有效性时，首先要检查该证书是否存在于该 CA 发布的 CRL 中。

4.1.4　Idemix

Idemix（Identity Mixer，身份混合器）是一个加密协议套件，在提供强大身份验证功能的同时，具有类似匿名的隐私保护特性。

Idemix 可以提供如下功能。

- 在发起交易时不向交易的对方泄露自己的身份信息。

- 使交易具有不可链接性（Unlinkability），也就是说，如果成员 M 发起了多个交易，从外部无法区分交易是否源自同一成员。

Idemix 的工作流中包含用户（User）、颁发者（Issuer）和验证者（Verifier）3 个角色，它们的关系如图 4-3 所示。

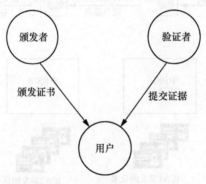

图 4-3　Idemix 的工作流

具体说明如下。

- 颁发者可以证明用户的一组属性，并将这组属性的证明文件以数字证书的形式颁发给用户。

- 得到数字证书之后，用户会生成证书资产的 ZKP，也就是说只选择性地公布用户希望暴露的属性。因为使用 ZKP，所以不会对外暴露额外的信息。

例如，小李要向小王证明自己是有驾照的。如果他直接把驾照给小王，就会暴露自己的年龄、生日、住址等信息。如果小李生成 ZKP 给小王，则他只需要将自己的驾照号提供给小王。

Fabric Java SDK 是 Idemix 的用户接口，将来还会有其他语言的 SDK 支持 Idemix。换句话说，本书主题 Go 语言的 SDK 暂时不支持 Idemix，因此，本书不对 Idemix 做深入介绍。但在越来越注重隐私保护的今天，Idemix 是 Fabric 区块链的重要发展方向之一，读者应该对其有所了解。

4.2　Fabric CA

Fabric CA 是 Fabric 区块链的默认 CA，它具有以下功能。

- 管理用户的身份注册，或者连接到 LDAP（Lightweight Directory Access Protocol，

轻量目录访问协议），并将 LDAP 作为用户注册表。

- 颁发证书。
- 更新或吊销证书。

Fabric CA 由服务器端组件和客户端组件组成。

4.2.1 Fabric CA 的工作原理

Fabric CA 的体系结构如图 4-4 所示。

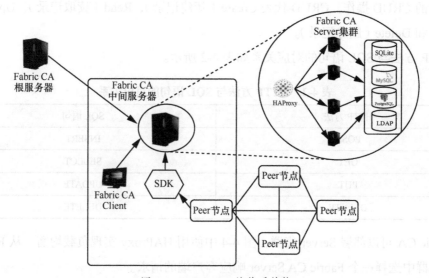

图 4-4 Fabric CA 的体系结构

可以通过如下两种方法与 Fabric CA Server 进行交互。

- 通过 Fabric CA Client，具体方法将在 4.2.6 小节中介绍。
- 通过 Fabric SDK，具体方法将在 10.3 节中介绍。

两种交互方式都是通过 REST API 的形式实现的。

REST（Representational State Transfer，描述性状态迁移）是一种流行的软件系统架构风格，因为中文名称比较拗口，所以通常使用英文缩写。

软件系统架构风格是指在开发组件和接口时需要遵循的一组设计规则。在开发 Web 服务时，REST 是非常关键的设计理念，其是指在一个没有状态的 C/S（Client/Server，客户/服务器）架构应用中，Web 服务被视为资源，管理者可以使用 URL 来标识它。客户端应用通过调用一组远程方法来使用资源。对资源中方法的 REST 远程调用是基于 HTTP 完成的。支持 REST 设计理念的架构被称为 RESTful 架构。

RESTful 架构是开发 Web 服务时经常使用的基础架构。在 RESTful 架构中，Web 服务（应用程序）被分为客户端应用程序和接口应用程序两个部分。客户端应用程序通过 REST 远程调用与接口应用程序进行交互，并由接口应用程序访问数据库等资源。在开发接口应用程序时，需要指定调用接口所采用的 HTTP 方法。

常用的 HTTP 方法包括 GET 和 POST 两种，具体描述如下。

- GET：用于从指定资源请求数据。可以在 URL 中通过参数向资源提交少量数据，数据的大小取决于浏览器，但通常小于 1MB。
- POST：用于向指定资源提交数据。POST 提交的数据大小可以在 Web 服务器上进行配置。在 Tomcat 中默认的 POST 数据大小为 2MB。

除了 GET 和 POST，还有 2 种 HTTP 方法：PUT 和 DELETE。HTTP 方法分别对应软件系统中的 CRUD 操作。CRUD 代表 Create（新建记录）、Read（读取记录）、Update（更新记录）和 Delete（删除记录）。

HTTP 方法与 SQL 语句的对应关系如表 4-2 所示。

表 4-2　HTTP 方法与 SQL 语句的对应关系

HTTP 方法	SQL 语句
POST	INSERT
GET	SELECT
PUT	UPDATE
DELETE	DELETE

Fabric CA 可以部署 Server 集群，图 4-4 中使用 HAProxy 实现负载均衡，从 Fabric CA Server 集群中选择一个 Fabric CA Server 响应客户端的请求。

如果使用 LDAP，则身份信息会保存在 LDAP 中；否则身份信息会保存在数据库中。Fabric CA Server 集群中的所有服务器共享一个数据库。默认的数据库是 SQLite，当然也可以选择使用 PostgreSQL 或 MySQL 数据库。

4.2.2　安装 Fabric CA

参照 3.2.5 小节安装 Fabric 区块链后，在$GOPATH/src/github.com/hyperledger/fabric/scripts/fabric-samples/bin/目录下保存着 Fabric CA 组件的可执行文件，具体如下。

- fabric-ca-client：Fabric CA Client 应用程序。
- fabric-ca-server：Fabric CA Server 应用程序。

也可以独立安装 Fabric CA。安装 Fabric CA 的前提条件如下。

- 安装 Go 1.10 或以上版本。
- 配置 GOPATH 环境变量。
- 安装 libtool 和 libtdhl-dev 程序包及 GCC 编译器。

参照 3.2.2 小节安装 Go 1.15.3 或更高版本并配置 GOPATH 环境变量，然后执行 go version 命令，确认可以查看到 Go 语言的版本信息。

执行如下命令在 CentOS 服务器上安装 libtool 和 libtdhl-dev 程序包及 GCC 编译器。

```
yum install libtool-ltdl-devel
yum -y install gcc-c++
```

在$GOPATH 目录下执行如下命令，从 Gitee 下载 Fabric CA。

```
cd $GOPATH
git clone https://gitee.com/hyperledger/fabric-ca.git
```

下载完成后，在$GOPATH 目录下会出现 fabric-ca 文件夹。执行如下命令编译 Fabric CA Server 应用程序。

```
cd fabric-ca
make fabric-ca-server
```

如果一切正常，则执行结果如下：

```
Building fabric-ca-server in bin directory ...
Built bin/fabric-ca-server
```

执行如下命令编译 Fabric CA Client 应用程序。

```
make fabric-ca-client
```

如果一切正常，则执行结果如下：

```
Building fabric-ca-client in bin directory ...
Built bin/fabric-ca-client
```

现在，fabric-ca-server 和 fabric-ca-client 都保存在$GOPATH/fabric-ca/bin/文件夹下。为了便于使用，将$GOPATH/fabric-ca/bin/添加到环境变量 PATH 中。编辑 ~/.bashrc，并在最后添加如下代码：

```
export PATH=$PATH: $GOPATH/fabric-ca/bin/
```

然后执行如下命令使.bashrc 中的配置生效。

```
source ~/.bashrc
```

使用 which fabric-ca-server 可以确认 fabric-ca-server 文件的默认位置。

4.2.3 初始化和启动 Fabric CA Server

Fabric CA Server 中可以只部署一个服务器应用程序，也可以部署一个服务器集群，其以树形架构组织 CA 服务器节点，负责管理用户的身份信息和颁发证书。fabric-ca-server 命令用于初始化并启动一个 Fabric CA Server 管理进程。

Fabric CA Server

1．初始化 Fabric CA Server

可以使用如下命令在/root 目录下初始化 Fabric CA Server。

```
cd /root
fabric-ca-server init -b admin:adminpw
```

选项-b 用于指定引导程序的身份标识，也就是服务器端的管理员。默认的身份标识为管理员 admin，密码为 adminpw。在以下两种情况下需要使用选项-b。

- 在没有使用 LDAP 的情况下对 Fabric CA Server 进行初始化时。
- 启动服务器应用程序时。

如果遇到提示 "/lib64/libc.so.6: version 'GLIBC_2.14' not found" 的错误，则请查阅资料安装 GLIBC_2.14。对此不做具体介绍。

上面的命令会在当前目录（假设为/root）下完成初始化 Fabric CA Server 这项工作，过程如下。

（1）创建默认的配置文件 fabric-ca-server-config.yaml。

（2）启动 Fabric CA Server。

（3）生成 CA 密钥和 CA 证书 ca-cert.pem。

（4）初始化默认的 SQLite3 数据库，位置为/root/fabric-ca-server.db。

（5）生成证书颁发者密钥，公钥存储至/root/IssuerPublicKey，私钥存储至/root/msp/keystore/IssuerSecretKey。

（6）生成证书撤销密钥，公钥存储至/root/IssuerRevocationPublicKey，私钥存储至/root/msp/keystore/IssuerRevocationPrivateKey。

2．启动 Fabric CA Server

执行下面的命令以默认设置的方式启动 Fabric CA Server。

```
cd /root
fabric-ca-server start -b admin:adminpw
```

执行结果如图 4-5 所示。

```
[root@localhost ~]# fabric-ca-server start -b admin:adminpw
2022/11/21 14:36:34 [INFO] Configuration file location: /root/fabric-ca-server-c
onfig.yaml
2022/11/21 14:36:34 [INFO] Starting server in home directory: /root
2022/11/21 14:36:34 [INFO] Server Version: 1.5.4-snapshot-8b815da
2022/11/21 14:36:34 [INFO] Server Levels: &{Identity:2 Affiliation:1 Certificate
:1 Credential:1 RAInfo:1 Nonce:1}
2022/11/21 14:36:34 [INFO] The CA key and certificate already exist
2022/11/21 14:36:34 [INFO] The key is stored by BCCSP provider 'SW'
2022/11/21 14:36:34 [INFO] The certificate is at: /root/ca-cert.pem
2022/11/21 14:36:34 [INFO] Initialized sqlite3 database at /root/fabric-ca-serve
r.db
2022/11/21 14:36:34 [INFO] The Idemix issuer public and secret key files already
 exist
2022/11/21 14:36:34 [INFO]     secret key file location: /root/msp/keystore/Issue
rSecretKey
2022/11/21 14:36:34 [INFO]     public key file location: /root/IssuerPublicKey
2022/11/21 14:36:34 [INFO] The Idemix issuer revocation public and secret key fi
les already exist
2022/11/21 14:36:34 [INFO]     private key file location: /root/msp/keystore/Issu
erRevocationPrivateKey
2022/11/21 14:36:34 [INFO]     public key file location: /root/IssuerRevocationPu
blicKey
2022/11/21 14:36:34 [INFO] Home directory for default CA: /root
2022/11/21 14:36:34 [INFO] Operation Server Listening on 127.0.0.1:9443
2022/11/21 14:36:34 [INFO] Listening on http://0.0.0.0:7054
```

图 4-5　以默认设置的方式启动 Fabric CA Server

启动后，Fabric CA Server 即会在 http://0.0.0.0:7054 上被监听。

4.2.4 设置 Fabric CA Server 的配置信息

可以通过如下 3 种方式设置 Fabric CA Server 的配置信息。

1．通过使用命令行参数设置 Fabric CA Server 的配置信息

在执行 fabric-ca-server 命令时，可以通过使用命令行参数的方式设置 Fabric CA Server 的配置信息。常用的命令行参数如表 4-3 所示。

表 4-3　常用的命令行参数

命令行参数	说明
--address string	指定 Fabric CA Server 的监听地址
-b, --boot string	指定用于构建默认配置文件的引导程序管理员和对应的密码
--ca.certfile string	指定 PEM 编码格式的 CA 证书文件，默认为 ca-cert.pem
-n, --ca.name string	指定当前 CA 的名字
--cacount int	指定 CA 实例的数量
-H, --home string	指定 Fabric CA Server 的主目录
--ldap.enabled	指定是否启用 LDAP 客户端
--loglevel string	指定记录日志的级别，可选项包括 info、warning、debug、error、fatal 和 critical
-p, --port int	指定 Fabric CA Server 的监听端口号
--tls.enabled	指定在监听端口上是否启用 TLS

2．通过修改环境变量设置 Fabric CA Server 的配置信息

常用的设置 Fabric CA Server 配置信息的环境变量如表 4-4 所示。

表 4-4　常用的设置 Fabric CA Server 配置信息的环境变量

环境变量	说明
FABRIC_CA_SERVER_PORT	指定 Fabric CA Server 的监听端口号
FABRIC_CA_SERVER_CA_KEYFILE	指定 Fabric CA Server 的 CA 密钥文件
FABRIC_CA_CLIENT_TLS_CLIENT_CERTFILE	指定 Fabric CA Client 的 TLS 证书

3．通过修改配置文件设置 Fabric CA Server 的配置信息

在初始化 Fabric CA Server 时会创建默认的配置文件 fabric-ca-server-config.yaml。Fabric 区块链使用 YAML 格式的配置文件。YAML 是一种数据标记语言，其基本语法规则如下。

（1）不区分大小写，例如 Server 和 server 的作用一样。

（2）以缩进来界定层级关系，但是不能使用制表符实现缩进，而只能使用空格实现缩进。例如，在 fabric-ca-server-config.yaml 中，配置数据源属性的代码如下：

```
db:
  type: sqlite3
  datasource: fabric-ca-server.db
```

在上面的例子中，type 和 datasource 的缩进比 db 的更深，说明它们是 db 的下级。但是一定不能仅靠目测来判断缩进。如果程序识别不出配置项，则可以通过移动光标的方法来判断缩进中是否包含制表符。

（3）同级属性只要对齐即可，与缩进的空格数量无关。

fabric-ca-server-config.yaml 中的常用配置项如表 4-5 所示。

表 4-5   fabric-ca-server-config.yaml 中的常用配置项

配置项	默认值	说明
version	1.5.3-snapshot-19cdbf5（根据安装的版本）	配置文件的版本
port	7054	服务器监听的端口
debug	false	是否启用调试日志
crlsizelimit	512000	CRL 的大小限制，单位为字节
tls.enabled	false	是否启用 TLS
tls.certfile		TLS 的证书文件
keyfile		TLS 的密钥文件
ca.name		当前 CA 的名字
crl.expiry	24	设置 CRL 的有效期，单位为小时
identities.name	admin	不使用 LDAP 时的管理员用户名
identities.pass	adminpw	identities.name 所配置的管理员用户的密码

关于数据库配置项将在后文介绍。

4．设置配置信息的优先级

在命令行参数、环境变量和配置文件中，可以对同一个配置项进行重复设置，优先级为命令行参数高于环境变量，环境变量高于配置文件。

【例 4-1】　演示环境变量中设置的配置项优先于配置文件中设置的配置项。

在配置文件 fabric-ca-server-config.yaml 中，指定服务器监听端口的代码如下。

```
port: 7054
```

执行如下命令设置环境变量 FABRIC_CA_SERVER_PORT 为 7055。

```
export FABRIC_CA_SERVER_PORT=7055
```

然后执行如下命令启动 Fabric CA Server。

```
cd /root
fabric-ca-server start -b admin: adminpw
```

执行结果如图 4-6 所示。

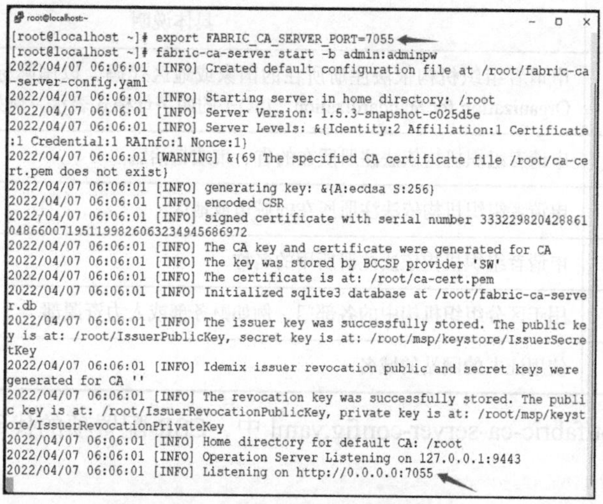

图 4-6　例 4-1 的执行结果

Fabric CA Server 以环境变量中设置的端口号 7055 启动，可见环境变量中设置的配置项优先于配置文件中设置的配置项。

【例 4-2】　演示命令行参数中设置的配置项优先级最高。

保持例 4-1 的设置，执行如下命令启动 Fabric CA Server。

```
fabric-ca-server start -b admin:adminpw -p 7056
```

执行结果如图 4-7 所示。

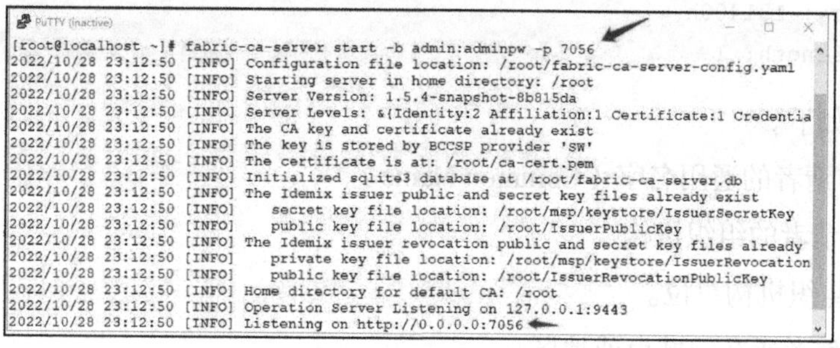

图 4-7　例 4-2 的执行结果

Fabric CA Server 以命令行参数中设置的端口号 7056 启动，可见命令行参数中设置的配置项优先级最高。

5. CSR 配置项

CSR（Certificate Signing Request，证书签名申请）是提交给 CA 的一个文件。要想获得 SSL（Secure Socket Layer，安全套接字层）证书，必须首先生成 CSR 文件，并将其提交给 CA。在生成 CSR 文件时需要提交证书申请者的基本信息，如表 4-6 所示。

表 4-6　生成 CSR 文件时需要提交的证书申请者的基本信息

证书申请者的基本信息	具体说明
国家或地区代码	申请者组织机构依法注册所在的国家或地区代码，以国际标准化组织（International Organization for Standardization，ISO）的两字母格式表示。例如，中国的代码为 CN
省、市或自治区	申请者组织机构依法注册所在的省、市或自治区
城市或地区	申请者组织机构依法注册所在的城市或地区
组织机构	申请者组织机构依法注册所用的名称
组织机构单位	用于区分组织机构中的各部门，例如财务部或人力资源部
通用名称	使用证书的网站的域名

在配置文件/root/fabric-ca-server-config.yaml 中，CSR 配置项的代码如下：

```
csr:
   cn: fabric-ca-server
   names:
      - C: US
        ST: "North Carolina"
        L:
        O: Hyperledger
        OU: Fabric
   hosts:
     - host1.example.com
     - localhost
   ca:
     expiry: 131400h
     pathlength: 1
```

具体说明如下。

- cn：申请者的通用名字（Common Name）。
- O：申请者的组织机构。
- OU：组织机构单位。
- L：申请者所在的城市或地区。
- ST：申请者所在的省、市或自治区。
- C：申请者所在的国家或地区代码。

CSR 文件中的这些字段符合 X.509 标准，由 fabric-ca-server init 命令生成。CSR 文件对应于配置文件 fabric-ca-server-config.yaml 中 ca.certfile 和 ca.keyfile 指定的证书文件和密钥文件。

fabric-ca-server-config.yaml 中 CSR 配置项的默认值显然不适用于国内组织。如果需要生成自己的 CSR 文件、证书文件和密钥文件，则可以按照如下步骤进行操作。

（1）在 fabric-ca-server-config.yaml 中修改自定义的 CSR 配置项。

（2）删除 ca.certfile 和 ca.keyfile 指定的证书文件和密钥文件。

（3）执行如下命令以重新生成指定的证书文件和密钥文件。

```
fabric-ca-server init -b admin:adminpw
```

fabric-ca-server init 命令默认生成自签名证书，且可以通过-u 选项指定对服务器 CA 证书签名的父 CA Server。

6．配置数据库

Fabric CA Server 默认使用的数据库为 SQLite，数据库文件为 Fabric CA Server 主目录下的 fabric-ca-server.db。如果只使用单独的 Fabric CA Server，则可以保持默认设置，即使用 SQLite 数据库。但是如果要建立 Fabric CA Server 集群，就必须更换数据库，因为目前 Fabric CA Server 集群只支持如下的数据库版本。

- PostgreSQL：9.5.5 或更高版本。
- MySQL：5.7 或更高版本。

下面介绍 Fabric CA Server 连接到 MySQL 数据库的方法。首先参照如下步骤在 CentOS 中安装 MySQL 数据库。

（1）从 MySQL 官网下载 MySQL 5.7 数据库的 RPM 安装包，假定下载到的文件为 mysql57-community-release-el7-11.noarch.rpm，也可以搜索下载更高版本。

RPM 是 Red-Hat Package Manager 的缩写，即 Red-Hat 软件包管理器。Red-Hat 是 Linux 操作系统的一个分支产品，CentOS 是 Red-Hat Linux 企业版的克隆版，但无须付费。虽然名字里包含 Red-Hat，但是 RPM 文件格式已经成为很多 Linux 产品都接受的行业标准。

（2）下载后通过 WinSCP 将其上传至 CentOS 服务器的/usr/local/src 文件夹下，然后登录到 CentOS 服务器，执行下面的命令，解压缩 MySQL 数据库安装包。

```
cd /usr/local/src
rpm -Uvh mysql57-community-release-el7-11.noarch.rpm
```

（3）执行下面的命令，查看本地 yum 源仓库里面都有哪些 MySQL 文件。

```
yum repolist enabled | grep "mysql.*-community.*"
```

执行结果如图 4-8 所示。

可以看到，MySQL 5.7 Community Server 的安装包已经准备就绪。

（4）执行下面的命令安装 MySQL 数据库。

```
yum install mysql-community-server -y
```

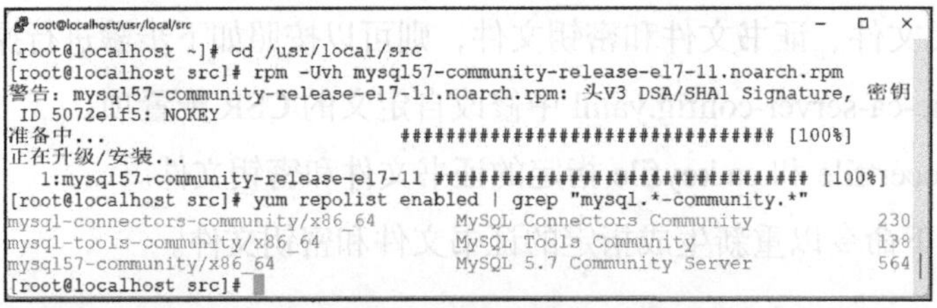

图 4-8　查看本地 yum 源仓库里面的 MySQL 文件

安装的过程比较长。安装完成后，执行下面的命令启动 MySQL 服务。

```
systemctl start mysqld
```

（5）执行下面的命令从日志中查看 MySQL 数据库的临时密码。

```
grep "temporary password" /var/log/mysqld.log
```

例如，编者的临时密码为 Dnj4(Z2YI*Ni，后面会用到这个密码，因此要将其记下来。

（6）执行下面的命令对 MySQL 数据库进行安全设置。

```
mysql_secure_installation
```

首先使用前面的临时密码登录 MySQL 数据库，然后根据提示输入新密码。注意，尽量使用包含大写字母、小写字母、数字和特殊字符（例如_）的复杂密码，比如 Abc_123456，否则无法通过系统的安全检查。输入后系统会询问 "Change the password for root ? (Press y|Y for Yes, any other key for No) :"，输入 y 并按 Enter 键。最后系统会提示再次输入新密码并再次询问，输入 y 并按 Enter 键。

接下来系统会询问是否删除匿名用户，内容如下：

```
Remove anonymous users? (Press y|Y for Yes, any other key for No) :
```

输入 n（只要不是 y 或 Y 就可以）并按 Enter 键，保留匿名用户。

接下来系统会询问是否禁止远程登录，内容如下：

```
Disallow root login remotely? (Press y|Y for Yes, any other key for No)
```

输入 n（只要不是 y 或 Y 就可以）并按 Enter 键，允许远程登录。

接下来系统会询问是否删除 test 数据库，内容如下：

```
Remove test database and access to it? (Press y|Y for Yes, any other key for No)
```

输入 n（只要不是 y 或 Y 就可以）并按 Enter 键，不删除 test 数据库。

接下来系统会询问是否刷新权限，内容如下：

```
Reload privilege tables now? (Press y|Y for Yes, any other key for No)
```

输入 y 并按 Enter 键，完成 MySQL 数据库的安装和配置。

执行下面的命令，然后输入 root 用户的密码，可以登录 MySQL 数据库。

```
mysql -u root -h localhost -p
```

然后执行下面的命令，以开通任何 IP 地址均可远程连接到 MySQL 数据库。

```
use mysql;
update user set host='%' where user='root' and host='localhost';
flush privileges;
```

'%'代表任何 IP 地址，'localhost'代表本地地址。默认情况下，root 用户只能从本地连接到 MySQL 数据库。

为了便于远程连接 MySQL 数据库，执行如下命令关闭防火墙。

```
systemctl stop firewalld
```

然后执行如下命令，查看 MySQL 数据库的端口工作情况。

```
netstat -an|grep 3306
```

在默认情况下，MySQL 数据库监听端口 3306。如果一切正常，则 3306 端口应该开放，如图 4-9 所示。这里已经从客户端连接到 MySQL 数据库监听，因此监听状态为 ESTABLISHED。

```
[root@localhost src]# netstat -an|grep 3306
tcp6    0    0 :::3306              :::*                    LISTEN
tcp6    0    0 192.168.1.111:3306   192.168.1.105:52581     ESTABLISHED
```

图 4-9　查看 MySQL 数据库的端口工作情况（3306 端口开放）

（7）使用 Navicat 工具远程连接 MySQL 数据库

Navicat 是很流行的图形化 MySQL 数据库管理工具。下载和安装 Navicat 的过程很简单，这里不具体介绍。运行 Navicat，单击工具栏中的"连接"图标，在下拉菜单中选择"MySQL"，打开连接 MySQL 数据库的对话框，如图 4-10 所示。输入名称和 MySQL 数据库的 IP 地址，默认的端口号为 3306，输入 MySQL 数据库的用户名和密码，最后单击"确定"按钮，打开 Navicat 主窗口（Navicat Premium），如图 4-11 所示。

图 4-10　连接 MySQL 数据库的对话框

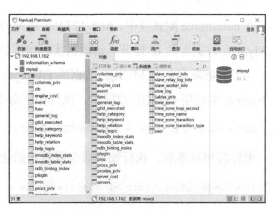

图 4-11　打开 Navicat 主窗口

Navicat 主窗口有左、右两个窗格，左侧窗格以树形结构显示数据库中的对象，包括表、视图、函数、事件、查询、报表、备份等。在左侧窗格中双击一个数据库对象，在右侧窗格中可以查看它的详情。在工具栏中单击"新建查询"图标，可以打开查询窗口，在里面可以执行 SQL 语句以查询数据库。例如在查询窗口中输入如下 SQL 语句：

```
SELECT * FROM user
```

单击 ▶ 运行 按钮，运行结果如图 4-12 所示。

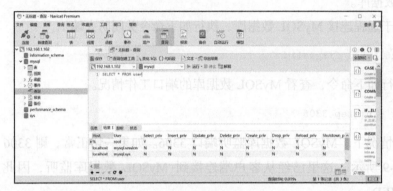

图 4-12　运行结果

安装好 MySQL 数据库和 Navicat 后，编辑配置文件 fabric-ca-server-config.yaml 中的数据库配置项，代码如下：

```
db:
  type: mysql
  datasource: root:Abc_123456@tcp(192.168.1.111:3306)/fabric_ca?parseTime=true
  tls:
    enabled: false
    certfiles:
    client:
      certfile:
      keyfile:
```

在 datasource 配置项中，Abc_123456 是 MySQL 数据库 root 用户的密码，192.168.1.111 是 MySQL 数据库的 IP 地址。请根据实际情况进行设置。

为了能够顺利创建 MySQL 数据库 fabric_ca，需要取消 MySQL 数据库的 strict 模式。在 Navicat 中连接 MySQL 数据库，执行如下命令：

```
SET GLOBAL sql_mode = 'NO_ENGINE_SUBSTITUTION'
```

做好各项准备后，执行如下命令重新初始化 Fabric CA Server。

```
fabric-ca-server init -b admin:adminpw
```

初始化的 Fabric CA Server 过程如图 4-13 所示。

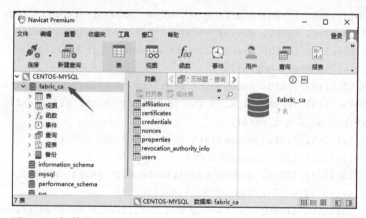

```
2022/04/07 21:18:57 [INFO] Configuration file location: /root/fabric-ca-server-c
onfig.yaml
2022/04/07 21:18:57 [INFO] Server Version: 1.5.3-snapshot-c025d5e
2022/04/07 21:18:57 [INFO] Server Levels: &{Identity:2 Affiliation:1 Certificate
:1 Credential:1 RAInfo:1 Nonce:1}
2022/04/07 21:18:57 [INFO] The CA key and certificate already exist
2022/04/07 21:18:57 [INFO] The key is stored by BCCSP provider 'SW'
2022/04/07 21:18:57 [INFO] The certificate is at: /root/ca-cert.pem
2022/04/07 21:18:57 [INFO] Initialized mysql database at ****:****@tcp(192.168.1
.111:3306)/fabric_ca?parseTime=true
2022/04/07 21:19:17 [INFO] The Idemix issuer public and secret key files already
 exist
2022/04/07 21:19:17 [INFO]      secret key file location: /root/msp/keystore/Issue
rSecretKey
2022/04/07 21:19:17 [INFO]      public key file location: /root/IssuerPublicKey
2022/04/07 21:19:17 [INFO] The Idemix issuer revocation public and secret key fi
les already exist
2022/04/07 21:19:17 [INFO]      private key file location: /root/msp/keystore/Issu
erRevocationPrivateKey
2022/04/07 21:19:17 [INFO]      public key file location: /root/IssuerRevocationPu
blicKey
2022/04/07 21:19:17 [INFO] Home directory for default CA: /root
2022/04/07 21:19:17 [INFO] Initialization was successful
[root@localhost ~]#
```

图 4-13　初始化 Fabric CA Server 的过程

可以看到，初始化 Fabric CA Server 的过程中按照 fabric-ca-server-config.yaml 中配置的数据源完成了 MySQL 数据库的初始化工作。

在 Navicat 中连接 MySQL 数据库，可以看到自动创建的 fabric_ca 数据库，如图 4-14所示。

图 4-14　初始化 Fabric CA Server 过程中自动创建的 fabric_ca 数据库

4.2.5　建立 Fabric CA Server 集群

默认情况下，Fabric 网络只部署一个 Fabric CA Server。如果 Fabric 网络的规模比较大，参与的组织比较多，对 Fabric CA Server 的并发处理能力要求比较高，则可以通过配置建立 Fabric CA Server 集群。

建立 Fabric CA Server 集群的步骤如下。

（1）建立新的 Fabric CA Server。

（2）配置 HAProxy 代理服务器，将请求路由至新建的 Fabric CA Server，实现负载均衡。将指定的 Fabric CA Server 构成 Fabric CA Server 集群。

1．建立新的 Fabric CA Server

为了提高 Fabric CA Server 的负载能力，通常建议将 Fabric CA Server 集群中的 Fabric CA Server 独立部署在不同的物理服务器上。只需要参照 4.2.3 小节中介绍的方法在不同的物理服务器上初始化和启动 Fabric CA Server 即可。

但是，为了演示或者只是出于备份 Fabric CA Server 的目的，可以在一个物理服务器上部署多个 Fabric CA Server。在启动 Fabric CA Server 时可以通过 cacount 选项同时启动多个 Fabric CA Server，方法如下：

```
fabric-ca-server start -b admin:adminpw --cacount n
```

参数 n 指定同时启动的 Fabric CA Server 的数量。

【例 4-3】 同时启动 2 个 Fabric CA Server，命令如下：

```
fabric-ca-server start -b admin:adminpw --cacount 2
```

命令执行的过程如下：

```
2021/11/07 13:13:51 [INFO] Configuration file location: /root/fabric-ca- server-
config.yaml
2021/11/07 13:13:51 [INFO] Starting server in home directory: /root
2021/11/07 13:13:51 [INFO] Server Version: 1.5.3-snapshot-19cdbf5
2021/11/07 13:13:51 [INFO] Server Levels: &{Identity:2 Affiliation:1 Certificate:
1 Credential:1 RAInfo:1 Nonce:1}
2021/11/07 13:13:51 [INFO] Loading CA from /root/ca/ca1/fabric-ca-config.yaml
2021/11/07 13:13:51 [WARNING] &{69 The specified CA certificate file /root/ca/
ca1/ca-cert.pem does not exist}
2021/11/07 13:13:51 [INFO] generating key: &{A:ecdsa S:256}
2021/11/07 13:13:51 [INFO] encoded CSR
2021/11/07 13:13:51 [INFO] signed certificate with serial number
121339042214617535038 5363768964755549338861368599
2021/11/07 13:13:51 [INFO] The CA key and certificate were generated for CA ca1
2021/11/07 13:13:51 [INFO] The key was stored by BCCSP provider 'SW'
2021/11/07 13:13:51 [INFO] The certificate is at: /root/ca/ca1/ca-cert.pem
2021/11/07 13:13:51 [INFO] Initialized mysql database at ****:
****@tcp(192.168.1.111:3306)/fabric_ca_ca1?parseTime=true
......
2021/11/07 13:13:52 [INFO] Home directory for default CA: /root
2021/11/07 13:13:52 [INFO] Operation Server Listening on 127.0.0.1:9443
2021/11/07 13:13:52 [INFO] Listening on http://0.0.0.0:7054
```

具体说明如下。

（1）默认的 Fabric CA Server 主目录为/root，系统会自动为启动的每个 Fabric CA Server 在/root/ca 目录下创建其独立的主目录。本例中第 1 个 Fabric CA Server 的主目录为 /root/ca/ca1，第 2 个 Fabric CA Server 的主目录为/root/ca/ca2。

（2）Fabric CA Server 集群的配置文件为 fabric-ca-server-config.yaml，系统会自动为每个启动的 Fabric CA Server 在其主目录下创建独立的配置文件。本例中第 1 个 Fabric CA Server 的配置文件为/root/ca/ca1 目录下的 fabric-ca-config.yaml，第 2 个 Fabric CA Server 的配置文件为/root/ca/ca2 目录下的 fabric-ca-config.yaml。配置文件里面必须包含唯一的 CA 通用名，否则启动 Fabric CA Server 时会报错。

（3）系统会自动为每个启动的 Fabric CA Server 在其主目录下创建 CA 证书。本例中第 1 个 Fabric CA Server 的 CA 证书文件为/root/ca/ca1 目录下的 ca-cert.pem，第 2 个 Fabric CA Server 的 CA 证书文件为/root/ca/ca2 目录下的 ca-cert.pem。

（4）系统会自动为每个启动的 Fabric CA Server 在其主目录下创建颁发者密钥。本例中第 1 个 Fabric CA Server 的颁发者公钥文件为/root/ca/ca1 目录下的 IssuerPublicKey，颁发者私钥文件为/root/ca/ca1/msp/keystore 目录下的 IssuerSecretKey；第 2 个 Fabric CA Server 的颁发者公钥文件为/root/ca/ca2 目录下的 IssuerPublicKey，颁发者私钥文件为/root/ca/ca2/msp/keystore 目录下的 IssuerSecretKey。

（5）系统会自动为每个启动的 Fabric CA Server 在其主目录下创建撤销密钥，撤销密钥可以用于撤销 CA 生成的密钥。本例中第 1 个 Fabric CA Server 的撤销公钥文件为/root/ca/ca1 目录下的 IssuerRevocationPublicKey，撤销私钥文件为/root/ca/ca1/msp/keystore 目录下的 Issuer RevocationPrivateKey；第 2 个 Fabric CA Server 的撤销公钥文件为/root/ca/ca2 目录下的 Issuer RevocationPublicKey，撤销私钥文件为/root/ca/ca2/msp/keystore 目录下的 IssuerRevocationPrivateKey。

（6）系统会启动一个运营服务器（Operation Server），监听地址为 127.0.0.1:9443。运营服务器上运行运营服务（Operation Service）。由于篇幅所限，本书不展开介绍运营服务的具体情况。

在启动 Fabric CA Server 时，可以使用--cafiles 命令选项指定使用的配置文件。例如：

```
fabric-ca-server start -b admin:adminpw --cafiles ca/ca1/fabric-ca-config.yaml
--cafiles ca/ca2/fabric-ca-config.yaml
```

--cafiles 指定的配置文件必须事先存在，其优先级比默认的配置文件要高。

2．配置 HAProxy 代理服务器

HAProxy 是使用 C 语言编写的开源软件，可以基于 TCP（Transmission Control Protocol，传输控制协议）和 HTTP 实现负载均衡的功能，适用于负载特别大的网络站点。

在 CentOS 中安装 HAProxy 的命令如下：

```
yum -y install haproxy
```

HAProxy 的配置文件为/etc/haproxy/haproxy.cfg，参照如下代码配置 HAProxy。

```
global
```

```
        maxconn 4096
        daemon

defaults
        mode http
        maxconn 2000
        timeout connect 5000
        timeout client 50000
        timeout server 50000

listen http-in
        bind *:7054
        balance roundrobin
        server server1 hostname1:port
        server server2 hostname2:port
        server server3 hostname3:port
```

具体说明如下。

- global：指定全局配置部分，其下面的参数是进程级的，通常和操作系统相关。

- maxconn：指定最大连接数。

- daemon：指定以后台形式运行 HAProxy。

- defaults：默认设置部分。

- mode http：启用 HTTP 模式。如果使用 TLS，则需要选择启用 TCP 模式。

- timeout connect：连接超时时间，单位为 s。

- timeout client：客户端超时时间，单位为 s。

- timeout server：服务器超时时间，单位为 s。

- listen：网站监听设置部分。

- bind：监听的端口。

- balance：负载均衡的策略，roundrobin 是平均分配策略。

- server：服务器定义。

4.2.6　Fabric CA Client

Fabric CA Client 是 Fabric CA 组件的客户端，用于管理身份和证书，它的具体功能通过 fabric-ca-client 命令实现。

1．Fabric CA Client 主目录

可以通过以下几种方式指定 Fabric CA Client 的主目录（按优先级排列）。

- 在执行 fabric-ca-client 命令时通过--home 命令选项指定主目录。

- 使用环境变量 FABRIC_CA_CLIENT_HOME 指定主目录。

- 使用环境变量 FABRIC_CA _HOME 指定主目录。

- 使用默认的主目录$HOME/.fabric-ca-client。

2．fabric-ca-client 命令的主要功能

在 fabric-ca-client 命令中可以通过子命令来实现不同的功能。用于管理身份的 fabric-ca-client 子命令如表 4-7 所示。

表 4-7　用于管理身份的 **fabric-ca-client** 子命令

子命令	具体说明
enroll	登录一个已有身份
register	注册新账户
identity	管理账号

用于管理证书的 fabric-ca-client 子命令如表 4-8 所示。

表 4-8　用于管理证书的 **fabric-ca-client** 子命令

子命令	具体说明
getcainfo	获取 CA 证书
gencrl	撤销证书，即生成一个 CRL
gencsr	生成一个 CSR

除了上面介绍的子命令外，fabric-ca-client 命令还支持以下 2 个子命令。

- affiliation：管理分支机构。
- version：显示版本信息。

由于篇幅所限，本小节不展开介绍所有子命令的详细情况，只介绍 enroll 和 register 两个常用子命令的使用方法。

3．在客户端登录一个已有身份

使用 fabric-ca-client enroll 命令可以连接到 Fabric CA Server，在 Fabric CA Client 登录一个已有的身份，基本的命令格式如下：

```
fabric-ca-client enroll -u http://<登录的用户名>:<登录用户的密码>@<Fabric CA Server 的
域名 IP 地址>:<Fabric CA Server 的端口号>
```

在 Fabric CA Client 登录已有身份就意味着 Fabric CA Client 接下来会以该身份执行后面的操作。

在 Fabric CA Client 登录一个已有身份的准备工作如下。

（1）准备好 Fabric CA Client 的主目录，如果不存在就创建。

（2）通过前面介绍的方法指定 Fabric CA Client 的主目录。

（3）启动 Fabric CA Server。

（4）如果使用 MySQL 数据库，则需要取消 MySQL 数据库的 strict 模式。

【例 4-4】 演示在 Fabric CA Client 登录身份 admin 的过程。

（1）这里将 $GOPATH/fabric-ca/clients/admin 作为 Fabric CA Client 的主目录。如果不存在，则执行下面的命令创建。

```
mkdir $GOPATH/fabric-ca/clients
mkdir $GOPATH/fabric-ca/clients/admin
```

准备好后，执行下面的命令设置 Fabric CA Client 的主目录。

```
export FABRIC_CA_CLIENT_HOME=$GOPATH/fabric-ca/clients/admin
```

（2）因为在登录已有身份的过程中会向数据库中写入数据，其中包括值为'0000-00-00'的日期数据，这并不符合数据库的有效性限制，所以为了防止写入数据库操作失败，需要取消 MySQL 数据库的 strict 模式。

在 Navicat 中连接 MySQL 数据库，执行如下命令：

```
SET GLOBAL sql_mode = 'NO_ENGINE_SUBSTITUTION'
```

（3）打开一个新的终端窗口，执行如下命令启动 Fabric CA Server。

```
fabric-ca-server start -b admin:adminpw
```

如果一切正常，则 Fabric CA Server 会在 http://0.0.0.0:7054 上监听。

（4）在原有终端窗口中执行如下命令可在 Fabric CA Client 登录一个已有身份 admin。

```
fabric-ca-client enroll -u http://admin:adminpw@localhost:7054
```

如果一切正常，则执行结果如图 4-15 所示。

```
[root@localhost ~]# fabric-ca-client enroll -u http://admin:adminpw@localhost:70
54
2022/11/22 09:47:20 [INFO] generating key: &{A:ecdsa S:256}
2022/11/22 09:47:20 [INFO] encoded CSR
2022/11/22 09:47:20 [INFO] Stored client certificate at /root/gocode/fabric-ca/c
lients/admin/msp/signcerts/cert.pem
2022/11/22 09:47:20 [INFO] Stored root CA certificate at /root/gocode/fabric-ca/
clients/admin/msp/cacerts/localhost-7054.pem
2022/11/22 09:47:20 [INFO] Stored Issuer public key at /root/gocode/fabric-ca/cl
ients/admin/msp/IssuerPublicKey
2022/11/22 09:47:20 [INFO] Stored Issuer revocation public key at /root/gocode/f
abric-ca/clients/admin/msp/IssuerRevocationPublicKey
[root@localhost ~]#
```

图 4-15 fabric-ca-client enroll -u 命令的执行结果

登录一个已有身份的过程如下。

① 生成加密密钥，加密算法为 ECDSA，密钥长度为 256。

② 编码 CSR 文件。在获取 SSL 证书时，需要先生成 CSR 文件并提交给 CA。CSR 文件中包含申请证书的公钥和标识名称。

③ 生成客户端证书/root/gocode/fabric-ca/clients/admin/msp/signcerts/cert.pem。

④ 生成根 CA 证书/root/gocode/fabric-ca/clients/admin/msp/cacerts/localhost-7054.pem。

⑤ 生成证书颁发者公钥/root/gocode/fabric-ca/clients/a dmin/msp/IssuerPublicKey。

⑥ 生成证书颁发者撤销公钥/root/gocode/fabric-ca/clients/admin/msp /IssuerRevocation PublicKey。

登录管理员用户 admin 是使用 Fabric CA Client 实现本小节后面管理功能的前提，因为实现这些管理功能是以管理员 admin 的身份进行的。

4．注册新用户

使用 fabric-ca-client register 命令可以连接到 Fabric CA Server，在 Fabric CA Client 注册一个新用户，基本的命令格式如下：

```
fabric-ca-client register --id.name <新注册的用户名> --id.type <用户类型> --id.
affiliation <部门> --id.secret <新注册用户的密码> -u http:// <Fabric CA Server 的端口号>
```

命令选项--id.type 用于指定用户类型，默认值为 client，其主要的可选值如下。

- peer：Peer 节点用户。
- app：应用程序用户。
- user：组织用户。
- orderer：排序节点用户。

在 Fabric CA Client 注册新用户的准备工作如下。

（1）准备好 Fabric CA Client 的主目录，如果不存在就创建。

（2）通过前面介绍的方法指定 Fabric CA Client 的主目录。

（3）启动 Fabric CA Server。

（4）如果使用 MySQL 数据库，则需要取消 MySQL 数据库的 strict 模式。

（5）在 Fabric CA Client 登录管理员 admin，这样才能以管理员身份执行注册新用户的操作。

【例 4-5】 演示在 Fabric CA Client 注册一个 Peer 节点用户 peer1-org1 的过程。

首先参照例 4-4 在 Fabric CA Client 登录身份 admin。然后在原有终端窗口中执行如下命令，在 Fabric CA Client 注册一个 Peer 节点用户 peer1-org1。

```
fabric-ca-client register --id.name peer1-org1 --id.type peer --id.secret userpwd -u
http://localhost:7054
```

为了验证注册新用户的效果，可以执行如下命令，实现在 Fabric CA Client 使用新用户 peer1-org1 进行登录。

```
export FABRIC_CA_CLIENT_HOME=$HOME/fabric-ca/clients/peer1-org1
fabric-ca-client enroll -u http://peer1-org1:userpwd@localhost:7054
```

这里设置$HOME/fabric-ca/clients/peer1-org1 作为 Fabric CA Client 的主目录。需要提前手动创建$HOME/fabric-ca/clients/peer1-org1 文件夹。

登录 peer1-org1 后，Fabric CA Client 将以 peer1-org1 的身份进行后面的操作。

如果新用户 peer1-org1 注册成功，则命令的执行过程如图 4-16 所示。

```
root@localhost:~                                                    –  □  ×
[root@localhost ~]# fabric-ca-client enroll -u http://admin:adminpw@localhost:7054
2022/11/22 10:20:34 [INFO] generating key: &{A:ecdsa S:256}
2022/11/22 10:20:34 [INFO] encoded CSR
2022/11/22 10:20:34 [INFO] Stored client certificate at /root/fabric-ca/clients/pe
er1-org1/msp/signcerts/cert.pem
2022/11/22 10:20:34 [INFO] Stored root CA certificate at /root/fabric-ca/clients/p
eer1-org1/msp/cacerts/localhost-7054.pem
2022/11/22 10:20:34 [INFO] Stored Issuer public key at /root/fabric-ca/clients/pee
r1-org1/msp/IssuerPublicKey
2022/11/22 10:20:34 [INFO] Stored Issuer revocation public key at /root/fabric-ca/
clients/peer1-org1/msp/IssuerRevocationPublicKey
[root@localhost ~]# fabric-ca-client register --id.name peer1-org1 --id.type peer
--id.secret userpwd -u http://localhost:7054
2022/11/22 10:20:38 [INFO] Configuration file location: /root/fabric-ca/clients/pe
er1-org1/fabric-ca-client-config.yaml
Password: userpwd
[root@localhost ~]# export FABRIC_CA_CLIENT_HOME=$HOME/fabric-ca/clients/peer1-org
1
[root@localhost ~]# fabric-ca-client enroll -u http://peer1-org1:userpwd@localhost
:7054
2022/11/22 10:21:14 [INFO] generating key: &{A:ecdsa S:256}
2022/11/22 10:21:14 [INFO] encoded CSR
2022/11/22 10:21:14 [INFO] Stored client certificate at /root/fabric-ca/clients/pe
er1-org1/msp/signcerts/cert.pem
2022/11/22 10:21:14 [INFO] Stored root CA certificate at /root/fabric-ca/clients/p
eer1-org1/msp/cacerts/localhost-7054.pem
2022/11/22 10:21:14 [INFO] Stored Issuer public key at /root/fabric-ca/clients/pee
r1-org1/msp/IssuerPublicKey
2022/11/22 10:21:14 [INFO] Stored Issuer revocation public key at /root/fabric-ca/
clients/peer1-org1/msp/IssuerRevocationPublicKey
[root@localhost ~]#
```

图 4-16　使用新用户 peer1-org1 进行登录

4.3　安全策略

安全策略

Fabric 网络的配置是由安全策略（下文简称策略）管理的。通常，策略在通道配置中定义，同时可以通过策略来定义网络成员的权限。

4.3.1　策略简介

可以将策略理解为一个函数，它可以接收一组经过签名的数据。经过评估，策略可以返回成功，或者由于签名数据不满足策略的定义而返回错误。这样就可以确定执行某个操作所需要的授权。需要授权的操作包括交易和更新配置等。

下面是比较常见的策略定义例子。

- 5 个组织中的 2 个必须由管理员完成签名。
- 所有组织的任何成员都必须签名。
- 通道中的多数组织必须由管理员完成签名。

策略代表着 Fabric 网络成员如何就网络、通道或智能合约的变化形成共识，要么接受，要么拒绝。在创建 Fabric 网络时，策略由联盟成员共同协商制定。在 Fabric 网络发生变化时，联盟成员同样需要共同协商调整策略。

策略是 Fabric 区块链区别于比特币和以太坊等公有链的主要特性。在公有链平台中，交易可以由网络中的任意节点生成和验证。而 Fabric 区块链是许可链，网络中的所有用户都通过底层架构来相互识别身份。执行一个操作所需要的权限由策略来定义。

目前支持的策略类型包括 Signature 和 ImplicitMeta 两种。具体说明如下。

- Signature 策略：指定通过签名来对数据进行认证。
- ImplicitMeta 策略：指定不直接进行签名检查，而是通过引用其子元素的策略（最终还是通过 Signature 策略）来进行签名检查。检查结果通过策略规则来进行限制。

4.3.2　定义策略规则

在 Fabric 区块链中，想要改变任何资源都需要经过相关组织的批准。批准包括显式签名和隐式签名两种。在有些应用场景下，必须采用显式签名，比如签署电子合同；而在有些应用场景下只需要采用隐式签名即可，比如向通道中添加一个新组织，通常只需要超过半数的现有组织签名即可。显式签名使用 Signature 语法定义，隐式签名使用 ImplicitMeta 语法定义。

1．Signature 语法

Signature 语法可以定义指定类型的用户必须签名才能满足策略。Signature 语法由 EXPR（表达式关键字）和 E（主体）构成，定义的方法如下：

```
EXPR(E[, E...])
```

其中一个 E 代表一个主体，主体与角色匹配。描述主体的方法如下：

```
'MSPID.ROLE'
```

MSPID 代表 MSP ID，具体情况将在 4.4 节中介绍。ROLE 代表角色，可选值为 member、admin、client 和 peer。

下面是几个描述主体的示例。

- 'Org0.admin'：代表组织 Org0 中定义的任意一个管理员。
- 'Org1.member'：代表组织 Org1 中定义的任意一个成员。
- 'Org2.client：代表组织 Org2 中定义的任意一个客户端。
- 'Org3.peer'：代表组织 Org3 中定义的任意一个 Peer 节点。

EXPR 可以是 AND、OR 或者 OutOf，它们的具体含义如下。

- AND：当后面括号里的所有 E 都成立时满足条件。例如，下面的代码指定组织 Org1、Org2 和 Org3 中都有任意成员签名即可满足条件。

```
AND('Org1.member', 'Org2.member', 'Org3.member')
```

- OR：当后面括号里至少有一个 E 成立时满足条件。例如，下面的代码指定组织 Org1 或者 Org2 中的任意成员签名即可满足条件。

```
OR('Org1.member', 'Org2.member')
```

E 也可以是 EXPR。例如，下面的代码指定组织 Org1 中的任意成员签名或者组织 Org2 和组织 Org3 中都有成员签名即可满足条件。

```
OR('Org1.member', AND('Org2.member', 'Org3.member'))
```

- OutOf：当后面括号里指定数量的 E 成立时满足条件。例如，OutOf(1, 'Org1.member', 'Org2.member')等价于如下代码。

```
OR('Org1.member', 'Org2.member')
```

OutOf(2, 'Org1.member', 'Org2.member') 等价于如下代码。

```
 AND('Org1.member', 'Org2.member')
```

OutOf(2, 'Org1.member', 'Org2.member', 'Org3.member') 等价于如下代码。

```
OR(AND('Org1.member', 'Org2.member'),AND('Org1.member', 'Org3.member'), AND
('Org2.member', 'Org3.member'))
```

Signature 语法的具体应用情况可以结合 4.4.4 小节介绍的 MSP 配置进行理解。

2. ImplicitMeta 语法

ImplicitMeta 语法只在通道配置中有效。通道配置基于的是配置树中的分层策略。例如，下面是一个简单的配置树定义代码示例：

```
Channel:
    Policies:
        Readers
        Writers
        Admins
    Groups:
        Orderer:
            Policies:
                Readers
                Writers
                Admins
            Groups:
                OrderingOrganization1:
                    Policies:
                        Readers
                        Writers
                        Admins
        Application:
            Policies:
                Readers
                Writers
                Admins
            Groups:
                ApplicationOrganization1:
```

```
                    Policies:
                        Readers
                        Writers
                        Admins
                ApplicationOrganization2:
                    Policies:
                        Readers
                        Writers
                        Admins
```

根元素 Channel 指定这是定义通道配置的代码,配置树中的分层策略可以使用"/"进行分割,进而得到配置项的简写表达形式。例如,在上面的配置代码中有一个采用粗体、斜体标识的配置项 Writers,可以使用/Channel/Application/Writers 来描述它。在这种类似路径的表达方式中,最后一个元素代表策略名,前面的元素则代表分组名。这里暂时可以不去理解每个配置项的含义,因为在后面的章节中会结合具体应用场景介绍相关的配置项。4.4.4 小节中就会介绍与 MSP 相关的配置项。

默认子策略包括以下 4 种类型。

- Readers:指定拥有读操作的权限,例如读取通道中的交易、读取区块中的数据等。
- Writers:指定拥有写操作的权限,例如向通道中发起交易。
- Admins:指定拥有管理操作的权限,例如加入通道、修改通道配置等。
- Endorsement:指定背书策略。

ImplicitMeta 语法并不直接定义签名的规则,而是会引用配置树中的子策略,这些子策略实际上也是采用 Signature 语法定义的。这也是 ImplicitMeta 语法用于隐式签名的原因。

ImplicitMeta 语法的定义方法如下:

```
Rule: "<Rule 关键字> <子策略>"
```

Rule 关键字的可选值如下。

- ANY:满足任意子策略的对应策略。
- ALL:满足所有子策略的对应策略。
- MAJORITY:满足过半子策略的对应策略。

例如,下面是使用 ImplicitMeta 语法定义隐式签名的示例代码:

```
Channel: &ChannelDefaults
    Policies:
        Readers:
            Type: ImplicitMeta
            Rule: "ANY Readers"
```

在上面的配置代码中有 2 个 Readers,第 1 个 Readers 是定义的策略名;第 2 个 Readers 是引用的子策略名。子策略使用 Signature 语法定义。

ImplicitMeta 语法的具体应用情况可以结合第 5 章中介绍的通道配置和排序节点配置进行理解。

4.4 成员服务提供者

因为 Fabric 区块链是许可链，所以网络的参与者需要向网络的其他成员证明自己的身份，以便在网络中进行交易。成员服务提供者（MSP）是 Fabric 网络的核心模块之一，可以为联盟中的成员提供身份证明，是保障数据安全和数据隐私的关键。

4.4.1 MSP 的作用

在 Fabric 网络中，参与者需要通过一种方式向网络的其他成员证明自己的身份，这样才能在网络中完成交易。管理网络参与者的身份，就是 MSP 的作用。

1. CA 与 MSP 的关系

CA 可以生成密钥对（包含公钥和私钥）。根据 4.1.3 小节的内容可以知道，密钥对可以用于身份证明，因此 CA 可以向网络参与者颁发身份标识。这就是 MSP 的来源。例如，Peer 节点可以使用它的私钥对交易进行数字签名和背书。排序服务上的 MSP 包含 Peer 节点的公钥，其可以验证交易的签名是否有效。因此 MSP 提供了一种机制，使网络参与者不需要拥有对方的私钥就可以对其身份标识进行识别，从而信任身份。

2. 个人用户与组织的关系

在 Fabric 网络中，除了组织成员外，还包含个人用户。例如，在一个由银行联盟组成的区块链网络中，每个银行都操作自己的 Peer 节点和排序节点。Peer 节点对提交到网络的交易进行背书。但是，银行也有部门和用户，而且用户属于不同的组织。这些组织在网络中并没有运行节点，用户只是通过手机或 Web 应用程序与 Fabric 网络进行交互。CA 用于创建身份标识，但是仅有身份标识是不够的，还需要帮助网络识别这些身份，这就需要用到 MSP。MSP 可以定义网络成员信任的组织，也可以为网络成员授予一组角色和权限。因为 MSP 定义了网络成员，所以可以通过 MSP 对试图执行操作的网络实体进行身份验证。

个人用户如果要加入一个已经存在的网络，就需要通过某种方式将自己的身份标识转换为一种网络可以识别的形式。MSP 可以提供这种服务。可以参照如下步骤成为 Fabric 网络的成员。

（1）向 CA 申请一个网络所信任的身份。

（2）成为一个组织的一员，也就是可以被该组织识别，并且经过其授权。MSP 提供了一个将身份标识与组织链接在一起的方式：将自己的公钥（证书）添加到一个组织的 MSP 中就可以成为该组织的成员。

（3）将 MSP 添加到网络中的一个联盟或者一个通道。

3．MSP 的工作原理

MSP 实现上述需求的方法是在网络配置中添加一组文件夹，用于定义一个组织。一个组织的定义包括以下两个方面。

- 对内：定义组织的管理员。
- 对外：允许其他组织验证该组织的某个成员是否有权限执行某个操作。

MSP 中包含一个身份标识的列表。所谓的身份标识就是 CA 生成的证书。MSP 可以标识是哪个根 CA 或中间 CA 定义了网络成员。

当然，MSP 的功能不仅限于一个简单的身份标识列表。MSP 可以将身份转换为角色，而角色被赋予一组权限。角色可以是 admin、peer、client 和 orderer。当一个用户在 CA 注册时，必须关联一个角色。例如，组织的管理员会被赋予 admin 角色，Peer 节点会被赋予 peer 角色。

4.4.2　MSP 域

在 Fabric 网络中，MSP 存在下面 2 种类型的域。

- 本地 MSP：位于参与者节点本地。本章内容主要基于本地 MSP。
- 通道 MSP：在通道配置中定义。具体情况将在第 5 章中介绍。

本地 MSP 和通道 MSP 的关键区别并不在于它们的功能，而在于它们的应用范围。每个 MSP 都可以列出一定级别的管理角色和权限。

1．本地 MSP

本地 MSP 用于管理客户端、Peer 节点或排序节点，可以定义节点的管理员及操作节点的权限等。每个节点都需要定义本地 MSP，它定义了通道中每个用户的本地级别的管理权和参与权，也就是所有用户对该 MSP 所负责的节点的本地权限。

本地 MSP 可以对来自通道外的成员消息进行认证，定义网络成员对指定节点的管理权限，例如在指定 Peer 节点上安装链码的权限。

一个组织可以有多个节点，也可以有多个管理员。需要注意的是，组织、组织的管理员、节点、节点的管理员必须拥有同一个可信根，也就是说，它们的数字证书都来自同一个根 CA 或其可信链上的中间 CA。

排序服务的 MSP 也在节点的文件系统中定义，而且只能用于当前节点。与 Peer 节点一样，排序节点只属于一个组织，因此只能有一个 MSP。该 MSP 中维护着排序服务所信任的成员和节点。

2．通道 MSP

与本地 MSP 相对应的是通道 MSP。通道 MSP 用于定义通道级别的管理权和参与权。一个应用通道上的 Peer 节点和排序节点可以共享一个通道 MSP。通道 MSP 可以对通道的参与者进行认证。也就是说，如果有一个组织想要加入通道，那么在通道配置中就必须定义一个 MSP，该 MSP 包含该组织成员的可信链。否则该组织发起的交易将会被通道拒绝。

通道 MSP 在通道配置中定义。有一种特殊的通道 MSP，即系统通道 MSP。参与排序服务的每个组织的 MSP 中都包含系统通道 MSP。一个排序服务通常可以包含来自不同组织的排序节点，由这些组织共同运行排序服务。系统通道 MSP 负责管理这些组织的联盟。

下面通过一个由 2 个组织组成的示例网络来演示本地 MSP 和通道 MSP 的功能和关联，网络拓扑如图 4-17 所示。

示例网络中包含 2 个组织：Org1 和 Org2。Org1 负责管理排序节点（在图 4-17 中表现为标识 O 的圆角正方形），在排序节点上定义了一个本地 MSP（Org1.MSP），用于指定只有组织 Org1 的成员才拥有排序节点的管理权和参与权；Org2 负责管理 Peer 节点（在图 4-17 中表现为标识 P 的圆角正方形），在 Peer 节点上定义了一个本地 MSP（Org2.MSP），用于指定只有组织 Org2 的成员才拥有 Peer 节点的管理权和参与权。

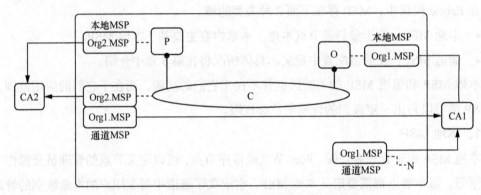

图 4-17　本地 MSP 和通道 MSP 并存的示例网络

示例网络中定义了一个应用通道（在拓扑图中表现为标识 C 的椭圆），其由 Org1 和 Org2 共同管理。在应用通道的通道配置中定义了一个通道 MSP，其由 Org1 和 Org2 共享。

示例网络中还定义了一个系统通道（在拓扑图中表现为标识 N），其由 Org1 管理。在系统通道的通道配置中定义了一个通道 MSP（Org1.MSP），用于指定只有组织 Org1 的成员才拥有系统通道的管理权和参与权。

示例网络中还定义了 2 个 CA：CA1 为组织 Org1 的成员颁发证书，即 Org1.MSP 信任 CA1 颁发的证书；CA2 为组织 Org2 的成员颁发证书，即 Org2.MSP 信任 CA2 颁发的证书。

4.4.3　MSP 的目录结构

本小节以 Fabric 测试网络为例介绍 MSP 的目录结构。

在测试网络的目录 test-network 下有一个 organizations 文件夹，其中保存着网络中组织的相关资源。在 organizations 文件夹中包含表 4-9 所示的子文件夹。

表 4-9　organizations 文件夹中包含的子文件夹

子文件夹	具体说明
cryptogen	保存 cryptogen 工具使用的 3 个配置文件,cryptogen 是用来生成证书的工具。这 3 个配置文件分别用来配置为排序服务、组织 Org1 和组织 Org2 生成证书的各项参数
fabric-ca	用于存储排序服务、组织 Org1 和组织 Org2 的 Fabric CA 资源,包括证书、配置文件、数据库、证书颁发者公钥和证书颁发者撤销公钥等
ordererOrganizations	用于存储负责管理排序服务的组织的相关资源,包括排序服务的 MSP、所有排序节点的证书等资源、所有排序服务的管理员的证书等资源
peerOrganizations	用于存储负责管理 Peer 节点的组织的相关资源,包括组织 Org1 和组织 Org2 的 MSP、Peer 节点和管理员等资源

在使用 fabric-ca-client enroll 命令登录用户时,可以使用-M 命令选项指定用户的 MSP 目录。例如,在 test-network 目录下执行下面的命令会以 orderer 用户的身份登录 CA Server ca-orderer,指定用户的 MSP 目录为${PWD}/organizations/ordererOrganizations/example.com/ orderers/orderer.example.com/ msp。

```
fabric-ca-client enroll -u https://orderer:ordererpw@localhost:9054 --caname
ca-orderer -M "${PWD}/organizations/ordererOrganizations/example.com/orderers/
orderer.example.com/msp"
```

下面以排序服务的 MSP 为例,介绍 MSP 的目录结构。在测试网络中,排序服务的 MSP 目录路径为 test-network/organizations/ordererOrganizations/example.com/msp。

首先执行如下命令,启动测试网络。

```
cd $GOPATH/src/github.com/hyperledger/fabric/scripts/fabric-samples/test-network./
network.sh up -ca
```

然后执行如下命令(使用 tree 命令)查看排序服务的 MSP 目录结构。

```
cd $GOPATH/src/github.com/hyperledger/fabric/scripts/fabric-samples/test-network/
organizations/ordererOrganizations/example.com/msp
tree
```

执行结果如图 4-18 所示。

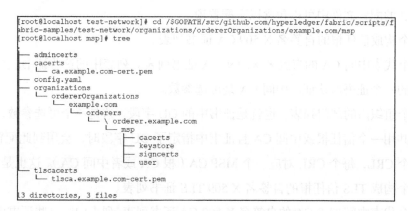

图 4-18　排序服务的 MSP 目录结构

排序服务的 MSP 目录下包含的子文件夹如表 4-10 所示。

表 4-10　排序服务的 MSP 目录下包含的子文件夹

子文件夹	具体说明
admincerts	存储管理员证书
cacerts	存储 CA Server 证书
keystore	存储节点或用户的私钥
signcerts	存储节点或用户的证书
tlscacerts	存储根 CA 为组织颁发的用于 TLS 加密通信的自签名的 X.509 证书。当 Peer 节点连接到排序服务接收账本更新数据时需要使用 TLS 加密通信
user	存储 MSP 所代表的组织中用户的资源文件

测试网络的 MSP 目录结构是启动网络时自动创建的。如果搭建生产网络，则需要手动创建这些目录，并将证书和密钥文件复制到对应的目录下。

4.4.4　配置 MSP

为了建立 MSP 实例，需要在每个 Peer 节点和排序节点的本地配置文件中指定 MSP 配置参数。

1. 配置 MSP 实现的功能

配置 MSP 后，可以实现以下功能。

- 启用 Peer 节点和排序节点的签名功能。
- 在通道上启用 Peer 节点、排序节点和客户端应用的身份验证。
- 对所有通道成员提供签名验证的功能。

在配置 MSP 时，首先需要为每个 MSP 指定一个名字，例如 msp1、org1 或 org2.divA。使用该名字可以在网络中引用对应的 MSP。这个名字也被称为 MSP 标识符或 MSP ID，其是 MSP 的唯一标识。

在 MSP 的配置文件中可以包含以下配置项。

- 一个构成信任根的自签名 X.509 CA 证书列表。
- 一个代表中间 CA 的自签名 X.509 CA 证书列表。列表中的这些证书应该被信任根中的一个证书所认证。中间 CA 是可选参数。
- 一个组织内的部门列表，也就是证书中的 OU 字段。这是一个可选参数，当多个组织共用一个信任根或中间 CA 且证书中指定了 OU 字段时，会用到此配置项。
- 一个 CRL，每个 CRL 对应一个 MSP CA（根 CA 或者中间 CA）。这也是可选参数。
- 一个构成 TLS 信任根的自签名 X.509 TLS 证书列表。
- 一个代表中间 TLS CA 的自签名 X.509 CA 证书列表。列表中的这些证书应该被 TLS

信任根中的一个 TLS 证书所认证。中间 TLS CA 是可选参数。

MSP 实例的有效身份需要满足以下 3 个条件。

（1）拥有 X.509 格式的证书，该证书有指向一个信任根证书的路径，即身份可由信任根证书签名，或者由信任根证书签名的中间 TLS CA 证书签名。

（2）证书不在任何 CRL 中。

（3）如果 MSP 配置文件中指定了组织内的部门列表，则证书的 OU 字段中应该指定部门列表中的一个或多个部门。

2．在配置文件 configtx.yaml 中设置 MSP 的配置项

在测试网络中，configtx.yaml 位于 fabric-samples/test-network/configtx 文件夹中。

configtx.yaml 中 Organizations 部分包含 MSP 的相关配置，默认的配置代码如下：

```
Organizations:
  - &OrdererOrg
    Name: OrdererOrg
    ID: OrdererMSP
    MSPDir: ../organizations/ordererOrganizations/example.com/msp
    Policies:
      Readers:
        Type: Signature
        Rule: "OR('OrdererMSP.member')"
      Writers:
        Type: Signature
        Rule: "OR('OrdererMSP.member')"
      Admins:
        Type: Signature
        Rule: "OR('OrdererMSP.admin')"

    OrdererEndpoints:
      - orderer.example.com:7050

  - &Org1
    Name: Org1MSP
    ID: Org1MSP

    MSPDir: ../organizations/peerOrganizations/org1.example.com/msp
    Policies:
      Readers:
        Type: Signature
        Rule: "OR('Org1MSP.admin', 'Org1MSP.peer', 'Org1MSP.client')"
      Writers:
        Type: Signature
        Rule: "OR('Org1MSP.admin', 'Org1MSP.client')"
      Admins:
        Type: Signature
```

```
            Rule: "OR('Org1MSP.admin')"
        Endorsement:
            Type: Signature
            Rule: "OR('Org1MSP.peer')"

    - &Org2
        Name: Org2MSP
        ID: Org2MSP

        MSPDir: ../organizations/peerOrganizations/org2.example.com/msp
        Policies:
            Readers:
                Type: Signature
                Rule: "OR('Org2MSP.admin', 'Org2MSP.peer', 'Org2MSP.client')"
            Writers:
                Type: Signature
                Rule: "OR('Org2MSP.admin', 'Org2MSP.client')"
            Admins:
                Type: Signature
                Rule: "OR('Org2MSP.admin')"
            Endorsement:
                Type: Signature
                Rule: "OR('Org2MSP.peer')"
```

由于篇幅所限，上述代码中省略了很多注释代码。

上述代码使用&OrdererOrg 定义了一个负责排序服务的 MSP，名字为 OrdererOrg，可以使用定义的 ID（OrdererMSP）加载 MSP 定义；使用&Org1 定义了组织 Org1 的 MSP，名字为 Org1MSP，可以使用定义的 ID（Org1MSP）加载 MSP 定义；使用&Org2 定义了组织 Org2 的 MSP，名字为 Org2MSP，可以使用定义的 ID（Org2MSP）加载 MSP 定义。

在配置代码中使用 MSPDir 定义组织的 MSP 目录。

3．定义 MSP 的策略

在配置文件 configtx.yaml 中，可以使用 Policies 定义 MSP 的策略。策略可以控制指定身份的操作权限。上面的代码中定义了每个 MSP 的读、写、管理和背书策略。

4.5 **组织管理**

Fabric 区块链是联盟链，联盟由若干组织构成。如果要对 Fabric 区块链进行管理，首先应该管理 Fabric 网络中的组织。

4.5.1 组织在 MSP 中扮演的角色

在 Fabric 网络中，组织是对成员组进行管理的逻辑概念。组织可以很大，比如可以是银行；组织也可以很小，比如可以是加油站或超市。每个组织都有一个 MSP，并且会通过 MSP 管理其成员。

1．组织与 MSP 的关系

MSP 可以将一个身份与一个组织关联在一起。MSP 的命名通常以其所属的组织开头，例如组织 Org1 的 MSP 可以命名为 Org1-MSP。在有些情况下，一个组织可能需要多个成员组，例如，使用不同的通道来实现不同领域的业务，每个领域都有不同的合作伙伴，这种情况下就应该为不同的业务领域设置不同的 MSP，并根据业务领域来命名对应的 MSP。例如，组织 Org1 负责教育领域的 MSP 可以命名为 Org1-MSP-EDU。

2．组织部门与 MSP 的关系

组织可以划分不同的部门，不同部门的职责不同。当 CA 颁发 X.509 证书时，OU 字段用于指定证书所标识的身份属于哪条业务线。

并不需要为组织的不同部门设置不同的 MSP，但是可以根据 OU 来配置安全策略，指定不同部门的访问权限，或者在智能合约中实现基于属性的访问控制。如果不划分部门，则需要为组织设置不同的 MSP 才能对组织的不同部门进行分组管理。

4.5.2　为组织生成证书

要在 Fabric 网络中创建组织，首先应该为组织生成证书。为组织生成证书的方法有如下两种。

- 通过 Fabric CA Client 生成证书。通常在生产网络中使用此方法生成证书。
- 通过 cryptogen 工具生成证书。通常在开发阶段使用此方法生成证书。

1．通过 Fabric CA Client 生成证书

4.2.6 小节中已经介绍了使用 Fabric CA Client 注册新用户和登录已有身份的方法。

登录已有身份后，Fabric CA Client 会生成以下 4 个文件。

（1）客户端配置文件，路径如下：

```
${FABRIC_CA_CLIENT_HOME}/fabric-ca-client-config.yaml
```

（2）CA 根证书文件，路径如下：

```
${FABRIC_CA_CLIENT_HOME}/msp/cacerts/localhost-7054.pem
```

这是 Fabric CA Server 自我认证身份的证书文件，与 ca-cert.pem 是一致的。

（3）客户端私钥文件，路径如下：

```
${FABRIC_CA_CLIENT_HOME}/msp/keystore/f6b4e44f434cc53e4ed4afa9640f1bf6852064bc46
c935c951ba6e456c3f1479_sk
```

（4）客户端证书文件，路径如下：

```
${FABRIC_CA_CLIENT_HOME}/msp/signcerts/cert.pem
```

同时，在数据库 fabric_ca 的证书表 certificates 和用户表 users 中会各插入一条记录。例如，在 4.2.6 小节先后登录了 admin 和 peer1-org1 两个身份，它们在证书表 certificates 中对应的记录如图 4-19 所示。pem 字段中保存着客户端证书的内容。

图 4-19　证书表 certificates 中的记录

登录 admin 和 peer1-org1 两个身份后，用户表 users 中对应的记录如图 4-20 所示。

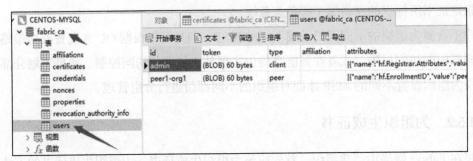

图 4-20　用户表 users 中对应的记录

2．通过 cryptogen 工具生成证书

通过 cryptogen 工具生成证书的步骤如下。

（1）为组织创建文件夹

首先为组织创建一个文件夹，用于保存证书及配置文件等资源。这里假定创建 orgs 文件夹，用于保存所有组织的资源文件。为了方便使用 cryptogen 工具，执行如下命令，将 cryptogen 工具文件复制到/root/orgs/目录下。

```
cd /root/orgs
cp -r $GOPATH/src/github.com/hyperledger/fabric/scripts/fabric-samples/bin/ ./
```

在安装好 Fabric 区块链后，cryptogen 工具文件会默认保存在$GOPATH/src/github.com/hyperledger/fabric/scripts/fabric-samples/bin/目录下。

（2）准备配置文件

如果要手动搭建 Fabric 网络，则需要提前准备好 5 个配置文件，如表 4-11 所示。

表 4-11　手动搭建 Fabric 网络前需要准备的配置文件

配置文件	具体说明
crypto-config.yaml	用于生成组织的私钥和证书

配置文件	具体说明
configtx.yaml	对如下信息进行配置。 • 对相关组织进行配置。 • 配置排序服务，用于创建创世区块。 • 配置通道，用于生成创建通道时所需要的.tx 文件
core.yaml	Peer 端的配置文件
orderer.yaml	Orderer 端的配置文件
docker-compose.yaml	用于配置 Fabric 网络的相关容器

本书将在 7.3 节介绍使用这些配置文件在单机上搭建 Fabric 区块链集群的具体方法。

这里重点介绍 crypto-config.yaml。执行如下命令，可以生成默认的 crypto-config.yaml 文件。

```
cryptogen showtemplate >> crypto-config.yaml
```

生成的 crypto-config.yaml 文件中包含一些默认的配置项，不过大部分配置项都用符号 "#" 注释掉了。参照如下内容修改 crypto-config.yaml。

```
OrdererOrgs:
  - Name: Orderer
    Domain: example.com
    Specs:
      - Hostname: orderer

PeerOrgs:
  - Name: Org1
    Domain: org1.example.com
    EnableNodeOUs: false
    Template:
      Count: 2
    Users:
      Count: 3
  - Name: Org2
    Domain: org2.example.com
    EnableNodeOUs: false
    Template:
      Count: 2
    Users:
      Count: 2
```

具体说明如下。

• OrdererOrgs：定义管理排序服务的组织。这里指定管理排序服务的组织为 Orderer，其域名为 example.com；部署排序服务的主机名为 orderer。

- PeerOrgs：定义管理 Peer 节点的组织。这里定义了 2 个组织 Org1 和 Org2；Template 下的 Count 字段指定该组织下节点的个数；Users 下的 Count 字段指定该组织中除了 Admin 之外的用户的个数。

- EnableNodeOUs：决定生成用户的类型。如果为 true，则会生成 Peer 类型的用户证书，否则会生成 client 类型的用户证书。

（3）生成证书

在/root/orgs 目录下准备好 crypto-config.yaml 文件后，执行如下命令生成证书。

```
cd /root/orgs
./bin/cryptogen generate --config=./crypto-config.yaml
```

执行完成后，会在/root/orgs 目录下创建一个 crypto-config 文件夹，其中保存根据 crypto-config.yaml 文件生成的证书和密钥文件。在 crypto-config 文件夹下执行 tree 命令以查看其目录结构，如图 4-21 所示。

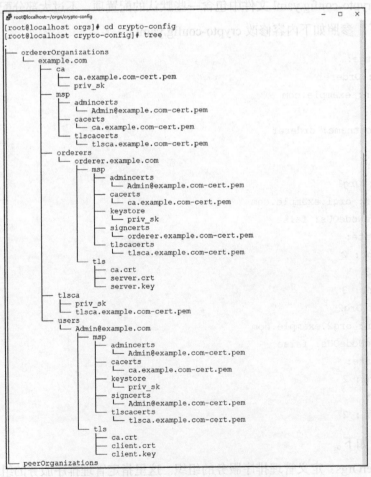

图 4-21　crypto-config 文件夹的目录结构

在 crypto-config 文件夹下有如下 2 个子文件夹。

（1）ordererOrganizations：保存负责管理排序服务的组织的相关资源。在 ordererOrganizations 文件夹下有一个 example.com 子文件夹，其用于存储本例中排序节点的相关资源。如果网络中包含多个排序节点，则在 ordererOrganizations 文件夹下分别使用它们的域名创建文件夹，保存资源。example.com 中包含如下文件夹。

- ca：保存负责管理排序节点的 CA 证书和私钥。
- tlsca：保存排序节点通信时用到的证书和私钥。
- users：保存排序节点管理员用户的证书和私钥。
- msp：保存上面各种类型的所有证书和私钥。因为在一些配置文件中存在直接引用 MSP 文件夹的情况，所以为了便于使用会把这些证书放在 MSP 文件夹中。
- orderers：保存各个排序节点的 CA 证书和私钥。

（2）peerOrganizations：保存负责管理 Peer 节点的组织的相关资源。在 peerOrganizations 文件夹下有 org1.example.com 和 org2.example.com 两个子文件夹，它们分别用于存储组织 Org1 和 Org2 的相关资源。在 org1.example.com 和 org2.example.com 中包含如下文件夹。

- ca：保存组织的 CA 证书和私钥。
- tlsca：保存组织 TLS 通信时用到的证书和私钥。
- users：保存组织管理员用户的证书和私钥。
- msp：保存上面各种类型的所有证书和私钥。
- peers：保存各个 Peer 节点的 CA 证书和私钥。

4.6　本章小结

本章首先介绍了 Fabric 区块链安全机制中的基本概念和背景知识；然后介绍了通过 Fabric CA 管理证书和用户的方法，通过安全策略定义网络成员权限的方法，以及通过 MSP 为网络成员提供身份证明的方法。

本章的主要目的是使读者了解 Fabric 区块链的安全机制和安全组件的管理方法。这是搭建 Fabric 网络的第一项任务，也是保障网络安全运行的关键。

习　题

一、选择题

1. HTTPS 是在 HTTP 的基础上通过（　　）技术进行安全通信而实现的。

A. PKI　　　　　　　B. MSP　　　　　　　C. CA　　　　　　　D. CRL

2. Fabric 提供了内置的 CA 组件（　　　）。

    A. Fabric SDK   B. 中间 CA   C. Fabric CA   D. Idemix

3. 在 X.509 证书中，字段（　　　）代表证书颁发者的可识别名。

    A. Signature   B. Subject   C. Validity   D. Issuer

4. 证书颁发机构的缩写是（　　　）。

    A. SDK   B. CA   C. PKI   D. MSP

5. 在开发接口应用程序时，需要指定调用接口所采用的 HTTP 方法。与 INSERT 语句对应的 HTTP 方法为（　　　）。

    A. GET   B. POST   C. PUT   D. DELETE

二、填空题

1. 在 Fabric 网络中，身份标识的存在形式是___【1】___数字证书。

2. 在 PKI 模型中，关键元素包括___【2】___、___【3】___、___【4】___和___【5】___等。

3. ___【6】___是一个加密协议套件，在提供强大身份验证功能的同时，具有类似匿名的隐私保护特性。

4. 可以通过___【7】___和___【8】___两种方式与 Fabric CA Server 进行交互。

5. Idemix 的工作流中包含___【9】___、___【10】___和___【11】___3 个角色。

6. 使用___【12】___命令可以初始化 Fabric CA Server。

7. MSP 可以将身份转换为角色，而角色被赋予一组权限。这里，角色可以是___【13】___、___【14】___、___【15】___和___【16】___。

三、简答题

1. 简述许可链的概念。

2. 简述 PKI 模型的工作原理。

3. 简述搭建 Fabric CA Server 集群的步骤。

第 5 章　节点与通道管理

Fabric 网络中的每个组织都通过自己负责维护的节点参与网络中的活动，包括发起交易、背书、排序、记账等。在 Fabric 网络中，节点包含 Peer 节点、排序节点和客户端 3 种类型。每个节点都属于一个通道。通道相当于网络的分区，每个通道都有一个独立的区块链。

本章介绍 Fabric 网络的节点与通道管理。

5.1　Peer 节点管理

Peer 节点是 Fabric 网络的重要组成部分，负责维护世界状态数据和账本副本，还可以记账和对交易进行背书。Peer 节点不是孤立存在的。本节只介绍 Peer 节点的配置文件和管理工具的基本情况，在后面的章节中将结合通道、排序节点和智能合约等具体介绍 Peer 节点的管理和配置方法。

5.1.1　配置文件 core.yaml

core.yaml 是 Fabric 区块链的核心配置文件，用于对 Peer 节点进行配置。安装 Fabric 区块链后，fabric/sampleconfig 目录下保存着 core.yaml 的模板。

core.yaml 中包含如下 6 个配置组。

- peer：与 Peer 节点相关的配置。
- vm：与链码运行环境相关的配置。
- chaincode：与链码相关的配置。
- ledger：与账本相关的配置。
- operations：与运营服务相关的配置。
- metrics：与性能指标相关的配置。

core.yaml 中包含的配置项非常多，读者不需要逐一了解。每个配置项都有比较详细的注释，在需要时可以根据分类进行查找。

本小节只对 peer 配置组的常用配置项做简单介绍。在 peer 配置组中与基础服务相关的常用配置项的定义代码如下：

```
peer:
  id: jdoe                         #Peer 节点的 ID，在命名 Docker 资源时会用到此 ID
  networkId: dev                   #网络 ID，可以将网络从逻辑上分隔；在命名 Docker 资源时会用到此 ID
  listenAddress: 0.0.0.0:7051          #当前 Peer 节点在网络中的监听地址
  chaincodeListenAddress: 0.0.0.0:7052   #监听入站链码连接的地址
  chaincodeAddress: 0.0.0.0:7052         #当前 Peer 节点的链码连接到该节点的地址
  address: 0.0.0.0:7051            #与同组织内的其他 Peer 节点通信的地址
  keepalive:                       #Peer 节点与客户端通信的配置项
    #如果客户端在 interval 指定的时间间隔之后没有任何活动，则服务器端会 ping 客户端，并检测其是否在线
    interval: 7200s
    #服务器端等待客户端响应 ping 操作的超时时间，若超时则断开连接
    timeout: 20s
    #客户端发送 ping 请求的最小时间间隔，如果客户端过于频繁地发送 ping 请求，则服务器端会断开连接
    minInterval: 60s
    #与其他节点客户端通信时的状态检测相关的配置
    client:
      interval: 60s               #ping Peer 节点的时间间隔
      timeout: 20s                #客户端等待 Peer 节点响应 ping 操作的超时时间，若超时则断开连接
    #与排序节点通信时的状态检测相关的配置
    deliveryClient:
        #与排序节点之间的 ping 操作的时间间隔
      interval: 60s               #ping 排序节点的时间间隔
      timeout: 20s                #客户端等待排序节点响应 ping 操作的超时时间，若超时则断开连接
  gossip:                          #与 Gossip 协议有关的配置项
      ……
  tls:                             #与 TLS 有关的配置项
      ……
  #Peer 节点查找 MSP 的本地配置文件的路径
  mspConfigPath: msp
    #本地 MSP 的标识符。注意，部署 Peer 节点时需要修改此值，使其与 Peer 节点所在通道的一个 MSP 的名字
    相匹配，否则该 Peer 节点的消息将无法被其他 Peer 节点标识为有效消息
    localMspID: SampleOrg
```

请参照注释理解上述定义。

5.1.2 peer 命令

管理员可以使用 peer 命令对 Fabric 网络中的 Peer 节点进行管理，方法如下：

```
peer <子命令> <命令选项> <标志>
```

根据管理任务的不同，peer 命令支持如下 6 个 peer 子命令。

- chaincode：在 Peer 节点上执行与链码相关的操作。
- channel：在 Peer 节点上执行与通道相关的操作。
- lifecycle：在 Peer 节点上执行打包链码、安装链码、审批链码及向通道提交链码等操作。
- node：用于管理 Peer 节点。
- snapshot：用于管理 Peer 节点上区块的快照，包括提交快照请求、取消提交快照请求及列出所有未处理的快照请求等操作。
- version：查看 Peer 节点的版本信息。

不同的 peer 子命令通常拥有不同的命令选项和标志，用于指定命令的参数和选项，其中很多标志被设计成全局标志。不同的 peer 子命令可以共享全局标志。本书后面将结合具体的管理点介绍各种 peer 子命令的使用方法。

假定已经按照 3.3.1 小节将$GOPATH/src/github.com/hyperledger/fabric/scripts/fabric-samples/bin 添加至全局环境变量 PATH 中，这样就可以在任意位置方便地执行 peer 命令。

执行 peer version 可以查看 Peer 节点的版本信息，返回结果如下：

```
peer:
  Version: 2.3.3
  Commit SHA: 99553020d
  Go version: go1.16.7
  OS/Arch: linux/amd64
  Chaincode:
    Base Docker Label: org.hyperledger.fabric
    Docker Namespace: hyperledger
```

其中包括节点的版本信息，如版本号、Go 语言版本、操作系统、CPU 架构及链码的相关信息。本书内容基于 Hyperledger Fabric 2.3.3。

5.2 通道管理

在 Fabric 网络中，通道是特定网络成员间进行通信的私密子网。排序节点和 Peer 节点都需要加入通道，实现彼此之间的私密通信。本节介绍对通道进行管理的方法。

5.2.1 通道的分类

通道可以分为系统通道和应用通道 2 种类型。

1. 系统通道

Fabric 网络创建的第一个通道就是系统通道。系统通道定义了一组排序节点，这组排序节点构成了排序服务。系统可以指定一组组织的成员作为排序服务的管理员。因此，系统通道又被称为排序服务系统通道。

系统通道中也包含组织，这些组织是区块链联盟的成员。

要部署一个新的排序服务，就需要创建系统通道的创世区块。在测试网络中，当执行./network.sh up 命令启动测试网络时，会自动创建系统通道的创世区块。在测试网络的 Docker Compose 配置文件 docker-compose-test-net.yaml 中，定义了容器 orderer 中系统通道的创世区块所使用的卷，代码如下：

```
command: orderer
  volumes:
    - ../system-genesis-block/genesis.block:/var/hyperledger/orderer/orderer.
      genesis.block
```

启动测试网络后，执行如下命令，可以查看系统通道的创世区块，结果如图 5-1 所示。

```
ll $GOPATH/src/github.com/hyperledger/fabric/scripts/fabric-samples/test-network/
system-genesis-block
```

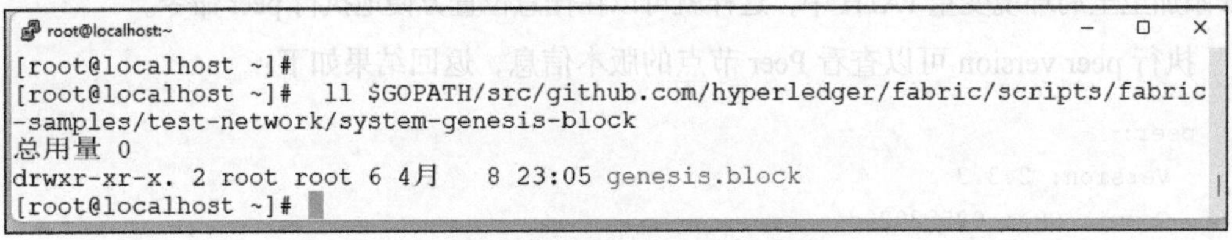

图 5-1　查看系统通道的创世区块

可以看到，创世区块的文件名为 genesis.block。

Hyperledger Fabric 2.3 的测试网络在没有系统通道的情况下，部署了一个单节点排序服务（SOLO 模式）。在生产网络下，建议至少部署 5 个排序节点。这样，即使 2 个排序节点掉线，剩余的排序节点依旧可以维持共识机制正常运作。

2．应用通道

除了系统通道外，还有一种通道叫作应用通道。当提到通道时，其通常指应用通道。在应用通道中，通道成员出于特定的商业目的共享一个账本和链码。

可以根据业务需求创建任意数量的应用通道。但是一个联盟最多只能有一个系统通道。系统通道用于存储联盟配置，只要联盟的配置有变化（例如有新的组织加入联盟），就需要更新系统通道。只有联盟中定义的组织才能被添加到应用通道中。

5.2.2　通道配置

通道配置存储在通道的配置区块中，可以定义操作共享账本的各种行为的权限。通道配置采用配置树结构存储，配置树中包括通道全局配置、排序配置和应用配置等多个层级。

可以使用 3.3.2 小节中介绍的配置文件 configtx.yaml 初始化通道配置，然后通过通道配置交易更新通道配置。本小节主要介绍配置文件 configtx.yaml 中的配置项。关于通道配置交易的具体情况将在 5.2.3 小节介绍。

本小节介绍的配置项大多是与策略相关的，作为企业级联盟链，Fabric 区块链特别注重数据安全和权限控制。虽然这些配置项在日常管理和开发中不一定经常用到，但是可以借此了解在 Fabric 网络中设置安全策略的方法，这也是本小节的主要目的。

1．Channel 配置组

Channel 配置组用于定义通道的默认配置。默认配置代码如下：

```
1  Channel: &ChannelDefaults
2    Policies:
3      Readers:
4        Type: ImplicitMeta
5        Rule: "ANY Readers"
6      Writers:
7        Type: ImplicitMeta
8        Rule: "ANY Writers"
9      Admins:
10       Type: ImplicitMeta
11       Rule: "MAJORITY Admins"
12   Capabilities:
13     <<: *ChannelCapabilities
```

Policies 下面定义默认的（通道）策略，具体包括如下内容。

- Readers（第 3 行）：定义可以调用'Deliver' API 的用户。客户端调用'Deliver' API 时，可以通过 gRPC 接口从排序服务获取数据。可以使用组织策略 Readers（第 5 行）描述策略 Readers。策略 Readers 使用 ImplicitMeta 语法定义。满足任意（ANY）组织权限定义要求的组织策略 Readers，即满足通道权限定义要求的策略 Readers，也就是说，只要拥有通道中任意组织的读权限，即拥有通道的读权限。

组织策略 Readers 使用 Signature 语法定义，每个组织都可以定义自己的组织策略 Readers。组织 SampleOrg 的组织策略 Readers 定义如下：

```
Organizations:
  - &SampleOrg
    Policies: &SampleOrgPolicies
      Readers:
        Type: Signature
        Rule: "OR('SampleOrg.member')"
```

只要有组织 SampleOrg 的成员签名，即满足权限定义要求。

- Writers（第 6 行）：定义可以调用'Broadcast' API 的成员。客户端调用'Broadcast' API 时，可以通过 gRPC 接口向排序服务提交数据，例如提交完成背书后的交易。可以使用组织策略 Writers（第 8 行）描述策略 Writers。策略 Writers 也使用 ImplicitMeta 语法定义。满足任意（ANY）组织权限定义要求的组织策略 Writers，即满足通道权限定义要求的策略 Writers，也就是说，只要拥有通道中任意组织的写权限，即拥有通道的写权限。组织 SampleOrg 的组织策略 Writers 定义如下：

```
Organizations:
  - &SampleOrg
    Policies: &SampleOrgPolicies
      Writers:
        Type: Signature
        Rule: "OR('SampleOrg.member')"
```

只要有组织 SampleOrg 的成员签名，即满足权限定义要求。

- Admins（第 9 行）：定义可以修改通道配置的成员。可以使用组织策略 Admins（第 11 行）描述策略 Admins。策略 Admins 也使用 ImplicitMeta 语法定义。满足超过半数（MAJORITY）组织权限定义要求的组织策略 Admins，即满足通道权限定义要求的策略 Admins，也就是说，只要通道中超过半数的组织批准，即拥有对通道的管理权限。组织 SampleOrg 的组织策略 Admins 定义如下：

```
Organizations:
  - &SampleOrg
    Policies: &SampleOrgPolicies
      Admins:
        Type: Signature
        Rule: "OR('SampleOrg.member')"
```

只要有组织 SampleOrg 任意成员的签名，即满足权限定义要求。也就是说，组织 SampleOrg 超过半数的成员签名即可使策略 Admins 满足权限定义要求。

2．Application 配置组

Application 配置组用于定义与应用通道相关的配置。在 Application 配置组中通过 ACLs 配置项定义一系列的访问控制列表。具体方法是将已经存在的策略关联到指定的资源，关联后只有满足权限定义要求的策略才能访问指定的资源。"资源"可以是系统链码中的函数，也可以是调用链码的操作。下面是 Application 配置组中的部分代码：

```
Application: &ApplicationDefaults
  ACLs: &ACLsDefault
  ……
      #---配置系统链码（cscc, configuration system chaincode）函数的 ACL 策略---#
    # cscc 中 GetConfigBlock 函数的 ACL 策略
```

```
cscc/GetConfigBlock: /Channel/Application/Readers
# cscc 中 GetChannelConfig 函数的 ACL 策略
cscc/GetChannelConfig: /Channel/Application/Readers
#---各种 peer 函数的 ACL 策略---#
# 在 Peer 节点上调用链码的 ACL 策略
peer/Propose: /Channel/Application/Writers
# 在链码中调用链码的 ACL 策略
peer/ChaincodeToChaincode: /Channel/Application/Writers
......
```

为了便于理解，在上述代码中添加了注释信息，读者可以参照理解。本书不介绍系统链码的相关内容，因此这里只须关注 peer/Propose 和 peer/ChaincodeToChaincode 两个 ACL 策略（资源）即可。资源 peer/Propose 和资源 peer/ChaincodeToChaincode 都关联到了组织策略 Writers。组织策略 Writers 在 Application 配置组中的 Policies 配置项中定义，相关代码如下：

```
Application: &ApplicationDefaults
    ......
    Policies: &ApplicationDefaultPolicies
      LifecycleEndorsement:
          Type: ImplicitMeta
          Rule: "MAJORITY Endorsement"
      Endorsement:
          Type: ImplicitMeta
          Rule: "MAJORITY Endorsement"
      Readers:
          Type: ImplicitMeta
          Rule: "ANY Readers"
      Writers:
          Type: ImplicitMeta
          Rule: "ANY Writers"
      Admins:
          Type: ImplicitMeta
          Rule: "MAJORITY Admins"
```

应用通道策略 Writers 采用 ImplicitMeta 语法定义。其中引用的组织策略 Writers 在 Organizations 配置组中定义，代码如下：

```
Organizations:
    Policies: &SampleOrgPolicies
      Readers:
          Type: Signature
          Rule: "OR('SampleOrg.member')"
          # If your MSP is configured with the new NodeOUs, you might
          # want to use a more specific rule like the following:
          # Rule: "OR('SampleOrg.admin', 'SampleOrg.peer', 'SampleOrg.client')"
      Writers:
          Type: Signature
```

```
          Rule: "OR('SampleOrg.member')"
          # If your MSP is configured with the new NodeOUs, you might
          # want to use a more specific rule like the following:
          # Rule: "OR('SampleOrg.admin', 'SampleOrg.client')"
      Admins:
          Type: Signature
          Rule: "OR('SampleOrg.admin')"
      Endorsement:
          Type: Signature
          Rule: "OR('SampleOrg.member')"
```

其中的策略采用 Signature 语法定义。

5.2.3　通道配置交易

在 Fabric 网络中，通道配置的数据存储在一组配置交易（简称 configtx）里。通道配置交易的主要特性如下。

- 每次对通道配置的修改都会对应一个版本号。
- 配置中的每个元素都有一个关联的策略，用于管理是否允许修改该元素。
- 以层次结构管理策略。根配置组包含子组，每一组配置都具有关联的值和策略。

1．通道配置交易的数据结构

通道配置交易的概念比较抽象，为了便于读者理解，首先介绍一下通道配置交易的数据结构，使读者能够进一步理解通道配置交易的工作原理。用于保存通道配置交易的结构体之间的关系如图 5-2 所示。在图 5-2 中，灰色背景的节点表示结构体，无色背景的节点表示其他类型的字段。

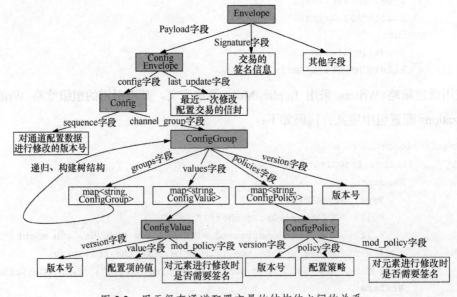

图 5-2　用于保存通道配置交易的结构体之间的关系

通道配置数据以 HeaderType_CONFIG 类型交易的形式存储在区块中，这种区块被称为配置区块。配置区块中不会保存其他类型的交易。第一个配置区块就是创世区块。

在 Fabric 区块链的源代码中，使用结构体 Envelope 存储交易数据，其原型定义如下：

```
type Envelope struct {
    Payload              []byte
    Signature            []byte
    ......
}
```

在结构体 Envelope 中包含如下 2 个字节数组字段。

- Payload：存储交易的关键信息。
- Signature：存储交易的签名信息。

上面的代码中省略了结构体 Envelope 中的其他字段。

Envelope 有"信封"之意。可以将交易理解为一个信封的传递，这个比喻很形象，交易数据就像一个信封一样在 Fabric 网络的各节点间传递。排序节点不会拆开信封，因为它只关注交易的排序，而不关注交易的内容。当交易被打包成区块分发到各记账节点后，记账节点会拆开信封，因为它要对交易进行验证，为此需要获取交易数据。

在 HeaderType_CONFIG 类型交易的数据中，将一个结构体 ConfigEnvelope 编码为 Payload 字段。结构体 ConfigEnvelope 的定义代码如下：

```
message ConfigEnvelope {
    Config config = 1;
    Envelope last_update = 2;
}
```

其中，结构体 Config 中包含最新修改的配置信息；last_update 是最近一次修改配置交易的信封。结构体 Config 的定义代码如下：

```
message Config {
    uint64 sequence = 1;
    ConfigGroup channel_group = 2;
}
```

sequence 是对通道配置数据进行修改的版本号，每次记账通道配置交易时其会自动加 1。

channel_group 字段是包含配置数据的根组（即在配置数据层次结构的最顶层）。结构体 ConfigGroup 是递归定义的，其中构建了一个配置组树。树的节点是一个配置组，配置组中包含策略和配置值。ConfigGroup 的定义代码如下：

```
message ConfigGroup {
    uint64 version = 1;
    map<string,ConfigGroup> groups = 2;
    map<string,ConfigValue> values = 3;
```

```
    map<string,ConfigPolicy> policies = 4;
    string mod_policy = 5;
}
```

groups 字段用于存储配置组树的子节点。例如，根节点的 groups 中存储子节点的配置组，子节点的 groups 中存储孙子节点的配置组，以此类推。例如，构建层次结构的示例代码如下：

```
var root, child1, child2, grandChild1, grandChild2, grandChild3 *ConfigGroup

// 设置根节点的 groups（子节点）和子节点的 groups（孙子节点）
root.Groups["child1"] = child1
root.Groups["child2"] = child2
child1.Groups["grandChild1"] = grandChild1
child2.Groups["grandChild2"] = grandChild2
child2.Groups["grandChild3"] = grandChild3
```

上述代码定义的配置组树结构如下：

```
root:
    child1:
        grandChild1
    child2:
        grandChild2
        grandChild3
```

每个配置组都包含策略集（policies）和对应的值集（values）。

结构体 ConfigValue 的定义代码如下：

```
message ConfigValue {
    uint64 version = 1;
    bytes value = 2;
    string mod_policy = 3;
}
```

结构体 ConfigPolicy 的定义代码如下：

```
message ConfigPolicy {
    uint64 version = 1;
    Policy policy = 2;
    string mod_policy = 3;
}
```

可以看到，在结构体 ConfigGroup、ConfigValue 和 ConfigPolicy 中都包含 version 和 mod_policy。每次修改一个元素，结构体的 version 字段都会加 1；mod_policy 用于管理对元素进行修改时是否需要签名。

对不同类型的元素而言，修改对应的操作不同，说明如下。

- 对 ConfigGroup 而言，修改包括添加或删除 groups、values 或 policies 中的元素。
- 对 ConfigValue 而言，修改只改变 value 字段或 mod_policy 字段的值。
- 对 ConfigPolicy 而言，修改只改变 policy 字段或 mod_policy 字段的值。

一个元素的 mod_policy 字段值根据其所在配置组树的当前层次的上下文确定。例如，Channel.Groups["Application"]表示 Channel 配置组中的 Application 配置组，即应用通道配置组；在配置组树的应用通道配置组层次上，在 Fabric 区块链的源代码中，策略 policy1 对应的元素使用 Channel.Groups["Application"].Policies["policy1"] 表示。该元素的 mod_policy 字段值为 policy1。如果在 Channel.Groups["Application"]层次上有一个元素的 mod_policy 字段值为 Org1/policy2，则该元素表示 Channel.Groups["Application"].Groups["Org1"]. Policies["policy2"]，即当前应用通道中组织 Org1 的策略 policy2。如果 mod_policy 字段值以 "/" 开头，则从配置组树的根元素开始计算其所代表的元素位置，例如/Channel/policy3 代表 Channel.Policies["policy3"]。

如果一个元素的 mod_policy 字段值表示一个不存在的策略，则该项目不允许被修改。

2．更新通道配置

当通道配置发生改变（例如向通道中添加组织）时，需要更新通道配置。对通道配置的更新可以通过提交 HeaderType_CONFIG_UPDATE 类型的交易实现。提交交易的步骤如下。

（1）获取通道的配置数据。

（2）修改获取到的通道配置数据，并在其中添加新组织信息。

（3）基于配置数据的变化计算配置更新。

（4）对交易进行签名。

（5）提交交易。

5.5.3 小节将结合测试网络介绍更新通道配置的具体实现方法。

3．configtxlator 工具

在实际应用中，配置交易文件的扩展名为.tx。可以利用配置交易文件提交更新配置的交易请求，将配置交易保存在配置区块中。

配置区块存储在系统通道中。第一个配置区块就是系统通道的创世区块。创世区块文件的扩展名为.block。.tx 文件和.block 文件都是二进制格式的，用户无法直接查看和编辑。configtxlator 工具可以将这些文件在二进制格式和方便阅读的 JSON 格式之间进行转换。

configtxlator 是 configtx 和 translator 的拼接，意思是指该工具只是在不同格式的数据之间做简单的"翻译"工作，而并不产生新的配置，不提交、不撤回，也不会修改配置。

configtxlator 的使用方法如下：

```
configtxlator [<命令选项>] <子命令> [<命令参数>]
```

configtxlator 的常用子命令如表 5-1 所示。

表 5-1　configtxlator 的常用子命令

子命令	说明
proto_encode	将 JSON 文件转换为指定的 protobuf 格式。protobuf 是 Google 公司内部的混合语言数据标准，用于 RPC（Remote Procedure Call，远程过程调用）系统和持续数据存储系统。Fabric 网络使用 protobuf 格式存储区块数据
proto_decode	将 protobuf 信息转换为 JSON 格式
compute_update	用于计算并生成两个 common.Config 消息之间的配置更新。可以基于配置数据的变化计算配置更新

（1）configtxlator proto_encode 命令

configtxlator proto_encode 命令的使用方法如下。

```
configtxlator proto_encode --type=TYPE [<命令选项>]
```

参数说明如下。

- --type=TYPE：指定转换后的 protobuf 消息结构。例如，common.Block 表示区块结构，common.ConfigUpdate 表示配置更新结构，common.Envelope 表示信封消息结构。
- <命令选项>可以是--input，用于指定包含 protobuf 消息的文件，作为输入数据；也可以是--output，用于指定写入 protobuf 消息的文件，作为输出数据。

（2）configtxlator proto_decode 命令

configtxlator proto_decode 命令的使用方法如下：

```
configtxlator proto_decode --type=TYPE [<命令选项>]
```

参数说明如下。

- --type=TYPE：指定要转换为 JSON 格式的 protobuf 消息结构。例如，common.Config 表示配置结构，common.Block 表示区块结构，common.ConfigUpdate 表示配置更新结构，common.Envelope 表示信封消息结构，信封消息用于对要传递的消息进行封装，其中包含通道消息和消息类型。
- <命令选项>可以是--input，用于指定包含 protobuf 消息的文件，作为输入数据；也可以是--output，用于指定写入 JSON 文档的文件，作为输出数据。

（3）configtxlator compute_update 命令

configtxlator compute_update 命令的使用方法如下：

```
configtxlator compute_update --channel_id=CHANNEL_ID [<命令选项>]
```

参数--channel_id 指定计算配置更新的通道 ID。常用的命令选项如下。

- --original=ORIGINAL：指定原始通道配置数据文件。
- --updated=UPDATED：指定更新后的通道配置数据文件。

5.5.3 小节将介绍在测试网络使用 configtxlator 命令的示例，读者可以参考理解。

5.2.4　在 Peer 节点上执行通道操作命令

在 Fabric 网络中，管理员可以使用 peer channel 命令在 Peer 节点上执行与通道相关的操作。peer channel 命令的使用方法如下：

```
peer channel <子命令> <命令选项>
```

常用的 peer channel 子命令如表 5-2 所示。

表 5-2　常用的 peer channel 子命令

peer channel 子命令	说明
fetch	获取通道中的一个区块数据
getinfo	获取指定通道的区块链信息
join	将 Peer 节点添加到通道中
list	返回通道中包含的 Peer 节点
signconfigtx	对一个配置交易的更新进行签名
update	发送指定通道的配置交易更新文件

不同子命令对应的命令选项也有所不同。

1．peer channel fetch 命令

peer channel fetch 命令用于提取最新的区块，并将其写入指定的文件。使用方法如下：

```
peer channel fetch <指定区块> [输出文件] [命令选项]
```

可以通过以下 4 种方式指定要提取的区块。

- newest：提取最新的区块。
- oldest：提取最旧的区块（创世区块）。
- config：提取通道配置数据区块。
- (number)：根据区块号提取区块。

peer channel fetch 命令的常用命令选项如表 5-3 所示。

2．peer channel join 命令

peer channel join 命令的使用方法如下：

表 5-3　peer channel fetch 命令的常用命令选项

命令选项	具体说明
-o、--orderer	指定排序服务的通信端点
--ordererTLSHostnameOverride	验证到排序服务的 TLS 连接时所使用的主机名
-c、--channelID	从指定的通道提取区块
--cafile	指定排序服务所使用的 PEM 格式的证书路径

```
peer channel join [命令选项]
```

命令选项也支持表 5-3 中的-o、--ordererTLSHostnameOverride 和--cafile。另外，可以通过-b 或-blockpath 命令选项指定包含创世区块的文件路径。

3．peer channel update 命令

peer channel update 命令的使用方法如下：

```
peer channel update [命令选项]
```

peer channel update 命令支持表 5-3 中的所有命令选项。另外，可以通过-f 或--file 命令选项指定由 configtxgen 生成的、提交到排序节点的配置交易文件。

在 5.5 节中将结合测试网络演示 peer channel 子命令的具体应用场景。

5.2.5　configtxgen 工具

在一个新创建的通道中，第一个区块即创世区块。可以使用 configtxgen 工具创建创世区块。configtxgen 工具是 Fabric 区块链提供的实用工具，默认存储在 fabric-samples/bin/目录下。使用 configtxgen 工具可以生成以下 3 种文件。

- 排序节点使用的创世区块文件。
- 创建通道时使用的通道配置交易文件。
- 更新通道时使用的锚节点交易文件，用于在创建通道时指定通道中的锚节点。

本小节介绍使用 configtxgen 工具创建应用通道创世区块的方法。

执行如下命令可以查看 configtxgen 工具的使用方法，执行结果如图 5-3 所示。

```
root@localhost:~/gocode/src/github.com/hyperledger/fabric/scripts/fabric-samples/bin          —   □   ×
[root@localhost bin]# ./configtxgen --help
Usage of ./configtxgen:
  -asOrg string
        Performs the config generation as a particular organization (by name), o
nly including values in the write set that org (likely) has privilege to set
  -channelCreateTxBaseProfile string
        Specifies a profile to consider as the orderer system channel current st
ate to allow modification of non-application parameters during channel create tx
 generation. Only valid in conjunction with 'outputCreateChannelTx'.
  -channelID string
        The channel ID to use in the configtx
  -configPath string
        The path containing the configuration to use (if set)
  -inspectBlock string
        Prints the configuration contained in the block at the specified path
  -inspectChannelCreateTx string
        Prints the configuration contained in the transaction at the specified p
ath
  -outputAnchorPeersUpdate string
        [DEPRECATED] Creates a config update to update an anchor peer (works onl
y with the default channel creation, and only for the first update)
  -outputBlock string
        The path to write the genesis block to (if set)
  -outputCreateChannelTx string
```

图 5-3　查看 configtxgen 工具的使用方法

```
cd $GOPATH/src/github.com/hyperledger/fabric/scripts/fabric-samples/bin/
./configtxgen --help
```

configtxgen 工具的常用命令参数如表 5-4 所示。

表 5-4　configtxgen 工具的常用命令参数

命令参数	说明
-asOrg　组织名称	为指定的组织生成配置文件
-outputBlock　路径	指定生成创世区块的路径
-printOrg　组织名称	输出指定组织的 JSON 格式的组织定义信息
-profile Profiles　配置项	指定使用 configtx.yaml 的 Profiles 配置项中的某个配置

在 5.5 节中将结合测试网络演示 configtxgen 工具的具体应用场景。

5.3　排序节点管理

排序节点负责对经过背书的交易进行排序。经过排序的交易会被发送到记账节点，最终会被写入区块链。

5.3.1　Fabric 区块链的共识算法

在 Fabric 区块链中，共识算法定义了对交易正确性进行验证的完整周期。排序节点是实现共识算法的组件。

Fabric 区块链的
共识算法

简单地说，Fabric 区块链的共识算法就是使网络中所有节点共同确定要记账交易的内容和顺序的算法。Fabric 区块链中可供选择的共识算法包括 SOLO、Kafka 和 Raft，具体说明如下。

（1）SOLO：只有一个排序节点，是测试网络中所使用的共识算法。在 SOLO 共识算法中，交易按时间的先后顺序排序进而构成区块。SOLO 共识算法不适用于生产网络。

（2）Kafka：排序服务包含 Kafka 集群及与其相关联的 ZooKeeper 集群。Kafka 集群是很流行的消息队列系统，而 ZooKeeper 集群是开源的、分布式的应用程序协调服务。它们负责集群中节点的协调与通信。在 Kafka 共识算法中，排序节点由许多 OSN 组成，其架构如图 5-4 所示。

排序服务客户端可以与多个 OSN 连接，而 OSN 之间并不直接通信，它们仅与 Kafka 集群通信。OSN 的主要作用如下。

- 对排序服务客户端进行认证。
- 使排序服务客户端可以通过 SDK 与通道进行交互。
- 对配置交易进行验证和过滤。

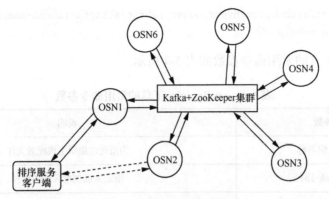

图 5-4　Kafka 共识算法的架构

在 Fabric 1.x 中 Kafka 共识算法被广泛应用。

（3）Raft：在生产网络下建议使用的共识算法。Raft 是支持 CFT（Crash Fault Tolerant，崩溃容错）的一种共识算法。Raft 基于 etcd 中的 Raft 协议。etcd 是一款使用 Go 语言开发的、高可用的分布式键值对数据库。Raft 遵从"领导者和追随者"模型，每个通道选举出一个领导节点，它的决定将会被追随节点复制。Raft 排序服务比基于 Kafka 的排序服务更易于搭建和管理。这种设计使不同的组织可以很方便地为分布式排序服务提供节点。

从 Fabric 2.x 开始，Fabric 官方不建议使用 Kafka 共识算法，而且在生产网络中也不建议使用 SOLO 共识算法。本小节重点介绍在 Fabric 生产网络中推荐使用的 Raft 共识算法。

1．Raft 共识算法中的基本概念

首先介绍 Raft 共识算法中的几个基本概念。

- log entry（日志条目）：Raft 排序服务最主要的工作单元是 log entry。完整的 log entry 序列构成日志。如果联盟中的成员都认同 log entry 及它们的顺序，则会将连续的日志复制到不同的排序节点上。

- consenter set（共识插件集）：参与指定通道共识机制的在线排序节点集合，它们会复制通道日志。consenter set 可以是所有的在线节点，也可以是其中的一部分节点。

- FSM（Finite-State Machine，有限状态机）：FSM 由一组状态（含初始状态）、输入和转换函数组成。转换函数可以根据输入将现有状态转换为下一个状态。FSM 的主要作用是描述对象在其生命周期内所经历的状态序列，以及如何响应来自外界的各种事件。Raft 中的每个排序节点都有一个 FSM，用于确保不同排序节点中日志的顺序是确定的。

- 领导节点：通道的 consenter set 选举一个节点作为领导节点。领导节点负责接收新的 log entry，然后将它们复制到追随节点，并对记录到日志的 log entry 进行管理。领导节点并不是一种特殊类型的排序节点，它只是排序节点的一种角色。领导节点只在特定的时刻发挥特定的作用，而其他时间与普通的排序节点无异。

- 追随节点：追随节点无条件地从领导节点接收日志，并复制到本地，以确保日志是连续的。领导节点会定期向所有追随节点广播一个"心跳包"消息。如果追随节点在一定的时间间隔内没有收到领导节点的"心跳包"消息，则会发起领导节点的选举，从所有追随节点中选举一个新的领导节点。从这个过程也可以看出领导节点并不是特殊类型的节点，任何节点都有可能从追随节点变成领导节点。

- quorum（法定数量）：描述确认一个交易提案所需的最小 consenter 节点数量。对每一个 consenter set 而言，quorum 应该是节点的多数。例如，在由 5 个节点组成的集群中，quorum 应该为 3。如果由于某种原因，集群中 quorum 指定数量的节点出现故障，则排序服务会变为无效，即不会在通道上读取和写入数据，也不会记录日志。

2．交易流中的 Raft 实例

在 Fabric 网络中，每个通道都有一个独立的 Raft 实例。各实例可以选举不同的领导节点，如果排序服务集群中的排序节点是由不同组织控制的，则这种配置可以进一步实现服务的去中心化。

所有的 Raft 节点都必须属于系统通道，系统通道的创建者和管理员可以选择需要的排序节点。

在 Raft 共识算法中，交易的存在形式是交易提案或配置更新。交易会被通道中的领导节点接收，然后发送至排序节点进行排序。客户端应用和 Peer 节点不需要知道当前谁是领导节点，只有排序节点需要了解谁是领导节点。

排序节点接收到交易后，会对交易进行验证。通过验证后，交易会被排序、打包到区块里进而达成共识，最后区块会被发布到记账节点。

Raft 共识算法会产生一些冗余的心跳包和 Go 协程，这属于额外开销。这种额外开销的目的是实现 BFT（Byzantine Fault Tolerant，拜占庭容错）共识算法。而 BFT 共识算法可以兼容任何类型的错误，既包括作恶、说谎等恶意错误，又包括节点死机等随机错误。因此，这种额外开销是值得的。这也是推荐使用 Raft 共识算法的原因之一。

5.3.2 排序节点上的通道管理

管理员可以使用 osnadmin channel 命令对排序节点上的通道进行管理，具体方法如下：

```
osnadmin channel <子命令> [<参数列表>]...
```

osnadmin channel 命令支持的子命令如下。

- join：创建并加入应用通道。
- list：列出排序节点上的通道信息。
- remove：从通道中移除一个排序节点。

使用不同的子命令时，对应的参数列表也不同，具体情况将在后文结合子命令进行介绍。

1．osnadmin channel join 命令

osnadmin channel join 命令的使用方法如下：

```
osnadmin channel join --channel-id=CHANNEL-ID --config-block=CONFIG-BLOCK
```

osnadmin channel join 命令可以将指定的排序节点加入指定的通道。如果通道不存在，则创建它。命令参数说明如下。

- --channel-id：指定要添加排序节点的应用通道的 ID。
- --config-block：指定包含通道配置区块的文件的路径。

在 5.5.2 小节中将结合测试网络介绍使用 osnadmin channel join 命令的方法。

2．osnadmin channel list 命令

osnadmin channel list 命令的使用方法如下：

```
osnadmin channel list [<参数列表>···]
```

命令参数说明如下。

- --channel-id：指定要列出信息的通道的 ID。
- -o, --orderer-address=ORDERER-ADDRESS：指定排序节点的端点。
- -ca-file=CA-FILE：指定排序节点所使用的 CA 证书的路径。
- --client-key=CLIENT-KEY：指定与排序节点进行 TLS 通信所使用的私钥文件的路径。

3．osnadmin channel remove 命令

osnadmin channel remove 命令的使用方法如下：

```
osnadmin channel remove --channel-id=CHANNEL-ID
```

命令参数--channel-id 指定要移除排序节点的通道 ID。osnadmin channel list 命令的其他参数也可以在 osnadmin channel remove 命令中使用。

5.3.3 配置排序节点

每个排序节点都必须被添加到系统通道中，而不需要被添加到每个应用通道中。可以动态地在通道中添加或移除排序节点而不对其他节点产生任何影响，这个过程将在本小节的"重新配置"部分介绍。

Raft 排序节点可以使用证书锁定来彼此标识、实现互信。所谓证书锁定是指将服务器提供的 SSL/TLS 证书内置到客户端应用中，当客户端发起请求时，通过对比内置的证书和服务器端证书的内容来确定这个连接的合法性。证书锁定机制通常可以用来解决证书认证被"劫持"的问题，进而避免攻击者冒充 Raft 排序节点监听通信数据。由于篇幅所限，这里不展开介绍证书锁定机制。

因此，没有有效的 TLS 配置是不可能运行 Raft 排序节点的。可以在下面 2 个层面配置

Raft 集群。

- 本地配置：管理排序节点的特定方面，例如 TLS 通信、复制行为和文件存储等。
- 通道配置：为特定的通道定义 Raft 集群的成员和相关协议配置，例如"心跳包"频率、领导节点的超时时间等。

每个通道都有自己运行 Raft 协议的实例。这样排序节点就必须在每个其所属的通道的配置中被引用。引用的方式是在通道配置中添加排序节点的服务器端 TLS 证书和客户端 TLS 证书。这可以保证其他节点收到来自该排序节点的消息时，能够安全地确认该节点的身份。

1．本地配置

排序节点的本地配置文件为 orderer.yaml。在参照 3.2 节安装 Fabric 区块链后，fabric-samples 文件夹下保存着一个资产转账的示例，其中包含着示例网络的各项资源和配置文件。orderer.yaml 保存在 fabric-samples/config/中。

orderer.yaml 中包含如下 6 个常用的配置组。

- General：排序节点的基本配置。
- FileLedger：文件账本的配置。
- Kafka：基于 Kafka 的排序节点的配置。
- Debug：排序节点的调试配置。
- Operations：运营服务的配置。运营服务指部署于 HTTP 服务器上的 Peer 节点和排序节点，其可以提供 RESTful 运营 API。这些 API 与 Fabric 网络服务无关，它们不是供网络管理员和用户使用的，而是供运维人员使用的。
- Admin：排序节点管理服务器的相关配置。

General 配置组的常用配置项如下。

```
General:
    # 排序节点的监听地址
    ListenAddress: 127.0.0.1
    # 排序节点的监听端口
    ListenPort: 7050
    # 指定为排序服务生成的创世区块的名字。在初始化排序节点的系统通道时会用到此配置项
    BootstrapFile:
    # 指定本地 MSP 在文件系统中的位置
    LocalMSPDir: msp
    # 指定 MSP 的名字。MSP 由负责管理排序节点的组织的 CA 生成
    # MSP 维护着负责管理排序节点的组织的管理员列表
    LocalMSPID: SampleOrg
```

此外，还有如下 2 个与 Raft 相关的配置组。

- Cluster：Raft 集群的配置，其中主要的配置项如表 5-5 所示。

表 5-5　orderer.yaml 中配置组 Cluster 的主要配置项

配置项	说明
ClientCertificate	客户端 TLS 证书的路径
ClientPrivateKey	客户端 TLS 证书相关私钥的路径
ListenPort	Raft 集群的监听端口
ListenAddress	Raft 集群的监听地址
ServerCertificate	服务器端 TLS 证书的路径
SendBufferSize	控制出口缓存中的消息数量

- Consensus：etcd/Raft 的相关配置，其中主要的配置项如表 5-6 所示。

表 5-6　orderer.yaml 中配置组 Consensus 的主要配置项

配置项	说明
WALDir	etcd/Raft 存储预写日志（Write Ahead Log，WAL）的目录。所谓预写日志是指如果要对数据库中的数据进行修改，则必须保证日志先于数据保存。当日志被保存后，就可以返回操作成功。如果数据库在日志被保存前发生故障，那么相应的数据修改会被回滚
SnapDir	etcd/Raft 存储快照的目录

由于篇幅所限，本书不再对其他配置项进行介绍。

2．通道配置

在配置文件 configtx.yaml 的 Orderer 配置组中，可以对排序节点进行基本的配置，代码如下：

```
Orderer: &OrdererDefaults
    #排序节点的实现类型可以是 solo、kafka 或 etcdraft
    OrdererType: solo
    #列出排序节点的地址列表，客户端应用和 Peer 节点可以根据此配置连接到排序节点
    Addresses:
        #- 127.0.0.1:7050
    #打包区块的最长时间间隔，即每 2s 执行一次打包区块的操作
    BatchTimeout: 2s
    #指定区块中可以包含的最大交易上限
    BatchSize:
        #最大交易数
        MaxMessageCount: 500
        #一个区块的最大字节数
        AbsoluteMaxBytes: 10 MB
        #一个区块的建议字节数，如果一个交易消息的大小超过了这个值，则会进行区块分割
```

```
        PreferredMaxBytes: 2 MB
    MaxChannels: 0 #排序节点允许的最大通道数，默认为 0，表示没有最大通道数的限制
    Kafka:
    ......

    EtcdRaft:          #选择 etcdraft 类型时的配置
        Consenters:
        ......
    #参与排序节点端网络的组织列表
    Organizations:
    #定义配置组树中本层次的策略，策略路径为/Channel/Orderer/<策略名>
    Policies:
        Readers:
            Type: ImplicitMeta
            Rule: "ANY Readers"
        Writers:
            Type: ImplicitMeta
            Rule: "ANY Writers"
        Admins:
            Type: ImplicitMeta
            Rule: "MAJORITY Admins"
    #指定从排序节点发送到记账节点的区块中必须包含任意有写权限成员的签名
        BlockValidation:
            Type: ImplicitMeta
            Rule: "ANY Writers"
    Capabilities: #要求排序节点的能力满足 OrdererCapabilities
        <<: *OrdererCapabilities
```

为了便于理解，在上面的配置代码中添加了详细的注释信息，读者可以参照理解。

在默认的 Orderer 配置组中定义了一组策略，分别为 Readers、Writers、Admins 和 BlockValidation。这些策略的经典表现形式为/Channel/Application/<策略名>。例如，策略 BlockValidation 的表现形式为/Channel/Application/ BlockValidation。在定义策略时需要指定策略类型（Type）和策略规则（Rule）。策略的定义方法可以参照 4.3 节理解。

在 Consenters 配置组中可以定义 Raft 集群中的排序节点。例如，下面的代码中定义了 3 个排序节点：

```
Consenters:
    - Host: raft0.example.com
    Port: 7050
    ClientTLSCert: path/to/ClientTLSCert0
    ServerTLSCert: path/to/ServerTLSCert0
    - Host: raft1.example.com
    Port: 7050
    ClientTLSCert: path/to/ClientTLSCert1
    ServerTLSCert: path/to/ServerTLSCert1
```

```
  - Host: raft2.example.com
    Port: 7050
    ClientTLSCert: path/to/ClientTLSCert2
    ServerTLSCert: path/to/ServerTLSCert2
```

3．重新配置

Raft 排序节点支持动态添加和删除，一次只能添加或删除一个节点，这被称为重新配置。

在执行重新配置时，Raft 集群必须是可以使用的，也就是可以实现共识功能。例如，如果有 3 个排序节点，并且其中的 2 个出现故障，则不能进行重新配置；同样，如果 3 个排序节点中有 1 个出现故障，则也不要更换排序节点的证书，因为这样可能会导致第 2 次故障。

在执行重新配置时有一个原则：除非集群中所有排序节点都在线且状态健康，否则不要修改 Raft 集群的配置，包括添加或移除排序节点，或者更换排序节点的证书。

向 Raft 集群中添加新节点的步骤如下。

（1）通过通道配置更新交易，向通道中添加新节点的 TLS 证书。注意，在被添加至应用通道之前，新节点必须已经被添加至系统通道。一个排序节点可以属于一个或多个应用通道。

（2）从系统通道的一个排序节点中获取系统通道最新的配置区块。

（3）检查获取到的配置区块是否包含即将添加的节点的证书，以确认该节点是否是系统通道的一部分。

（4）orderer.yaml 中的 General.BootstrapFile 配置参数可以指定创世区块的路径，使用该路径启动新的 Raft 节点。

（5）新节点从其证书所在的每一个应用通道中选择已有的节点，并从这些节点中复制区块。这一步骤可能比较耗时，但是一旦完成，新节点就可以开始为该通道工作。

（6）将新节点的通信地址添加到所有通道的通道配置中。

若要将一个正在运行的节点（已经被加入一些通道中的节点）添加到一个通道中，则只需要将该节点的证书添加到通道配置中即可。该节点可以自动检测到自己已经被添加到了新通道中，在默认情况下，其每 5min 会执行一次检测。如果希望更快地检测到新通道，则只需要重启该节点即可。当节点检测到自己被添加到新通道后，会自动从该通道的排序节点拉取通道区块，然后启动区块链的 Raft 实例。

这些操作都被成功执行后，即可更新区块配置，在其中添加新节点的通信地址。

从 Raft 集群中移除节点的步骤如下。

（1）从通道中删除该节点的地址，包括排序管理员控制的系统通道。

（2）从所有通道的通道配置中删除该节点的证书，当然也包括系统通道。

（3）关闭节点。

可以从指定通道移除节点，但在其他通道中其会继续工作，方法如下。

（1）从指定通道中移除该节点的地址。

（2）从通道配置中移除该节点的证书。

执行第 2 步后会产生如下结果。

- 指定通道中保留的那些排序节点会停止与被移除节点的通信，而在其他通道中依旧保持通信。
- 该节点会自动检测到自己从通道中被移除了，然后关闭自己的 Raft 实例。

4．更换排序节点的 TLS 证书

所有的 TLS 证书都有有效期。有效期由颁发证书的 CA 决定，可以是几个月，也可以是几年。在证书到期之前，应该及时更换节点自身及其所在通道（包括系统通道）中的证书。更换证书的方法是在该节点加入的通道中按以下步骤操作。

（1）使用新证书更新通道配置。

（2）在文件系统中替换该节点的证书。

（3）重启节点。

因为节点只能有一个 TLS 证书，所以节点不能为不包含其证书的通道服务。因此，更换节点证书的过程应该尽快完成，否则会降低排序服务的容错能力。如果已经开始更换 TLS 证书，但是由于某种原因，不能在所有通道中更换 TLS 证书，则建议将所有通道配置还原到没有开始更换 TLS 证书时的状态，日后再统一更换。这是因为部分更新就意味着该节点无法在网络中正常通信。

5.4　客户端命令行工具 CLI

CLI 是一个客户端命令行工具，可以连接到 Peer 节点，把指令发送给对应的 Peer 节点执行。在开发和测试阶段，可以使用 CLI 模拟 SDK，执行各种 SDK 能执行的操作。

5.4.1　配置客户端

CLI 在整个 Fabric 网络中扮演客户端的角色，我们在开发和测试的时候可以用 CLI 来代替 SDK，执行各种 SDK 能执行的操作。CLI 会与 Peer 节点相连，把指令发送给对应的 Peer 节点执行。

在测试网络中，整个网络的 Docker 容器在 docker-compose-test-net.yaml 文件中配置，其中与 CLI 有关的内容如下：

```
cli:
  container_name: cli
  image: hyperledger/fabric-tools:latest
  labels:
    service: hyperledger-fabric
  tty: true
```

```
    stdin_open: true
    environment:
      - GOPATH=/opt/gopath
      - CORE_VM_ENDPOINT=unix:///host/var/run/docker.sock
      - FABRIC_LOGGING_SPEC=INFO
      #- FABRIC_LOGGING_SPEC=DEBUG
    working_dir: /opt/gopath/src/github.com/hyperledger/fabric/peer
    command: /bin/bash
    volumes:
        - ../organizations:/opt/gopath/src/github.com/hyperledger/fabric/peer/
          organizations
        - ../scripts:/opt/gopath/src/github.com/hyperledger/fabric/peer/scripts/
    depends_on:
      - peer0.org1.example.com
      - peer0.org2.example.com
    networks:
      - test
```

具体说明如下。

- 使用 container_name 属性指定 Docker 容器的名称为 cli。

- Docker 容器 cli 对应的 Docker 镜像为 hyperledger/fabric-tools:latest。

- 定义了一组环境变量，如表 5-7 所示。

表 5-7   docker-compose-test-net.yaml 中定义的环境变量

环境变量	默认值	说明
GOPATH	/opt/gopath	Go 语言项目的工作目录
CORE_VM_ENDPOINT	unix:///host/var/run/docker.sock	虚拟机的管理端节点。/var/run/docker.sock 是 Docker 守护进程（Docker Daemon），是默认监听的 UNIX 域套接字（UNIX Domain Socket），容器中的进程可以通过它与 Docker 守护进程进行通信
FABRIC_LOGGING_SPEC	INFO	用于控制日志的级别，默认为 INFO

在测试网络的 network.sh 中，通过如下命令指定以 docker/docker-compose-test-net.yaml 为配置文件运行 docker-compose，以批量启动 Docker 容器。

```
DOCKER_SOCK="${DOCKER_SOCK}" docker-compose ${COMPOSE_FILES} up -d 2>&1
```

变量 DOCKER_SOCK 的定义如下：

```
SOCK="${DOCKER_HOST:-/var/run/docker.sock}"
DOCKER_SOCK="${SOCK##unix://}"
```

docker.sock 是 Docker 守护进程正在监听的 UNIX 域套接字。这是 Docker API 的主要入口点。Docker cli 客户端默认使用此套接字执行 docker 命令。

变量 COMPOSE_FILES 的定义如下：

```
COMPOSE_FILE_BASE=docker/docker-compose-test-net.yaml
COMPOSE_FILES="-f ${COMPOSE_FILE_BASE}"
```

因此，在 network.sh 中启动测试网络时默认执行的 docker-compose 命令如下：

```
docker-compose -f docker/docker-compose-test-net.yaml up -d 2>&1
```

docker-compose 命令的命令选项如下。

- -f：指定 docker-compose 模板文件，这里使用 docker/docker-compose-test-net.yaml。
- up：指定启动 docker-compose 模板文件中定义的所有服务。
- -d：指定在后台运行服务容器。

5.4.2 通过 CLI 工具访问 Fabric 网络

可以执行如下命令，在 Docker 容器内部通过 CLI 工具访问 Fabric 网络。

```
docker exec cli <命令或脚本>
```

docker exec 用于在运行的 Docker 容器中执行命令，方法如下：

```
docker exec [选项] <容器名> <命令> [<命令参数>…]
```

其中"选项"的可选值如下。

- -d：后台运行容器。
- -i：以交互模式运行容器，通常与 -t 同时使用。
- -t：为容器重新分配一个伪输入终端，通常与 -i 同时使用。

docker exec cli 命令实际上就是在运行的 Docker 容器 cli 中执行指定的命令。本章后面会结合测试网络演示 docker exec cli 命令的使用，通常是在容器 cli 中执行测试网络提供的.sh 脚本，具体如下。

（1）在 5.5.3 小节、5.5.4 小节和 5.5.5 小节中都涉及通过 docker exec cli 命令执行./scripts/org3-scripts/joinChannel.sh 以将组织 Org3 的 Peer 节点添加到通道中。

（2）在 5.5.3 小节、5.5.4 小节和 5.5.5 小节中都涉及通过 docker exec cli 命令执行./scripts/org3-scripts/updateChannelConfig.sh 以创建配置交易。该配置交易是添加组织 Org3 到网络所需要的。

5.5　Fabric 测试网络脚本解析

本节将对 Fabric 测试网络中的脚本进行解析，并演示前文介绍的命令和工具的具体应用场景及使用方法。

5.5.1 启动测试网络

启动测试网络

正如 3.4.2 小节中介绍的，在 test-network 目录下执行 ./network.sh up 命令可以启动测试网络。在 network.sh 脚本中，关于 up 子命令的处理代码如下：

```
if [ "${MODE}" == "up" ]; then
  networkUp
```

可以看到，networkUp()函数用于启动测试网络。

1．networkUp()函数

networkUp()函数的定义代码如下：

```
function networkUp() {
  checkPrereqs
  if [ ! -d "organizations/peerOrganizations" ]; then
    createOrgs
  fi
  COMPOSE_FILES="-f ${COMPOSE_FILE_BASE}"
  if [ "${DATABASE}" == "couchdb" ]; then
    COMPOSE_FILES="${COMPOSE_FILES} -f ${COMPOSE_FILE_COUCH}"
  fi
  DOCKER_SOCK="${DOCKER_SOCK}" docker-compose ${COMPOSE_FILES} up -d 2>&1
  docker ps -a
  if [ $? -ne 0 ]; then
    fatalln "Unable to start network"
  fi
}
```

具体说明如下。

（1）调用 checkPrereqs()函数检查启动测试网络的前提条件，包括配置文件是否存在及 Fabric tools 容器中的 Peer 文件与测试网络是否匹配。这里不展开介绍 checkPrereqs()函数的代码。

（2）如果组织 Org1 和 Org2 不存在，则调用 createOrgs()函数创建组织。

（3）执行 docker-compose 命令启动测试网络的 Docker 容器。相关代码在 5.4.1 小节中已经介绍，请参照理解。

2．createOrgs()函数

createOrgs()函数的代码说明如下。

（1）如果已经创建过组织，则删除组织目录，代码如下：

```
if [ -d "organizations/peerOrganizations" ]; then
  rm -Rf organizations/peerOrganizations && rm -Rf organizations/ordererOrganizations
fi
```

Peer 组织的目录为 organizations/peerOrganizations，排序组织的目录为 organizations/ordererOrganizations。

（2）为组织生成证书和密钥文件。可以通过命令选项指定生成证书和密钥文件的方法，具体如下。

① 如果启动测试网络时使用-ca 命令选项，则使用 Fabric CA 生成证书和密钥文件，相关代码如下：

```
docker-compose -f $COMPOSE_FILE_CA up -d 2>&1
    organizations/fabric-ca/registerEnroll.sh
    ……
    createOrg1
    ……
    createOrg2
    ……
    createOrderer
```

程序首先启动 Fabric CA Server 容器，然后引用 registerEnroll.sh 脚本为组织注册管理员用户，同时生成相关用户的证书和密钥文件。createOrg1()函数、createOrg2()函数和 createOrderer()函数都在 registerEnroll.sh 脚本中定义，分别为组织 Org1、组织 Org2 和排序组织注册管理员用户。这里不展开介绍这些函数的代码，如果读者对使用 Fabric CA 生成证书的方法有兴趣，则可以查看源代码进一步了解。

② 如果启动测试网络时没有使用-ca 命令选项，则使用 cryptogen 工具生成证书和密钥文件。

为组织 Org1 生成证书和密钥文件的相关代码如下：

```
cryptogen generate --config=./organizations/cryptogen/crypto-config-org1.yaml
--output="organizations"
```

使用的配置文件为 crypto-config-org1.yaml。

为组织 Org2 生成证书和密钥文件的相关代码如下：

```
cryptogen generate --config=./organizations/cryptogen/crypto-config-org2.yaml
--output="organizations"
```

使用的配置文件为 crypto-config-org2.yaml。

为排序组织生成证书和密钥文件的相关代码如下：

```
cryptogen generate --config=./organizations/cryptogen/crypto-config-orderer.yaml
--output="organizations"
```

使用的配置文件为 crypto-config-orderer.yaml。

（3）执行./organizations/ccp-generate.sh 脚本生成 Hyperledger Fabric 连接配置文件（CCP 文件）的模板。这与本书的主题无关，故不具体介绍。

3．Docker Compose 配置文件 docker-compose-test-net.yaml

docker-compose-test-net.yaml 是以 Docker Compose 启动测试网络的配置文件，其中定义了一个名为 fabric_test 的测试网络，网络中包含以下服务。

- orderer.example.com：定义排序节点使用的 Docker 容器，监听端口为 7050。
- peer0.org1.example.com：定义组织 Org1 的 Peer 节点 peer0 所使用的 Docker 容器，监听端口为 7051。
- peer0.org2.example.com：定义组织 Org2 的 Peer 节点 peer0 所使用的 Docker 容器，监听端口为 9051。
- cli：定义 CLI 工具所使用的 Docker 容器。

请记住测试网络所使用的端口，因为在后面的章节中会多次用到这些端口。

5.5.2 创建通道

可以通过以下两个步骤创建通道。

（1）创建通道的创世区块。

（2）创建通道。

本小节以测试网络为例，介绍创建（应用）通道的方法。在测试网络中创建通道的前提是启动测试网络。

1．为通道创建创世区块

在测试网络中执行./network.sh createChannel 命令可以创建通道。在创建通道的过程中会创建通道的创世区块。下面通过对 network.sh 脚本进行解析，介绍为通道创建创世区块的方法。

在 network.sh 脚本中定义使用 createChannel 子命令时调用 createChannel()函数，代码如下：

```
……
elif [ "${MODE}" == "createChannel" ]; then
  createChannel
……
fi
```

createChannel()函数的代码如下：

```
function createChannel() {
  if [ ! -d "organizations/peerOrganizations" ]; then
    infoln "Bringing up network"
    networkUp
  fi
  scripts/createChannel.sh $CHANNEL_NAME $CLI_DELAY $MAX_RETRY $VERBOSE
}
```

具体步骤如下。

（1）判断 organizations/peerOrganizations 是否存在。如果不存在，则调用 networkUp()
函数启动测试网络。

（2）执行 scripts/createChannel.sh 脚本。参数说明如下。

- $CHANNEL_NAME：指定要创建的通道名，默认为 mychannel；也可以在命令行中
  指定。
- $CLI_DELAY：指定命令之间的时间间隔，默认为 3s。
- $MAX_RETRY：指定命令超时时的最大重试次数，默认为 5。
- $VERBOSE：指定是否输出详细的日志信息，默认为 false。

scripts/createChannel.sh 脚本是创建通道的核心脚本，其主要代码如下：

```
#创建通道的创世区块
infoln "Generating channel genesis block '${CHANNEL_NAME}.block'"
createChannelGenesisBlock
FABRIC_CFG_PATH=$PWD/../config/
BLOCKFILE="./channel-artifacts/${CHANNEL_NAME}.block"
#创建通道
infoln "Creating channel ${CHANNEL_NAME}"
createChannel
successln "Channel '$CHANNEL_NAME' created"
#向通道中加入所有 Peer 节点
infoln "Joining org1 peer to the channel..."
joinChannel 1
infoln "Joining org2 peer to the channel..."
joinChannel 2
#为通道中的每个组织设置锚节点
infoln "Setting anchor peer for Org1..."
setAnchorPeer 1
infoln "Setting anchor peer for Org2..."
setAnchorPeer 2
successln "Channel '$CHANNEL_NAME' joined"
```

具体说明如下。

- 调用 createChannelGenesisBlock() 函数创建通道的创世区块。
- 调用 createChannel() 函数创建通道。
- 调用 joinChannel() 函数将组织 Org1 和 Org2 的 Peer 节点添加到通道。
- 调用 setAnchorPeer() 函数将组织 Org1 和 Org2 的锚节点添加到通道。

其中 createChannelGenesisBlock() 函数的代码如下：

```
createChannelGenesisBlock() {
    which configtxgen
```

```
    if [ "$?" -ne 0 ]; then
        fatalln "configtxgen tool not found."
    fi
    set -x
    configtxgen -profile TwoOrgsApplicationGenesis -outputBlock ./channel-
    artifacts/ $ {CHANNEL_NAME}.block -channelID $CHANNEL_NAME
    res=$?
    { set +x; } 2>/dev/null
  verifyResult $res "Failed to generate channel configuration transaction..."
}
```

上面的代码通过 configtxgen 工具创建通道的创世区块。参数说明如下。

（1）-profile TwoOrgsApplicationGenesis 参数：指定以 configtx.yaml 配置文件的 Profiles
节点中的 TwoOrgsApplicationGenesis 配置项为参数，创建通道的创世区块。

TwoOrgsApplicationGenesis 配置项的定义代码如下：

```
TwoOrgsApplicationGenesis:
    <<: *ChannelDefaults
    Orderer:
        <<: *OrdererDefaults
        Organizations:
            - *OrdererOrg
        Capabilities: *OrdererCapabilities
    Application:
        <<: *ApplicationDefaults
        Organizations:
            - *Org1
            - *Org2
        Capabilities: *ApplicationCapabilities
```

其中分别指定了排序服务（Orderer:）和应用通道（Application:）所使用的配置项。具体
如下。

- 通道的默认配置使用配置项 ChannelDefaults 的内容。

- 排序服务的默认配置使用配置项 OrdererDefaults 的内容。

- 排序服务组织的默认配置使用配置项 OrdererOrg 的内容。

- 应用通道的默认配置使用配置项 ApplicationDefaults 的内容。

- 应用通道组织的默认配置使用配置项 Org1 和 Org2 的内容。

- Capabilities 配置项指定 Fabric 网络的能力。这里不展开介绍，有兴趣的读者可以参
照 configtx.yaml 中的注释加以理解。

（2）-outputBlock 参数：指定创世区块的路径。

（3）-channelID 参数：指定创世区块所属通道的 ID。

【例 5-1】 在测试网络中查看为通道 channel1 生成的创世区块，步骤如下。

（1）启动测试网络，具体方法参见 3.4.2 小节。

（2）在测试网络中创建通道 channel1，具体方法参见 3.4.3 小节。

（3）在 test-network/channel-artifacts 目录下查看创世区块，如图 5-5 所示。

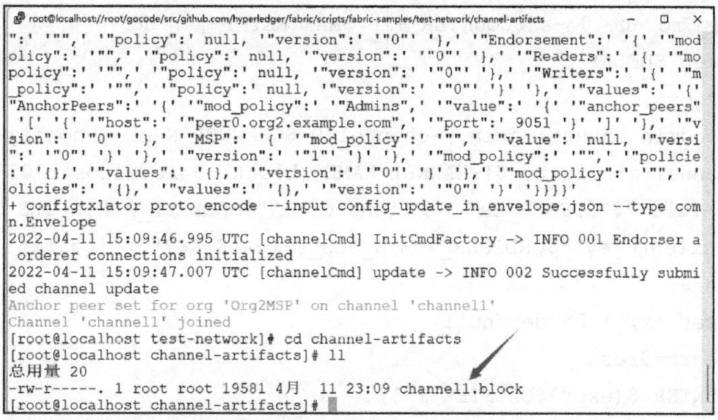

图 5-5　查看通道 channel1 的应用程序创世区块

2．创建应用通道

创建通道的创世区块后，就可以参照以下步骤创建应用通道。

（1）设置创建应用通道需要使用的环境变量。

为了方便执行后续的命令，需要设置一些环境变量，指定测试网络中节点的证书位置，如表 5-8 所示。

表 5-8　创建应用通道需要设置的环境变量

环境变量	说明
CORE_PEER_LOCALMSPID	本地 MSP 的标识 ID
CORE_PEER_TLS_ROOTCERT_FILE	Peer 节点证书的验证链根证书文件的路径
CORE_PEER_MSPCONFIGPATH	Peer 节点的本地 MSP 配置文件的路径
CORE_PEER_ADDRESS	同一组织中其他 Peer 节点要连接此节点须指定的 P2P 连接地址

在 createChannel.sh 的 createChannel()函数中调用 setGlobals()函数设置上述环境变量，setGlobals()函数在 enVar.sh 脚本中定义。setGlobals()函数有一个参数$USING_ORG，用于指定组织的编号，其中 1 代表 Org1，2 代表 Org2，3 代表 Org3。不同组织对应的环境变量不同，这里不展开介绍，请参照源代码加以理解。

（2）使用 osnadmin channel join 命令将排序节点添加到通道中。

osnadmin channel join 命令的主要功能是将排序节点添加到指定的通道中。如果指定的通道不存在，则创建该通道。

在测试网络的 createChannel()函数中执行 osnadmin channel join 命令的代码如下：

```
createChannel() {
    setGlobals 1
    #如果 Raft 共识算法的领导节点未被设置，则循环执行 osnadmin channel join 命令直到设置成功
    local rc=1
    local COUNTER=1
    while [ $rc -ne 0 -a $COUNTER -lt $MAX_RETRY ] ; do
        sleep $DELAY
        set -x
        osnadmin channel join --channelID $CHANNEL_NAME --config-block./
        channel-artifacts/${CHANNEL_NAME}.block -o localhost:7053 -
        ca-file "$ORDERER_CA" --client-cert "$ORDERER_ADMIN_TLS_SIGN_CERT"
        --client-key "$ORDERER_ADMIN_TLS_PRIVATE_KEY" >&log.txt
        res=$?
        { set +x; } 2>/dev/null
        let rc=$res
        COUNTER=$(expr $COUNTER + 1)
    done
    cat log.txt
    verifyResult $res "Channel creation failed"
}
```

参数说明如下。

- --channelID：变量$CHANNEL_NAME 是要创建的通道的名字。

- --config-block：使用 test-network/channel-artifacts 文件夹下的创世区块，文件名为 ${CHANNEL_NAME}.block。该创世区块是在 createChannelGenesisBlock()函数中创建的。

- -o：使用启动测试网络过程中启动的排序服务容器 orderer 的监听端点 localhost:7053。

- --ca-file：指定排序节点所使用的 CA 证书。变量$ORDERER_CA 在 enVar.sh 中定义，默认值为 ${PWD}/organizations/ordererOrganizations/example.com/orderers/ orderer. example.com/ msp/tlscacerts/tlsca.example.com-cert.pem。

- --client-cert：指定与排序节点进行 TLS 通信所使用的公钥文件。变量 $ORDERER_ADMIN_TLS_PRIVATE_KEY 在 enVar.sh 中定义，默认值为${PWD}/ organizations/ordererOrganizations/example.com/orderers/orderer.example.com/tls/server.key。

除了使用 osnadmin channel join 命令创建通道外，还可以使用 peer channel create 命令创建通道，具体方法将在 7.3.6 小节结合实例加以介绍。

5.5.3 向通道中添加组织

向通道中添加组织的步骤如下。

（1）启动 Fabric 网络。

（2）准备好通道。如果不存在，则创建通道。

（3）创建组织的加密资源，即数字证书和密钥等。

（4）生成 JSON 格式的组织定义文件，其中包含组织的策略信息。

（5）更新通道配置，添加新组织的相关信息。

（6）启动新组织的 Peer 节点。

（7）将新组织的 Peer 节点加入通道中。

测试网络中提供了向网络中添加组织 Org3 的脚本和相关资源。本小节以此为例介绍向网络中添加组织的方法。

1．测试网络中 addOrg3 文件夹的目录结构

在测试网络中，将组织 Org3 的脚本和相关资源存储在如下目录。

图 5-6　addOrg3 的目录结构

```
$GOPATH/src/github.com/hyperledger/fabric/scripts
/fabric-samples/test-network/addOrg3
```

在 addOrg3 下执行 tree 命令查看其目录结构，如图 5-6 所示。addOrg3 文件夹中包含的主要文件如表 5-9 所示。

表 5-9　addOrg3 文件夹中包含的主要文件

文件	具体说明
addOrg3.sh	向网络中添加组织 Org3 的脚本。本小节将从此脚本入手，介绍向网络中添加组织的方法
configtx.yaml	工具 configtxgen 用于生成通道创世区块或通道交易的配置文件
org3-crypto.yaml	使用密钥生成工具 cryptogen 生成组织 Org3 加密资源（如证书、秘钥等）时所使用的配置文件

addOrg3 文件夹中包含的子文件夹如表 5-10 所示。

表 5-10　addOrg3 文件夹中包含的子文件夹

子文件夹	具体说明
docker	部署组织 Org3 的相关 Docker Compose 配置文件，其中存储如下 3 个配置文件。 • docker-compose-ca-org3.yaml：组织 Org3 的 Fabric CA Server Docker Compose 配置文件。 • docker-compose-couch-org3.yaml：组织 Org3 所使用的 CouchDB Docker Compose 配置文件。 • docker-compose-org3.yaml：组织 Org3 的 Peer 节点（peer0）的 Docker Compose 配置文件
fabric-ca	组织 Org3 的 Fabric CA Server 资源。 在 fabric-ca /org3 下保存着 Org3 的 Fabric CA Server 配置文件 fabric-ca-server-config.yaml。 fabric-ca 文件夹下的 registerEnroll.sh 脚本用于为 Org3 注册管理员用户

2．向测试网络中添加组织的准备工作

在添加组织之前，应该先做好以下准备工作。

（1）启动测试网络。

（2）准备好组织将要加入的通道。如果不存在，则创建通道。

具体方法在第 3 章中已经介绍，请参照理解。

3．执行 addOrg3.sh 脚本

执行 addOrg3.sh 脚本可以在测试网络中创建组织。执行如下命令可以查看 addOrg3.sh 脚本的使用方法。

```
cd $GOPATH/src/github.com/hyperledger/fabric/scripts/fabric-samples/test-network/
addOrg3
./addOrg3.sh -h
```

执行结果如图 5-7 所示。

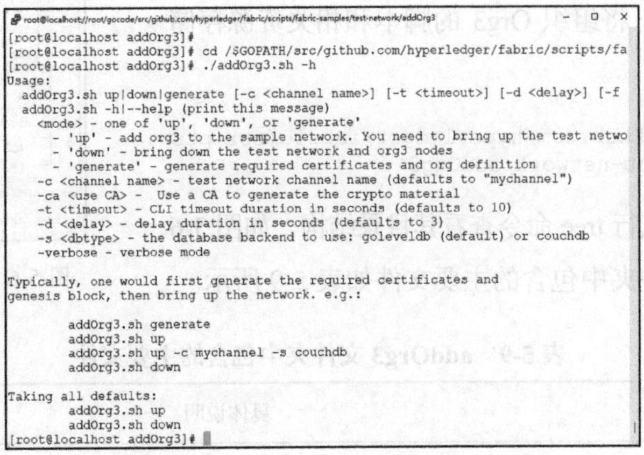

图 5-7　查看 addOrg3.sh 脚本的使用方法

addOrg3.sh 脚本支持的子命令如表 5-11 所示。

表 5-11　addOrg3.sh 脚本支持的子命令

子命令	具体说明
up	向网络中添加组织 Org3。需要事先启动测试网络，并创建一个通道
down	关闭测试网络和 Org3 节点
generate	生成必要的证书和组织定义

addOrg3.sh 脚本支持的命令选项如表 5-12 所示。

表 5-12　addOrg3.sh 脚本支持的命令选项

命令选项	具体说明
-c \<channel name\>	指定组织将要加入的通道名字，如果不指定，则使用默认通道 mychannel
-ca \<use CA\>	使用指定的 CA 为组织 Org3 生成加密资源
-t \<timeout\>	指定客户端超时时间，单位为 s，默认为 10s
-d \<delay\>	指定延时执行的时间，单位为 s，默认为 3s
-s \<dbtype\>	指定使用的数据库类型，可以是 goleveldb（默认选项，使用 LevelDB）和 couchdb（CouchDB）。关于 Fabric 区块链存储数据的具体情况将在第 6 章中介绍

【例 5-2】 演示在测试网络中添加组织 Org3 的方法。

首先执行如下命令，启动测试网络并创建通道 channel1。

```
cd $GOPATH/src/github.com/hyperledger/fabric/scripts/fabric-samples/test-network
./network.sh up
./network.sh createChannel -c channel1
```

然后执行如下命令向通道 channel1 中添加组织 Org3。

```
cd addOrg3
./addOrg3.sh up -c channel1
```

添加组织的过程比较长，输出信息也比较多，当看到如下信息时，说明添加组织成功。

```
Successfully submitted channel update
Anchor peer set for org 'Org3MSP' on channel 'channel1'
Channel 'channel1' joined
Org3 peer successfully added to network
```

4．addOrg3.sh 脚本解析

addOrg3.sh 脚本用于在测试网络中添加组织 Org3，其不适用于生产网络，因此仅仅了解 addOrg3.sh 脚本的使用方法是不够的。下面对 addOrg3.sh 脚本进行详细解析，以便进一步了解向 Fabric 网络中添加组织的步骤和细节。

（1）入口代码

在 addOrg3.sh 脚本中，可以根据子命令决定执行操作的入口，代码如下：

```
if [ "${MODE}" == "up" ]; then
  addOrg3
elif [ "${MODE}" == "down" ]; then
  networkDown
elif [ "${MODE}" == "generate" ]; then
  generateOrg3
  generateOrg3Definition
else
  printHelp
  exit 1
fi
```

addOrg3.sh 脚本中子命令对应的函数及其说明如表 5-13 所示。

表 5-13　addOrg3.sh 脚本中子命令对应的函数及其说明

子命令	对应的函数及其说明
up	addOrg3()函数，用于向网络中添加组织 Org3，生成需要的证书、创世区块，并启动网络
down	networkDown()函数，用于关闭并清理网络

子命令	对应的函数及说明
generate	• generateOrg3()函数：使用 cryptogen 工具或者已有的 CA Server 为组织生成证书、密钥等加密资源。 • generateOrg3Definition()函数：生成网络配置交易

（2）addOrg3()函数

在 addOrg3.sh 脚本中，当子命令为 up 时，会调用 addOrg3()函数。addOrg3()函数的代码如下：

```
function addOrg3 () {
  #如果测试网络没有启动，则中断执行
  if [ ! -d ../organizations/ordererOrganizations ]; then
    fatalln "ERROR: Please, run ./network.sh up createChannel first."
  fi
  #如果加密资源不存在，则生成
  if [ ! -d "../organizations/peerOrganizations/org3.example.com" ]; then
    generateOrg3
    generateOrg3Definition
  fi
  infoln "Bringing up Org3 peer"
  Org3Up
  #使用 CLI 容器创建添加组织 Org3 到网络所需要的配置交易
  infoln "Generating and submitting config tx to add Org3"
  docker exec cli ./scripts/org3-scripts/updateChannelConfig.sh $CHANNEL_NAME
  $CLI_DELAY $CLI_TIMEOUT $VERBOSE
  if [ $? -ne 0 ]; then
    fatalln "ERROR !!!! Unable to create config tx"
  fi
  infoln "Joining Org3 peers to network"
  docker exec cli ./scripts/org3-scripts/joinChannel.sh $CHANNEL_NAME $CLI_DELAY
  $CLI_TIMEOUT $VERBOSE
  if [ $? -ne 0 ]; then
    fatalln "ERROR !!!! Unable to join Org3 peers to network"
  fi
}
```

addOrg3()函数的操作步骤如下。

• 如果测试网络没有启动，则提示并退出。

• 如果加密资源不存在，则调用 generateOrg3()函数和 generateOrg3Definition()函数创建加密资源并生成网络配置交易。

• 调用 Org3Up()函数以启动组织 Org3 的 Peer 节点。Org3Up()函数的代码将在后文介绍。

- 使用 CLI 容器创建添加组织 Org3 到网络所需要的配置交易，具体方法是执行如下命令。

```
docker exec cli ./scripts/org3-scripts/updateChannelConfig.sh $CHANNEL_NAME
$CLI_DELAY $CLI_TIMEOUT $VERBOSE
```

关于 updateChannelConfig.sh 的具体内容将在 5.5.4 小节介绍。

- 使用 CLI 容器将组织 Org3 的 Peer 节点加入通道中，具体方法是执行如下命令。

```
docker exec cli ./scripts/org3-scripts/joinChannel.sh $CHANNEL_NAME $CLI_DELAY
$CLI_TIMEOUT $VERBOSE
```

关于 joinChannel.sh 的具体内容将在 5.5.5 小节介绍。

（3）generateOrg3()函数

generateOrg3()函数用于为组织 Org3 生成证书和密钥，代码如下：

```
function generateOrg3() {
  #使用 cryptogen 创建加密资源
  if [ "$CRYPTO" == "cryptogen" ]; then
    which cryptogen
    if [ "$?" -ne 0 ]; then
      fatalln "cryptogen tool not found. exiting"
    fi
    infoln "Generating certificates using cryptogen tool"
    infoln "Creating Org3 Identities"
    set -x
    cryptogen generate --config=org3-crypto.yaml --output="../organizations"
    res=$?
    { set +x; } 2>/dev/null
    if [ $res -ne 0 ]; then
      fatalln "Failed to generate certificates..."
    fi
  fi
  #使用 Fabric CA 创建加密资源
  if [ "$CRYPTO" == "Certificate Authorities" ]; then
    fabric-ca-client version > /dev/null 2>&1
    if [[ $? -ne 0 ]]; then
      echo "ERROR! fabric-ca-client binary not found.."
      echo
      echo "Follow the instructions in the Fabric docs to install the Fabric Binaries:"
      echo "https://hyperledger-fabric.readthedocs.io/en/latest/install.html"
      exit 1
    fi
    infoln "Generating certificates using Fabric CA"
    docker-compose -f $COMPOSE_FILE_CA_ORG3 up -d 2>&1
    .fabric-ca/registerEnroll.sh
```

```
    sleep 10
    infoln "Creating Org3 Identities"
    createOrg3
  fi
  infoln "Generating CCP files for Org3"
  ./ccp-generate.sh
}
```

具体说明如下。

① 变量$CRYPTO 用于标识生成证书的方式，默认值为"cryptogen"。如果在执行 addOrg3.sh 脚本时使用了-ca 命令选项，则变量$CRYPTO 的值会被设置为"Certificate Authorities"。由于篇幅有限，设置$CRYPTO 变量值的相关代码不具体介绍，请读者参照脚本代码加以理解。

② 如果在执行 addOrg3.sh 脚本时没有使用-ca 命令选项，则脚本会使用 which cryptogen 命令判断 cryptogen 工具是否存在。如果 cryptogen 工具不存在，则提示并退出；如果 cryptogen 工具存在，则执行如下命令以根据 org3-crypto.yaml 配置文件生成组织 Org3 的数字证书，输出目录为"../organizations"。

```
cryptogen generate --config=org3-crypto.yaml --output="../organizations"
```

③ 如果在执行 addOrg3.sh 脚本时使用了-ca 命令选项，则使用 Docker Compose 启动组织 Org3 的 Fabric CA Server，命令如下：

```
docker-compose -f $COMPOSE_FILE_CA_ORG3 up -d 2>&1
```

变量 $COMPOSE_FILE_CA_ORG3 指定了 Docker Compose 配置文件，值为 docker-compose-couch-org3.yaml。

④ 调用 createOrg3()函数以生成组织 Org3 的身份。

⑤ 执行./ccp-generate.sh 脚本以生成组织 Org3 的 CCP 文件。CCP 文件供 Fabric SDK 用于连接 Fabric 网络，这里不展开介绍。

（4）createOrg3()函数

createOrg3()函数在 fabric-ca/registerEnroll.sh 中定义，其中包含的代码比较多，这里不详细展示，有兴趣的读者可以查看源代码加以理解。createOrg3()函数实现的功能如表 5-14 所示。表 5-14 中涉及的目录路径都使用相对于 test-network 目录的相对路径，环境变量 ${PWD}也对应 test-network 目录。

表 5-14　createOrg3()函数实现的功能

步骤	具体说明
1	创建文件夹../organizations/peerOrganizations/org3.example.com/
2	将 Fabric CA Client 主目录设置为${PWD}/../organizations/peerOrganizations/org3.example.com/

步骤	具体说明
3	执行 fabric-ca-client enroll 命令以 admin 的身份登录 ca-org3，使用的证书为${PWD}/fabric-ca/ org3/tls-cert.pem，具体命令如下： fabric-ca-client enroll -u https://admin:adminpw@localhost:11054 --caname ca-org3 --tls.certfiles "${PWD}/fabric-ca/org3/tls-cert.pem" 之前测试 Fabric CA Server 已经启动，并在 localhost:11054 进行监听
4	执行 fabric-ca-client register 命令，注册组织 Org3 的 Peer 节点 peer0，具体命令如下： fabric-ca-client register --caname ca-org3 --id.name peer0 --id.secret peer0pw --id.type peer --tls.certfiles "${PWD}/fabric-ca/org3/tls-cert.pem"
5	执行 fabric-ca-client register 命令，注册组织 Org3 的用户 user1，具体命令如下： fabric-ca-client register --caname ca-org3 --id.name user1 --id.secret user1pw --id.type client --tls.certfiles "${PWD}/fabric-ca/org3/tls-cert.pem"
6	执行 fabric-ca-client register 命令，注册组织 Org3 的管理员 org3admin，具体命令如下： fabric-ca-client register --caname ca-org3 --id.name org3admin --id.secret org3adminpw --id.type admin --tls.certfiles "${PWD}/fabric-ca/org3/tls-cert.pem"
7	执行 fabric-ca-client register 命令，生成 peer0 的 MSP 并为其准备配置文件 config.yaml，具体命令如下： fabric-ca-client enroll -u https://peer0:peer0pw@localhost:11054 --caname ca-org3 -M "${PWD}/../organizations/peerOrganizations/org3.example.com/peers/peer0.org3.example.com/msp" --csr.hosts peer0.org3.example.com --tls.certfiles "${PWD}/fabric-ca/org3/tls-cert.pem" cp "${PWD}/../organizations/peerOrganizations/org3.example.com/msp/config.yaml" "${PWD}/../organizations/peerOrganizations/org3.example.com/peers/peer0.org3.example.com/msp/config.yaml"
8	执行 fabric-ca-client enroll 命令，生成 peer0 的 TLS 证书；由于代码较多，这里不具体介绍
9	执行 fabric-ca-client enroll 命令，生成用户 user1 的 MSP 并为其准备配置文件 config.yaml，具体命令如下： fabric-ca-client enroll -u https://user1:user1pw@localhost:11054 --caname ca-org3 -M "${PWD}/../organizations/peerOrganizations/org3.example.com/users/User1@org3.example.com/msp" --tls.certfiles "${PWD}/fabric-ca/org3/tls-cert.pem" cp "${PWD}/../organizations/peerOrganizations/org3.example.com/msp/config.yaml" "${PWD}/../organizations/peerOrganizations/org3.example.com/users/User1@org3.example.com/msp/config.yaml"
10	执行 fabric-ca-client enroll 命令，生成管理员 org3admin 的 MSP 并为其准备配置文件 config.yaml，具体命令如下： fabric-ca-client enroll -u https://org3admin:org3adminpw@localhost:11054 --caname ca-org3 -M "${PWD}/../organizations/peerOrganizations/org3.example.com/users/Admin@org3.example.com/msp" --tls.certfiles "${PWD}/fabric-ca/org3/tls-cert.pem" cp "${PWD}/../organizations/peerOrganizations/org3.example.com/msp/config.yaml" ${PWD}/../organizations/peerOrganizations/org3.example.com/users/Admin@org3.example.com/msp/config.yaml

（5）generateOrg3Definition()函数

generateOrg3Definition()函数的代码如下：

```
function generateOrg3Definition() {
  which configtxgen
  if [ "$?" -ne 0 ]; then
    fatalln "configtxgen tool not found. exiting"
  fi
  infoln "Generating Org3 organization definition"
  export FABRIC_CFG_PATH=$PWD
  set -x
    configtxgen -printOrg Org3MSP > ../organizations/peerOrganizations/org3.
    example.com/ org3.json
  res=$?
```

```
  { set +x; } 2>/dev/null
  if [ $res -ne 0 ]; then
    fatalln "Failed to generate Org3 organization definition..."
  fi
}
```

程序首先检测 configtxgen 工具是否存在。如果 configtxgen 工具不存在，则提示并退出；如果 configtxgen 工具存在，则执行 configtxgen -printOrg 命令在 ../organizations/ peerOrganizations/ org3.example.com/ 目录下生成一个 JSON 文件 org3.json。此文件中包含组织 Org3 的策略定义，也就是所谓的组织定义文件。

（6）Org3Up() 函数

Org3Up() 函数用于启动 Org3 节点，代码如下：

```
function Org3Up () {
  #启动 Org3 节点
  if [ "${DATABASE}" == "couchdb" ]; then
    DOCKER_SOCK=${DOCKER_SOCK} docker-compose -f $COMPOSE_FILE_ORG3 -f $COMPOSE_
    FILE_ COUCH_ORG3 up -d 2>&1
  else
    DOCKER_SOCK=${DOCKER_SOCK} docker-compose -f $COMPOSE_FILE_ORG3 up -d 2>&1
  fi
  if [ $? -ne 0 ]; then
    fatalln "ERROR !!!! Unable to start Org3 network"
  fi
}
```

程序执行 docker-compose 命令以启动 Org3 节点容器。变量 $COMPOSE_FILE_ORG3 指定 Docker Compose 的配置文件为 docker/docker-compose-org3.yaml。变量 $COMPOSE_FILE_ COUCH_ORG3 指定启动 CouchDB，配置文件为 docker/docker- compose- couch-org3.yaml。

通过对 addOrg3.sh 脚本进行详细解析，相信读者已经对向网络中添加组织的步骤有了直观的了解。

5.5.4　更新通道配置

在测试网络中，脚本 updateChannelConfig.sh 用于生成并提交添加组织 Org3 的配置交易。脚本 updateChannelConfig.sh 存储在 test-network/scripts/org3-scripts 目录下。本小节将结合 updateChannelConfig.sh 脚本的代码介绍更新通道配置的流程。

更新通道配置的流程如图 5-8 所示。

图 5-8　更新通道配置的流程

1．获取通道的配置数据

在脚本 updateChannelConfig.sh 中会调用 fetchChannelConfig() 函数来获取通道 ${CHANNEL_NAME}的配置数据，并会将其保存在 config.json 文件中，代码如下：

```
fetchChannelConfig 1 ${CHANNEL_NAME} config.json
```

fetchChannelConfig()函数有 3 个参数，具体说明如下。

- 第 1 个参数：指定组织编号，并以指定的组织编号为参数调用 setGlobals()函数，设置环境变量。这些环境变量将在后面的步骤中使用。
- 第 2 个参数：指定通道名。
- 第 3 个参数：指定保存获取到的通道配置数据的 JSON 文件。

fetchChannelConfig()函数在 configUpdate.sh 脚本中定义。configUpdate.sh 脚本保存在 test-network/scripts 目录下。fetchChannelConfig()函数首先执行 peer channel fetch config 命令 以提取最新的通道配置区块并将其保存为 config_block.pb，代码如下：

```
peer channel fetch config config_block.pb -o orderer.example.com:7050
--ordererTLSHostnameOverride orderer.example.com -c $CHANNEL --tls -cafile
"$ORDERER_CA"
```

执行上面的命令后，通道的配置数据会被保存在 config_block.pb 中。

在提取通道配置数据后，fetchChannelConfig()函数还会将配置区块编码为 JSON 格式， 并保存为变量${OUTPUT}所指定的文件，代码如下：

```
configtxlator proto_decode --input config_block.pb --type common.Block | jq .data.
data[0].payload.data.config >"${OUTPUT}"
```

上面的 configtxlator proto_decode 命令将 config_block.pb 中的 protobuf 数据解析成 JSON 文件，然后使用 jq 工具对转换后的 JSON 文件进行处理，删除所有与想要改变的内容无关 的标题、元数据和创建者签名等。其中.data.data[0].payload.data.config 中的数据代表完整的 通道配置信息。处理后所得到的数据保存在变量${OUTPUT}所指定的文件中。变量 ${OUTPUT}是 fetchChannelConfig()函数的第 3 个参数。在 updateChannelConfig.sh 脚本中 调用 fetchChannelConfig()函数时指定第 3 个参数为 config.json。

在 addOrg3()函数中通过 Fabric CLI 执行 updateChannelConfig.sh 脚本，代码如下：

```
docker exec cli ./scripts/org3-scripts/updateChannelConfig.sh $CHANNEL_NAME
$CLI_DELAY $CLI_TIMEOUT $VERBOSE
```

因此只有进入 Fabric CLI 容器内部，才能看到生成的文件 config_block.pb 和 config_update.json。在终端窗口启动 Fabric CLI 容器的命令如下：

```
docker exec -it cli bash
```

执行后，在出现的 bash-5.1#提示符后面执行 ls 命令，可以查看 Fabric CLI 容器中的内容，如图 5-9 所示。

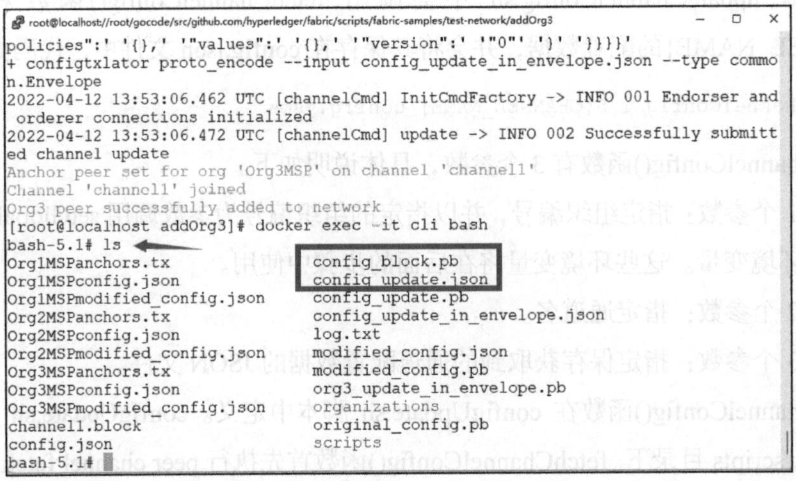

图 5-9　在 Fabric CLI 容器中查看生成的文件 config_block.pb 和 config_update.json

2．修改通道配置数据并在其中添加新组织的信息

现在获取到的通道配置数据已经保存在 config.json 中。在 updateChannelConfig.sh 中使用下面的命令修改通道配置数据并在其中添加新组织（Org3）的信息。

```
jq -s '.[0] * {"channel_group":{"groups":{"Application":{"groups": {"Org3
MSP":.[1]}}}}}' config.json ./organizations/peerOrganizations/org3. example.
com/org3. json > modified_ config.json
```

jq 是 Linux 下的 JSON 文件解析工具，其在 Fabric CLI 容器中默认已被安装。jq -s 指定读取所有的输入数据到一个数组中，并在其上应用过滤器。上面的命令说明如下。

- 在 jq -s 命令后单引号里的内容就是过滤器。
- 在过滤器中.[0]代表命令参数中的第 1 个（序号为 0）文件，即 config.json。
- 在过滤器中*代表后面 JSON 结构的模糊匹配。例如，在 config.json 中可以匹配到 '{"channel_group":{"groups":{"Application":{"groups":……}}}}', 然后在其中 "……" 的位置添加'{"Org3MSP":.[1]} '。
- .[1]指定将其所在位置的内容替换为命令参数中的第 2 个（序号为 1）文件，即./organizations/peerOrganizations/org3.example.com/org3.json。因为是在 Docker 容器中执行 CLI 命令，而 Docker 容器是在 network.sh 中启动的，所以 Docker 容器的根目录是 network.sh 所在的目录，即 test-network。因此，org3.json 所在的路径为 test-network/organizations/peerOrganizations/org3.example.com/org3.json。
- 替换后得到的 JSON 文件被保存为 Docker 容器中的 modified_config.json。

3．生成配置交易文件

配置交易文件中保存着配置数据的变化情况。生成 modified_config.json 后，在

updateChannelConfig.sh 中调用 createConfigUpdate() 函数以基于 config.json 和 modified_config.json 的差异计算配置更新，并将计算结果写入 org3_update_in_envelope.pb，代码如下：

```
createConfigUpdate ${CHANNEL_NAME} config.json modified_config.json
org3_update_in_envelope.pb
```

createConfigUpdate() 函数在 configUpdate.sh 中定义，代码如下：

```
createConfigUpdate() {
  CHANNEL=$1
  ORIGINAL=$2
  MODIFIED=$3
  OUTPUT=$4
  set -x
  configtxlator proto_encode --input "${ORIGINAL}" --type common.
  Config >original_config.pb
  configtxlator proto_encode --input "${MODIFIED}" --type common.
  Config >modified_config.pb
  configtxlator compute_update --channel_id "${CHANNEL}" --original original
  _config.pb --updated modified_config.pb >config_update.pb
  configtxlator proto_decode --input config_update.pb --type
  common.ConfigUpdate >config_update.json
  echo '{"payload":{"header":{"channel_header":{"channel_id":"'$CHANNEL'",
  "type":2}},"data":{"config_update":'$(cat config_update.json)'}}}'
  | jq . >config_update_in_envelope.json
  configtxlator proto_encode --input config_update_in_envelope.json --type
  common.Envelope >"${OUTPUT}"
  { set +x; } 2>/dev/null
}
```

createConfigUpdate() 函数包含下面 4 个参数。

- 第 1 个参数：指定通道名。
- 第 2 个参数：指定保存原始通道配置数据的 JSON 文件，这里为 config.json。
- 第 3 个参数：指定保存添加新组织后的通道配置数据的 JSON 文件，这里为 modified_config.json。
- 第 4 个参数：指定生成的保存配置更新数据的文件，这里为 org3_update_in_envelope.pb。

首先，在 createConfigUpdate() 函数中使用 configtxlator proto_encode 命令将 config.json 转化为 original_config.pb，将 modified_config.json 转化为 modified_config.pb。

其次，执行 configtxlator compute_update 命令，计算生成两个 common.Config 消息之间的配置更新数据。计算得到的配置更新数据被保存在 config_update.pb 文件中。

再次，createConfigUpdate() 函数执行 configtxlator proto_decode 命令以将 config_update.pb 转换为 config_update.json。

最后，将 config_update.json 的内容封装在通道更新的信封消息中。信封消息的格式如下：

```
'{"payload":{"header":{"channel_header":{"channel_id":"'$CHANNEL'", "type":2}},
"data":{"config_update":'$(cat config_update.json)'}}}'
```

信封消息被保存为 config_update_in_envelope.json。

在 createConfigUpdate()函数的最后执行 configtxlator proto_encode 命令以将 config_update_in_envelope.json 转换为 org3_update_in_envelope.pb（createConfigUpdate()函数的第 4 个参数）。这就是生成添加组织 Org3 的配置交易文件的过程。

4．对配置交易文件进行签名

得到 org3_update_in_envelope.pb 后，在脚本 updateChannelConfig.sh 中会调用 signConfigtxAsPeerOrg()函数对其中的配置更新数据进行签名，代码如下：

```
signConfigtxAsPeerOrg 1 org3_update_in_envelope.pb
```

signConfigtxAsPeerOrg()函数在 configUpdate.sh 中定义，代码如下：

```
signConfigtxAsPeerOrg() {
  ORG=$1
  CONFIGTXFILE=$2
  setGlobals $ORG
  set -x
  peer channel signconfigtx -f "${CONFIGTXFILE}"
  { set +x; } 2>/dev/null
}
```

signConfigtxAsPeerOrg()函数接收 2 个参数，第 1 个参数是代表签名组织的数字，第 2 个参数是待签名的配置交易文件。

signConfigtxAsPeerOrg()函数首先调用 setGlobals()函数设置指定组织对应的全局环境变量，这是对配置交易文件进行签名的前提。设置环境变量后，执行 peer channel signconfigtx 命令以对配置交易文件进行签名。命令选项-f 用于指定待签名的配置交易文件。

5．将签名后的配置交易文件提交至排序节点

对配置交易文件签名后，在脚本 updateChannelConfig.sh 中会执行 peer channel update 命令，将签名后的配置交易文件提交至排序节点，命令如下：

```
peer channel update -f org3_update_in_envelope.pb -c ${CHANNEL_NAME} -o
orderer.example.com:7050 --ordererTLSHostnameOverride orderer.example.com --tls
--cafile "$ORDERER_CA"
```

使用的命令选项如下。

- -f：指定待提交的配置交易文件，即第 4 步中得到的 org3_update_in_envelope.pb。
- -c：指定写入交易的通道。
- -o：指定排序节点的地址。

- --tls：指定在通信过程中启用 TLS 协议。
- --cafile：指定排序服务所使用的证书路径。环境变量$ORDERER_CA 在 setGlobals() 函数中设置。

配置交易文件被提交至排序节点后，排序节点会对交易数据进行验证。通过验证后，排序节点会对交易进行排序并打包到区块中，然后会将交易发送至记账节点。最终，交易会被写入账本中。至此，组织 Org3 已经被成功添加到了通道中。

5.5.5 将组织 Org3 的 Peer 节点加入网络

在 addOrg3.sh 脚本的 addOrg3()函数中，提交更新通道配置的交易后，会执行 joinChannel.sh 脚本将 Org3 的 Peer 节点添加到网络中，命令如下：

```
docker exec cli ./scripts/org3-scripts/joinChannel.sh $CHANNEL_NAME $CLI_DELAY
$CLI_TIMEOUT $VERBOSE
```

joinChannel.sh 脚本的主干代码如下：

```
setGlobalsCLI 3
BLOCKFILE="${CHANNEL_NAME}.block"

echo "Fetching channel config block from orderer..."
set -x
peer channel fetch 0 $BLOCKFILE -o orderer.example.com:7050 -ordererTLSHostname
Override orderer.example.com -c $CHANNEL_NAME --tls --cafile "$ORDERER_CA" >&log.txt
res=$?
{ set +x; } 2>/dev/null
cat log.txt
verifyResult $res "Fetching config block from orderer has failed"
infoln "Joining org3 peer to the channel..."
joinChannel 3

infoln "Setting anchor peer for org3..."
setAnchorPeer 3

successln "Channel '$CHANNEL_NAME' joined"
successln "Org3 peer successfully added to network"
```

执行的操作如下。

1．从排序服务获取通道配置区块

在 joinChannel.sh 脚本中执行 peer channel fetch 命令以从排序服务获取通道配置区块。peer channel fetch 命令用于提取指定区块并将其写入文件，所用方法参见 5.2.4 小节。这里读取通道配置区块并将其保存在$BLOCKFILE 中。如果通道为 channel1，则$BLOCKFILE 为 channel1.block。命令执行的过程保存在日志文件 log.txt 中。

2．将 Org3 的 Peer 节点加入通道

在 joinChannel.sh 脚本中，以 3 为参数调用 joinChannel()函数，并将组织 Org3 的 Peer
节点添加到通道中。joinChannel()函数的代码如下：

```
joinChannel() {
  ORG=$1
  local rc=1
  local COUNTER=1
  #Sometimes Join takes time, hence retry
  while [ $rc -ne 0 -a $COUNTER -lt $MAX_RETRY ] ; do
    sleep $DELAY
    set -x
    peer channel join -b $BLOCKFILE >&log.txt
    res=$?
    { set +x; } 2>/dev/null
    let rc=$res
    COUNTER=$(expr $COUNTER + 1)
    done
    cat log.txt
    verifyResult $res "After $MAX_RETRY attempts, peer0.org${ORG} has failed to join
    channel '$CHANNEL_NAME' "
}
```

通过执行 peer channel join 命令，可以将当前节点加入一个通道中。在 peer channel
join 命令中，-b 命令选项用于指定一个包含创世区块的通道配置文件。注意，此配置文
件中已经包含添加 Org3 到通道的交易数据。peer channel join 命令的使用方法参见 5.2.4
小节。

3．设置 Org3 的锚节点

在 joinChannel.sh 中调用 setAnchorPeer()函数以设置 Org3 的锚节点，代码如下：

```
setAnchorPeer 3
```

setAnchorPeer()函数的代码如下：

```
setAnchorPeer() {
  ORG=$1
  scripts/setAnchorPeer.sh $ORG $CHANNEL_NAME
}
```

设置 Org3 锚节点的具体功能在 scripts/setAnchorPeer.sh 脚本中实现。scripts/ setAnchorPeer.sh
的入口代码如下：

```
ORG=$1
CHANNEL_NAME=$2
setGlobalsCLI $ORG
createAnchorPeerUpdate
updateAnchorPeer
```

setAnchorPeer.sh 脚本接收 2 个参数。

第 1 个参数：代表组织的数字，例如 3 代表 Org3。

第 2 个参数：指定通道名。

setAnchorPeer.sh 脚本执行的过程如下。

（1）调用 setGlobalsCLI()函数以设置容器 CLI 中的环境变量 CORE_PEER_ADDRESS。该环境变量指定在同一组织中其他 Peer 节点要连接此节点时须使用的 P2P 连接地址。

（2）调用 createAnchorPeerUpdate()函数在指定的通道上为指定的组织生成锚节点的更新交易。createAnchorPeerUpdate()函数的实现过程比较复杂，由于篇幅有限，这里不展开介绍。它的执行过程如下。

① 获取指定通道的配置数据。

② 在通道配置数据上追加锚节点的定义信息（JSON 字符串）。

③ 计算原配置数据与修改后配置数据的不同，并生成更新配置交易文件 anchors.tx。

（3）调用 updateAnchorPeer()函数以发送指定通道的更新配置交易文件，代码如下：

```
updateAnchorPeer() {
  peer channel update -o orderer.example.com:7050 --ordererTLSHostnameOverride
  orderer.example.com -c $CHANNEL_NAME -f ${CORE_PEER_LOCALMSPID}anchors.tx -tls
  --cafile "$ORDERER_CA" >&log.txt
  res=$?
  cat log.txt
  verifyResult $res "Anchor peer update failed"
  successln "Anchor peer set for org '$CORE_PEER_LOCALMSPID' on channel
  '$CHANNEL_NAME'"
}
```

上述代码通过执行 peer channel update 命令以提交前面生成的更新配置交易文件 anchors.tx，进而发起交易。交易被记账后，设置锚节点的操作就完成了。

peer channel update 命令的使用方法参见 5.2.4 小节。

5.6 本章小结

本章介绍了 Peer 节点、通道、排序节点和命令行工具 CLI 等组件的配置和管理方法。内容涉及 core.yaml、configtx.yaml 和 orderer.yaml 等配置文件，以及 peer、osnadmin、configtxgen 和 configtxlator 等命令行工具。为了便于读者理解，本章还对测试网络中的主要命令脚本进行了细致的解析，并结合实际应用演示了这些配置文件和命令行工具在管理 Fabric 网络时的作用和使用方法。

本章的主要目的是使读者了解 Fabric 网络中各主要组件的工作原理和管理方法，为后面学习智能合约和客户端应用的开发奠定基础。

习　题

一、选择题

1.（　　）是 Fabric 的核心配置文件，可用于对 Peer 节点进行配置。

A．core.yaml　　　　B．configtx.yaml　　　C．orderer.yaml　　　　D．peer.yaml

2．在 peer 命令的子命令中，（　　）负责在 Peer 节点上执行与通道相关的操作。

A．chaincode　　　　B．node　　　　　　C．channel　　　　　　D．lifecycle

3．可以在专门的配置文件（　　）中配置排序节点。

A．core.yaml　　　　B．configtx.yaml　　　C．orderer.yaml　　　　D．peer.yaml

二、填空题

1．执行 peer　【1】　命令可以查看 Peer 节点的版本信息。

2．管理员可以使用　【2】　命令对排序节点上的通道进行管理。

3．osnadmin channel　【3】　命令可以将指定的排序节点加入指定的通道。

4．执行　【4】　命令可以在 Docker 容器内部执行 CLI 以访问 Fabric 网络。

5．通道可以分为　【5】　和　【6】　2 种类型。

6．可以使用　【7】　工具创建创世区块。

三、简答题

1．简述什么是系统通道。

2．简述什么是应用通道。

第6章 数据存储与数据分发

本章的主题是数据，主要介绍数据以什么样的形式存储在 Fabric 区块链上，又是如何在各组件间分发的。

6.1 数据存储

Fabric 区块链中的数据分别存储在文件和数据库中。本节介绍它们的作用及存储数据的格式。

6.1.1 数据存储结构

账本由区块链和状态数据库（全称为世界状态数据库）两部分组成，具体说明如下。

Fabric 区块链的数据存储结构

- 区块链：交易按照时间顺序保存在区块中，后面产生的区块中保存着其前一个区块（父区块）的哈希值，从而使区块连接成了区块链。交易的结果保存在状态数据库中，而区块中的交易记录可以理解为当前状态数据库中数据的变化历史。区块链中的数据的结构与状态数据库中的数据的结构有很大的区别，因为它一旦被写入就不可改变。

- 状态数据库：状态数据库中保存着一组区块链中当前值的缓存，这些缓存被称为"世界状态"。这样，客户端程序就可以很容易地访问账本状态的当前值，而无须遍历整个交易日志手动计算。默认情况下，世界状态由键值对表示。这些键值对是可以变化的，包括创建、更新和删除等。可以选择使用 LevelDB 或 CouchDB 作为状态数据库。它们的区别在于，CouchDB 支持对状态的富查询，而 LevelDB 并不支持富查询。富查询的概念将在 6.1.3 小节中介绍。

对有效交易进行记账时，交易结果首先会被写入状态数据库，然后才会更新账本。状态也有版本号，每次更新状态时，版本号都会变化。

账本的数据存储结构可以简单地使用图 6-1 描述。

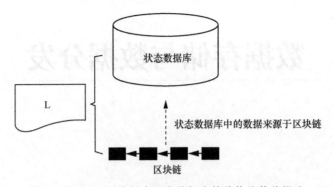

图 6-1　Fabric 区块链中账本数据存储结构的简单描述

Fabric 区块链的数据存储结构如图 6-2 所示。

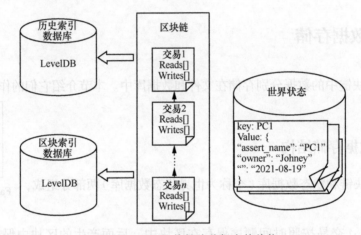

图 6-2　Fabric 区块链的数据存储结构

除了区块链和状态数据库外，Fabric 区块链中还有 2 个数据库，介绍如下。

- 区块索引数据库：当区块及其中的交易通过验证后，区块索引会将它们记录在区块索引数据库中。可以通过区块索引快速地在账本中定位区块和交易，也可以通过 Fabric SDK 查询区块和交易，具体方法将在第 10 章中介绍。
- 历史索引数据库：交易通过验证并写入区块链账本之后，交易写集合里面的所有状态将会被添加到历史索引数据库中。这样，用户就可以追踪指定状态的操作历史。

使用历史索引数据库有一些限制。首先，当启动 Fabric 网络时，需要启动历史索引数据库；其次，历史索引只支持从链码中访问，这是为了满足区块链应用的商务需求而设计的。

6.1.2　区块数据的存储

区块链是由区块连接在一起所组成的不断增长的链表，每个区块中都包含前一个区块的加密哈希值。这样，任何人都不可能随意修改区块的内容，因为这样做会改变下一个区块中存储的哈希值。在比特币等公有链中，这种变化需要得到全网节点的共识。只有拥有超过 51%的全网算力才能修改区块的内容。Fabric 区块链不允许修改区块的内容，即使借助其他技术手段暂时修改了区块的内容，也会很快被发现。

账本中区块链部分的基本结构示意如图 6-3 所示。

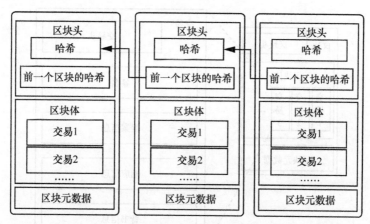

图 6-3　账本中区块链部分的基本结构示意

可以看到区块链由一个个区块连接而成。区块由区块头、区块体和区块元数据组成，具体说明如下。

（1）区块头

区块头负责将区块连接在一起，构成区块链。区块头的组成如图 6-4 所示。

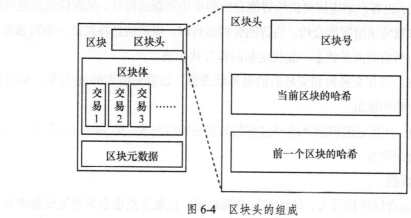

图 6-4　区块头的组成

可以看到，区块头由下面 3 个字段组成。

- 区块号：从 0 开始的整数，用于标识一个区块。创世区块的区块号是 0，每添加一个新的区块，区块号加 1。

- 当前区块的哈希：区块中包含的所有交易的哈希值。
- 前一个区块的哈希：前一个区块中包含的所有交易的哈希值。

（2）区块体

区块体负责存储数据，区块中的数据是经过排序的交易列表。区块中交易的结构如图 6-5 所示。

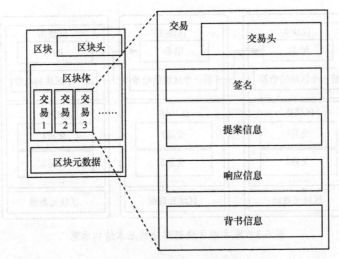

图 6-5　区块中交易的结构

具体说明如下。

- 交易头：包含必要的交易元数据，例如相关链码的名字和版本。
- 签名：包含客户端创建的交易签名，即使用客户端的私钥所生成的签名。
- 提案信息：由客户端应用提供给智能合约的申请更新的信息。提案信息经过编码作为输入参数传递给智能合约。当智能合约运行时，提案信息将提供一系列数据。这些数据与当前的世界状态一起决定新的世界状态值。
- 响应信息：包含交易前和交易后的世界状态值，也就是所谓的读/写集。响应信息是智能合约的输出。
- 背书信息：从指定组织收到的经过签名的交易响应列表。交易响应的数量必须满足背书策略的要求。

（3）区块元数据

区块元数据包含区块被写入、认证和签名的时间，记账节点也会为每笔交易添加一个有效/无效的标识位。区块元数据不包含在区块哈希中。

Fabric 1.0 的区块存储结构如图 6-6 所示，供读者理解 Fabric 区块链的工作原理。

区块数据中包含的主要字段如表 6-1 所示。一些类似"版本""时间戳""交易 Id"等比较容易理解的字段就不具体解释了。

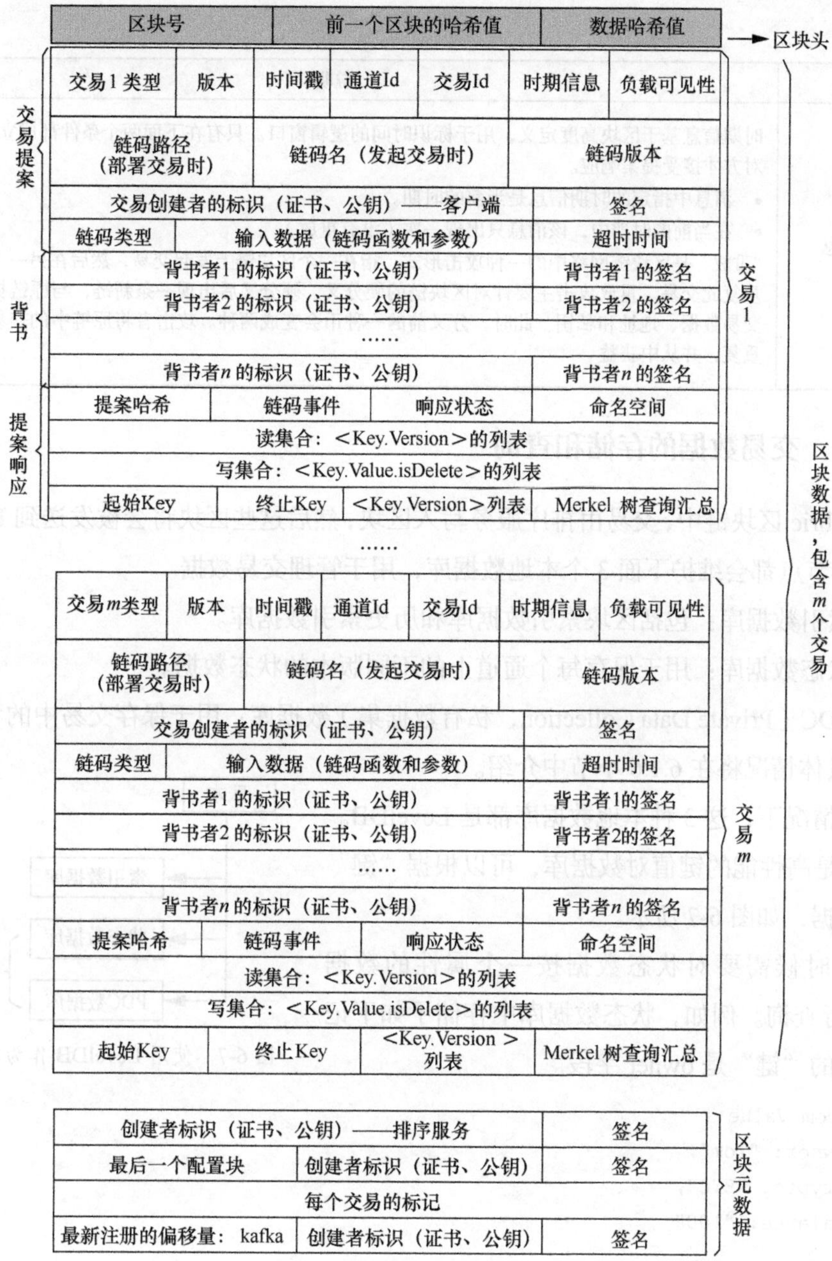

| 区块号 | 前一个区块的哈希值 | 数据哈希值 | → 区块头 |

交易提案

交易1类型	版本	时间戳	通道Id	交易Id	时期信息	负载可见性
链码路径（部署交易时）	链码名（发起交易时）	链码版本
交易创建者的标识（证书、公钥）——客户端	签名
链码类型	输入数据（链码函数和参数）	超时时间

背书

| 背书者1的标识（证书、公钥） | 背书者1的签名 |
| 背书者2的标识（证书、公钥） | 背书者2的签名 |
| …… |
| 背书者n的标识（证书、公钥） | 背书者n的签名 |

提案响应

| 提案哈希 | 链码事件 | 响应状态 | 命名空间 |
| 读集合：<Key.Version>的列表 |
| 写集合：<Key.Value.isDelete>的列表 |
| 起始Key | 终止Key | <Key.Version>列表 | Merkel 树查询汇总 |

（交易1）

……

交易m类型	版本	时间戳	通道Id	交易Id	时期信息	负载可见性
链码路径（部署交易时）	链码名（发起交易时）	链码版本
交易创建者的标识（证书、公钥）	签名
链码类型	输入数据（链码函数和参数）	超时时间
背书者1的标识（证书、公钥）	背书者1的签名
背书者2的标识（证书、公钥）	背书者2的签名
……
背书者n的标识（证书、公钥）	背书者n的签名
提案哈希	链码事件	响应状态	命名空间
读集合：<Key.Version>的列表
写集合：<Key.Value.isDelete>的列表
起始Key	终止Key	<Key.Version>列表	Merkel 树查询汇总

（交易m）

区块数据，包含m个交易

区块元数据

| 创建者标识（证书、公钥）——排序服务 | 签名 |
| 最后一个配置块 | 创建者标识（证书、公钥） | 签名 |
| 每个交易的标记 |
| 最新注册的偏移量：kafka | 创建者标识（证书、公钥） | 签名 |

图 6-6　Fabric 1.0 的区块存储结构

表 6-1　Fabric 区块数据中包含的主要字段

字段名	说明
tx 类型	针对不同的资产，交易可以分为很多类型。假定资产是车，则交易类型可以是买、卖、服务、修理等
负载可见性	控制提案的负载在交易和账本中最终的可见程度。主要的可见性模式如下。 • 负载的所有字段都可见。 • 只有负载的哈希值可见。 • 负载的所有字段都不可见

字段名	说明
时期信息	时期信息基于区块高度定义，用于标识时间的逻辑窗口。只有在下面两个条件都成立的情况下，对方才接受提案响应。 • 消息中指定的时期信息是当前的时期。 • 在当前的时期中，该消息只出现一次（没有重放）。 "重放"是区块链网络中的一种攻击形式，指在一个区块链上发起交易，然后在另一个区块链上重复此交易。重放攻击主要针对区块链的硬分叉。硬分叉后出现一条新链，与原链拥有相同的交易数据、地址和私钥。此时，分叉前的一种币会变成两种。攻击者将原链中的交易在新链中重复，并从中获益

6.1.3 交易数据的存储和查询

在 Fabric 区块链中，交易由排序服务写入区块，然后这些区块将会被发送到 Peer 节点。每个 Peer 节点都会维护下面 3 个本地数据库，用于管理交易数据。

- 索引数据库：包括区块索引数据库和历史索引数据库。
- 状态数据库：用于保存每个通道上的不同版本的状态数据。
- PDC（Private Data Collection，私有数据集）数据库：用于保存交易中的私有数据，具体情况将在 6.1.6 小节中介绍。

默认情况下，这 3 种本地数据库都是 LevelDB。LevelDB 是高性能的键值对数据库，可以根据"键"来检索数据，如图 6-7 所示。

有的时候需要对状态数据按一个属性的数据（值）进行查询。例如，状态数据库中存储了如下记录，其中的"键"是 owner 字段。

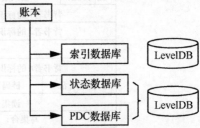

图 6-7　使用 LevelDB 作为本地数据库

```
Key=Tom Value {
    owner: "Tom",
    crypto: "BTC",
    balance: "100"
}
Key=Jim Value {
    owner: "Jim",
    crypto: "ETH",
    balance: "20"
}
Key=Johney Value {
    owner: "Johney",
    crypto: "BTC",
    balance: "210"
}
```

在 LevelDB 中只能按 "键" 对数据进行检索，例如：

```
where name="jim"
```

如果需要按照不同字段的多个条件进行检索，则将这种查询称为富查询，例如：

```
Get    all    the    records    where
crypto="BTC"    AND    balance > 100
```

将数据库切换为 CouchDB 并以 JSON 格式存储数据，即可实现富查询。只有状态数据库和 PDC 数据库可以切换为 CouchDB，如图 6-8 所示。

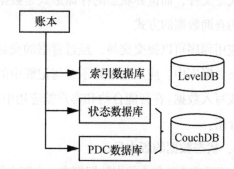

图 6-8　状态数据库和 PDC 数据库可以切换为 CouchDB

6.1.4　状态数据库

状态数据库中保存着账本中对象的当前值，这些数据构成了唯一的账本状态。区块链中存储的是对象的过程数据。例如，状态数据库中存储商品库存、商家账户余额、客户账户余额，区块链中存储客户从商家购买商品的交易记录。每次交易后，状态数据库中的数据都会发生变化。状态数据库很有用，因为程序通常更关注一个对象的当前值，而不是过程值。如果没有状态数据库，则程序必须遍历整个区块链才能计算出对象的当前值。这种做法既烦琐又耗时。

1．状态数据的存储形式

状态数据库中的数据以键值对的形式存储。例如，一个账本的世界状态中包含 2 个状态，第 1 个状态如下：

```
key=CAR1, value=奥迪
```

第 2 个状态如下：

```
key=CAR2, value={type:奔驰,color:白,owner:老王}
```

状态数据库的示意如图 6-9 所示。第 1 个状态的键为 CAR1，值是一个简单的字符串 "奥迪"，它的版本号为 0；第 2 个状态的键为 CAR2，值比较复杂，是一个 JSON 字符串，其中包含 type、color 和 owner 等 3 个属性，第 2 个状态的版本号也为 0。

图 6-9　状态数据库的示意

2．访问状态数据

智能合约可以通过调用简单的账本 API 获取、设置和删除世界状态。在查询账本时，可以指定一组属性，获取满足条件的世界状态。例如查询所有白色的奔驰车。区块链的存储形式是文件，而世界状态的存储形式是数据库。数据库提供了对世界状态的各种操作和丰富的查询数据的方式。

应用程序可以提交交易，经过背书的交易会被写入区块链，最新的状态数据也会存储在状态数据库中。应用程序并不参与记账中的共识机制的具体过程，它只是调用智能合约读取或写入数据。在智能合约和客户端应用中读/写世界状态的具体情况将在第 9 章和第 10 章中介绍。

3．状态数据的版本号

世界状态中的每个状态数据都有一个版本号，初始时版本号为 0。状态数据的版本号只在 Fabric 区块链的内部使用，每次状态数据发生变化时版本号都会增加 1。

当状态数据被更新时，Fabric 区块链会检查状态数据的版本号，确认当前状态数据的版本与背书时的版本一致。这说明对世界状态的修改按预期进行，经过背书的交易结果数据被写入状态数据库。

4．状态数据和区块链的关系

刚开始创建账本时，世界状态是空的。因为代表对世界状态的有效改变的所有交易都记录在区块链中，所以随时都可以从区块链重新生成世界状态。例如，在创建 Peer 节点时，会自动生成世界状态；如果 Peer 节点遇到异常故障，则其在重新启动时也会重新生成世界状态，这就保障了世界状态处于最新的状态。

5．状态数据库的选项

从前面的示例可以看出，账本的状态数据可以是简单的字符串，也可以是比较复杂的包含多个属性的 JSON 字符串。为了满足这种需求，状态数据库提供了各种实现方法，例如，可以通过选项配置来实现，正如 6.1.3 小节中介绍的，目前状态数据库可以配置为 LevelDB 或 CouchDB。

- LevelDB 是默认的状态数据库，用于存储简单的键值对数据。LevelDB 与 Peer 节点并存于同一个操作系统进程中。
- CouchDB 适用于存储 JSON 文件，支持富查询和对更多数据类型的更新。CouchDB 进程与 Peer 节点进程是独立存在的，每个 Peer 节点进程都对应一个 CouchDB 进程。

6.1.5 启用 CouchDB 作为状态数据库

如果需要支持富查询，则建议选择 CouchDB 作为状态数据库。CouchDB 并不是 Fabric 区块链的默认数据库，其需要独立运行并进行手动配置，如此才能切换为状态数据库。

在 Fabric 测试网络中，提供了以 Docker Compose 形式运行 CouchDB 的配置文件 docker-compose-couch.yaml，存储位置为 test-network/docker。其中定义了以 CouchDB 作为状态数据库运行测试网络的相关容器。

1. 在 Docker Compose 中配置 CouchDB 服务

在 docker-compose-couch.yaml 中定义了 2 个 CouchDB 服务：couchdb0 和 couchdb1。couchdb0 的定义代码如下：

```
services:
 couchdb0:
   container_name: couchdb0
   image: couchdb:3.1.1
   labels:
     service: hyperledger-fabric
   environment:
     - COUCHDB_USER=admin
     - COUCHDB_PASSWORD=adminpw
   ports:
     - "5984:5984"
   networks:
     - test
```

容器使用的 Docker 镜像为 couchdb:3.1.1。容器中使用环境变量 COUCHDB_USER 指定了 CouchDB 的管理员用户为 admin，使用环境变量 COUCHDB_ PASSWORD 指定了 CouchDB 管理员用户的密码为 adminpw。CouchDB 使用的端口为 5984。

couchdb1 的定义代码类似，此处不再赘述。

2. 在 Peer 服务中配置使用 CouchDB

在 docker-compose-couch.yaml 中定义了 2 个 Peer 服务，即 peer0.org1.example.com 和 peer0.org2.example.com，它们分别为组织 Org1 和 Org2 定义了 Peer 节点运行的 Docker 容器。其中 peer0.org1.example.com 的定义代码如下：

```
peer0.org1.example.com:
   environment:
     - CORE_LEDGER_STATE_STATEDATABASE=CouchDB
     - CORE_LEDGER_STATE_COUCHDBCONFIG_COUCHDBADDRESS=couchdb0:5984
     - CORE_LEDGER_STATE_COUCHDBCONFIG_USERNAME=admin
     - CORE_LEDGER_STATE_COUCHDBCONFIG_PASSWORD=adminpw
   depends_on:
     - couchdb0
```

代码中定义了 4 个环境变量，说明如下。

- CORE_LEDGER_STATE_STATEDATABASE：指定 Peer 节点使用的状态数据库的类型为 CouchDB。

- CORE_LEDGER_STATE_COUCHDBCONFIG_COUCHDBADDRESS：指定 CouchDB 的地址。
- CORE_LEDGER_STATE_COUCHDBCONFIG_ USERNAME：指定 CouchDB 的用户名。
- CORE_LEDGER_STATE_COUCHDBCONFIG_ PASSWORD：指定 CouchDB 的密码。

注意，此处的配置应与 couchdb0 中的配置一致。peer0.org1.example.com 使用数据库 couchdb0，peer0.org2.example.com 使用数据库 couchdb1。

3. 在 network.sh 中使用 CouchDB 选项启动测试网络

在使用 network.sh 时，可以选择使用 CouchDB 选项启动测试网络，方法如下：

```
cd $GOPATH/src/github.com/hyperledger/fabric/scripts/fabric-samples/test-network
./network.sh up -s couchdb
```

在 network.sh 中对参数-s 进行处理的代码如下：

```
key="$1"
case $key in
……
-s )
  DATABASE="$2"
  shift
  ;;
……
* )
  errorln "Unknown flag: $key"
  printHelp
  exit 1
```

上述代码将第 2 个参数复制到了变量 DATABASE 中。在启动测试网络时会用到变量 DATABASE。

在 network.sh 中 networkUp()函数用于启动测试网络，其中与 CouchDB 有关的代码如下：

```
COMPOSE_FILES="-f ${COMPOSE_FILE_BASE}"

if [ "${DATABASE}" == "couchdb" ]; then
  COMPOSE_FILES="${COMPOSE_FILES} -f ${COMPOSE_FILE_COUCH}"
fi

DOCKER_SOCK="${DOCKER_SOCK}" docker-compose ${COMPOSE_FILES} up -d 2>&1
```

变量 COMPOSE_FILE_BASE 的定义代码如下：

```
COMPOSE_FILE_BASE=docker/docker-compose-test-net.yaml
```

配置文件 docker-compose-test-net.yaml 用于定义测试网络的 Peer 节点、排序节点和 CLI 客户端的容器。其中定义了 orderer.example.com、peer0.org1.example.com、peer0.org2.example.com 和 cli 等 4 个服务。docker-compose-test-net.yaml 是启动测试网络容器的最主要的配置文件。由于篇幅所限，这里不展开介绍其内容。

在 network.sh 中，变量 COMPOSE_FILE_COUCH 的定义代码如下：

```
COMPOSE_FILE_COUCH=docker/docker-compose-couch.yaml
```

docker-compose-couch.yaml 正是前文介绍的以 Docker Compose 形式运行 CouchDB 的配置文件。

综上所述，当以-s couchdb 为参数启动测试网络时，运行的 Docker Compose 命令实际上如下：

```
docker-compose -f docker/docker-compose-test-net.yaml -f docker/docker-compose-couch.yaml up -d 2>&1
```

在 docker-compose 命令中，命令选项-f 用于指定配置文件，如果使用多个-f 命令选项，则会将多个配置文件合并在一起使用；命令选项-d 用于指定后台运行命令。在 network.sh 中还定义了一些其他变量的值，直接执行上面的命令会报错。

4．CouchDB 的管理页面

执行 network.sh up -s couchdb 命令启动测试网络后，在终端窗口中执行如下命令，查看 5984 端口的状态。

```
netstat -ntlp |grep 5984
```

如果执行结果如图 6-10 所示，则说明 CouchDB 已经成功启动。

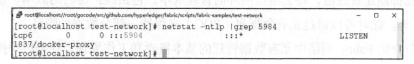

图 6-10　查看 5984 端口的状态

在 CentOS 虚拟机窗口中执行 init 5 命令，启动桌面模式。打开 Firefox 浏览器，访问如下 URL 可以打开 CouchDB 的管理页面，首先打开的是 CouchDB 的登录页面，如图 6-11 所示。

图 6-11　CouchDB 的登录页面

输入前面的用户名（admin）和密码（adminpw），然后单击"Log In"按钮打开 CouchDB 的管理页面，如图 6-12 所示。

图 6-12　CouchDB 的管理页面

在 CouchDB 管理页面的左侧是导航栏，其中可以实现配置、搭建集群及查看任务等功能。由于篇幅所限，这里不展开介绍 CouchDB 管理页面的相关功能。

6.1.6　私有数据管理

如果通道中的一组组织希望保障它们的数据隐私而不被通道中的其他组织知道，则它们可以选择创建一个新通道，新通道只由需要访问这些数据的组织组成。但是，如果每遇到这种情况都创建新通道，将会增加额外的管理成本，包括维护链码的版本、定义策略、管理 MSP 等。此时可以通过私有数据集（PDC）来保持一部分数据的隐私。

本小节介绍 Fabric 网络中私有数据管理的基本概念和工作原理。在链码中操作私有数据的方法将在 9.6 节中介绍。

1．什么是私有数据集

私有数据集可以定义通道中的一部分组织无须创建单独的通道就有权限进行背书、记账或查询私有数据。

可以在链码中明确定义私有数据集。每个链码预留一个私有数据命名空间，用于存储组织的私有数据。例如，私有数据可以是组织拥有资产的详情或者在某个多方参与的业务流程中组织对某一步骤进行授权的数据，授权操作由链码实现。

私有数据集由以下 2 个元素组成。

（1）实际的私有数据：通过 Gossip 协议发送的只有经过授权的组织才可以看到的端到端消息。此私有数据存储在被授权组织的 Peer 节点上的私有状态数据库中。私有状态数据库只能从经过授权的 Peer 节点上所安装的链码中访问。排序服务不参与此过程，故无法看到私有数据。注意，Gossip 协议会在组织间端到端地分发私有数据，因此需要在通道上设置锚节点，并在这些组织的每个 Peer 节点上通过环境变量 CORE_PEER_GOSSIP_EXTERNALENDPOINT 指定锚节点的通信地址，从而实现跨组织通信。

（2）私有数据的哈希：哈希可以作为交易的证据，用于校验状态。

图 6-13 演示了授权拥有私有数据的 Peer 节点和未授权拥有私有数据的 Peer 节点的账本内容对比。

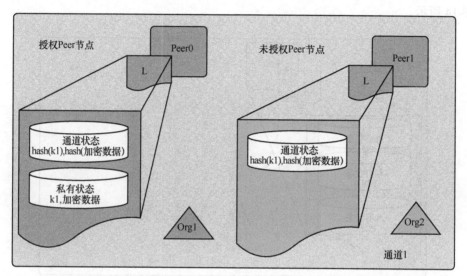

图 6-13　授权拥有私有数据的 Peer 节点和未授权拥有私有数据的 Peer 节点的账本内容对比

2．什么时候在通道中使用私有数据集？什么时候单独使用通道？

如果所有交易和账本必须在通道中的组织间保持私密，则使用通道；如果交易和账本只能在通道中的部分组织间共享，则使用私有数据集。另外，由于私有数据是端到端分发的，而不是经由区块共享的，因此当排序节点之间的通信数据需要保持私密时，可以使用私有数据集。

3．私有数据集的应用案例

假定一个通道中有如下 5 个组织。

- 工厂：生产商品。
- 分销商：负责商品的分销。
- 物流公司：负责运输商品。
- 批发商：从分销商处采购商品。
- 零售商：从批发商处采购商品。

分销商希望与工厂和物流公司建立私有数据集，而不希望它们之间的交易数据被批发商和零售商了解。同时，分销商也希望与批发商建立私有数据集，因为它提供给批发商的价格要低于它提供给零售商的价格，具体的交易数据也属于商业秘密。

同样，批发商也希望与零售商保持私有数据关系。

与其建立多个小的通道，不如定义多个私有数据集，具体如下。

- PDC1：由工厂、分销商和物流公司组成。
- PDC2：由分销商、批发商和物流公司组成。
- PDC3：由批发商、零售商和物流公司组成。

在这个应用案例中，分销商的账本中有多个私有数据库，它们分别用于 PDC1 和 PDC2，如图 6-14 所示。

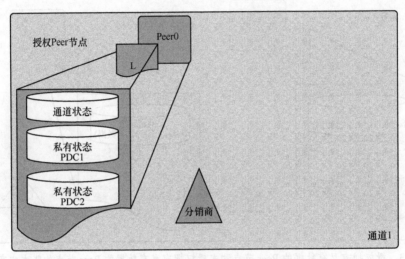

图 6-14　分销商账本中的私有数据库

4．带有私有数据的交易流

当在链码中引用私有数据集时，交易流程会稍微不同，以便在交易的提案、背书和写入账本的过程中保护私有数据。具体说明如下。

（1）客户端应用提交一个提案请求，调用链码中读取或写入私有数据的函数。只有私有数据集中经过授权的 Peer 节点上的链码才能访问私有数据。

（2）私有数据或在链码中用于生成私有数据的数据包含在提案的 transient 字段中。transient 字段的作用是防止私有数据被记录在区块中，具体情况将在 9.6 节结合私有数据编程进行介绍。

（3）背书节点会模拟交易并将私有数据存储在一个临时的数据存储区中，然后基于集合策略（通过 Gossip 协议）将私有数据分发给经过授权的 Peer 节点。

（4）背书节点会向客户端发送背书响应，其中包含公有数据和所有私有数据的键和值的哈希值。

（5）客户端应用向排序服务提交交易，交易数据中包含提案响应和私有数据的哈希值。带有私有数据哈希值的交易和普通交易一样，都会被包含在区块中。这样，通道中所有的

Peer 节点都可以对交易数据进行验证，而且不知道真正的私有数据。

（6）在写入区块时，Peer 节点依据集合策略来决定自己是否有权限访问私有数据。如果有权限，则首先检查自己的临时数据存储区，并判断在链码背书时是否已经接收到私有数据。如果没有权限，则从其他经过授权的 Peer 节点那里拉取私有数据的哈希值，然后将其与区块中私有数据的哈希值进行比较，校验交易的有效性。经过验证和写入阶段，私有数据已被存储在 Peer 节点的私有状态数据库及其私有写集合中。最后，私有数据会从临时数据存储区中被删除。

6.2 数据分发

Fabric 网络是一个分布式网络，网络中包含不同组织的多个 Peer 节点。每个 Peer 节点都存储并维护着一个账本的副本。当新区块产生时，必须通过分布式网络将其分发到网络中的每个 Peer 节点，从而保证所有账本副本中的数据保持同步。

在 Fabric 网络中，数据分发通过 Gossip 协议实现。

6.2.1 Gossip 协议

Peer 节点利用 Gossip 协议广播账本和通道数据。Gossip 消息是持续不断的，通道中的每个 Peer 节点都一直会接收来自其他 Peer 节点的账本数据。每个 Gossip 消息都被签名，这样就可以很容易地识别虚假消息，也可以避免将消息分发至非必要的目标。

1．Gossip 协议的主要功能

在 Fabric 网络中，Gossip 协议具有如下 3 个主要的功能。

（1）通过持续不断地鉴定成员 Peer 节点，可以管理 Peer 节点发现通道成员，还可以检测掉线的 Peer 节点。

（2）在通道中的所有 Peer 节点间分发账本数据。

（3）通过端到端状态传输来更新账本数据，从而提高新接入网络的 Peer 节点同步账本的速度。

Peer 节点在收到通道中其他 Peer 节点的消息后，会将消息转发给一组随机选中的 Peer 节点。转发的数量是可以配置的。

2．Gossip 消息

在线的 Peer 节点会持续不断地广播在线消息（Gossip 消息），以此来表明自己的有效性。每个消息都包含 PKI ID 及发送者的签名。Peer 节点通过收集这些 Gossip 消息来维护通道的成员列表。如果没有 Peer 节点从指定的 Peer 节点那里接收 Gossip 消息，则该节点会被标记为"死"节点而从通道成员列表中清除。

因为 Gossip 消息是经过加密签名的，所以恶意节点不可能冒充其他节点——它无法获取经过根 CA 授权的签名密钥。

每个 Peer 节点都有一个状态调节进程。该进程会自动转发其所收到的消息，还会在每个通道的 Peer 节点间同步世界状态。Peer 节点会不断地从通道中的其他 Peer 节点那里拉取区块，如果与本地的状态存在不一致的地方，则修复本地状态。

因为通道是彼此隔离的，所以一个通道中的 Peer 节点无法接收其他通道的共享信息。尽管一个 Peer 节点可以同时属于多个通道，但是消息分区也可以避免在属于不同通道的 Peer 节点间分发消息。

6.2.2　领导节点和锚节点在数据分发过程中的作用

Peer 节点也可以采取主动拉取的机制，而不是被动等待接收消息。当分发新区块时，通道中的领导节点会从排序服务那里拉取数据，并将拉取的数据通过 Gossip 协议分发给本组织的 Peer 节点。

1．选举领导节点

Fabric 网络采取领导节点选举模型，也就是每个组织推举一个 Peer 节点，负责维护与排序服务的连接，并将从排序服务接收到的新区块在本组织内的 Peer 节点间进行分发。如果所有 Peer 节点都连接到排序服务，则会占用大量的排序服务带宽。领导节点选举模型提供了高效利用排序服务带宽的方法。

领导节点选举模型有静态和动态两种。

（1）静态领导节点选举模型

在静态领导节点选举模型中，可以在组织中手动指定一个或多个 Peer 节点作为领导节点。指定领导节点的方法是在 core.yaml 中使用如下代码定义配置参数。

```
peer:
    gossip:
        useLeaderElection: false
        orgLeader: true
```

配置项 useLeaderElection 指定是否启用选举领导节点的机制，orgLeader 指定当前节点是否为领导节点。上面的配置代码表明禁用选举领导节点的机制，直接指定当前节点为领导节点。

也可以使用如下环境变量指定领导节点选举的方式。

```
export CORE_PEER_GOSSIP_USELEADERELECTION=false
export CORE_PEER_GOSSIP_ORGLEADER=true
```

环境变量 CORE_PEER_GOSSIP_USELEADERELECTION 相当于配置参数 peer.gossip. useLeaderElection，环境变量 CORE_PEER_GOSSIP_ORGLEADER 相当于配置参数 peer.gossip. orgLeader。

（2）动态领导节点选举模型

组织内的 Peer 节点通过领导选举过程选择一个 Peer 节点作为领导节点。动态选举的领导节点会定期向其他 Peer 节点发送心跳包消息，以表明自己在线。如果有 Peer 节点在设置的时间内没有收到心跳包消息，则其会推举一个新的领导节点，但是这样可能会导致一个组织有多个领导节点，这是不允许的。一旦出现这种情况，就会有一个领导节点放弃领导权，最终组织会进入只有一个领导节点连接到排序服务的稳定状态。

在 core.yaml 中使用如下代码可以设置领导节点发送心跳包消息的时间间隔。

```
peer:
  gossip:
    election:
      leaderAliveThreshold: 10s
```

使用如下代码可以配置启用动态领导节点选举模型。

```
peer:
  gossip:
    useLeaderElection: true
    orgLeader: false
```

同样地，也可以使用环境变量启用动态领导节点选举模型，方法如下：

```
export CORE_PEER_GOSSIP_USELEADERELECTION=true
export CORE_PEER_GOSSIP_ORGLEADER=false
```

2．锚节点的基本功能

Gossip 协议使用锚节点实现不同组织间的通信。当包含对锚节点更新的配置区块被记账时，锚节点会与其他 Peer 节点通信，从它们那里获取所有已知 Peer 节点的信息。只要一个通道中至少有一个 Peer 节点与锚节点联系，锚节点就可以获取到通道中所有 Peer 节点的信息。

Gossip 通信是长连接（建立连接后不断开）。锚节点会定期询问每个 Peer 节点有没有未知的 Peer 节点。因此，新加入通道的 Peer 节点很快就会被发现，进而即可建立一个关于通道的成员视图。

假定通道中有 A、B、C 这 3 个组织，设置 peer0.orgC 为锚节点。当 peer0.orgA 与 peer0.orgC 连接时，通道会告知锚节点关于 peer0.orgA 的信息。当 peer0.orgB 与锚节点连接时，其会得知 peer0.orgA 的信息。然后，组织 A 和组织 B 就可以直接交换成员信息而不需要借助锚节点 peer0.orgC 了。

为了保障组织间的正常通信，在通道配置中至少应该定义一个锚节点。建议每个组织都提供一组锚节点，以实现高可用性。

6.2.3　内部端点和外部端点

为了让 Gossip 协议可以高效工作，Peer 节点需要获取其他 Peer 节点的端点信息。端点类似于通信地址，用于接收信息。通常，端点由 IP 地址和端口号组成。组织内 Peer 节点的端点被称为内部端点，组织外 Peer 节点的端点被称为外部端点。

当 Peer 节点启动时，其会使用 core.yaml 中的 peer.gossip.bootstrap 配置项来广播自己并交换成员信息，从而构建一个本组织内的所有有效 Peer 节点的视图。因此，peer.gossip.bootstrap 配置项被作为在组织内启用 Gossip 协议的开关。如果启用 Gossip 协议，通常需要将组织内所有 Peer 节点的 peer.gossip.bootstrap 配置为一组用于启动初始化工作的 Peer 节点，使用空格分隔。

内部端点可以由 Peer 节点自动计算，也可以通过以下两种方式指定。

（1）由 core.yaml 中的 core.peer.address 配置项指定。

（2）通过设置环境变量 CORE_PEER_GOSSIP_ENDPOINT 的值来指定。

建立跨组织通信所需要的启动信息与组织内的启动信息是类似的，只是跨组织通信的初始启动信息是由锚节点提供的，而组织内部通信所使用的初始启动信息是 Peer 节点自己定义的。如果希望自己所在组织的其他节点被其他组织知道，则可以在 core.yaml 中设置 peer.gossip.externalendpoint 配置项，其中设置的 Peer 节点端点会在其他组织中被广播。也可以通过环境变量 CORE_PEER_GOSSIP_EXTERNALENDPOINT 来设置外部端点。

6.3 本章小结

本章首先介绍了 Fabric 区块链的数据存储方式，包括区块链的存储结构、世界状态所使用的数据库类型和私有数据管理等；然后讲解了通过 Gossip 协议在节点间进行数据分发的方法。

本章的主要目的是使读者理解 Fabric 区块链的数据存储和数据管理方法，为在智能合约和客户端应用中实现数据存取奠定基础。

习　题

一、选择题

1. 在状态数据库中，支持对状态进行富查询的是（　　　）。

A. MySQL　　　　　B. SQLite　　　　　C. LevelDB　　　　　D. CouchDB

2. 在 Fabric 网络中，数据分发通过（　　）协议实现。

A. Gossip　　　　　B. Peer　　　　　C. HTTP　　　　　D. HTTPS

3. Gossip 协议使用（　　）节点实现不同组织间的通信。

A. 领导　　　　　B. 锚　　　　　C. Peer　　　　　D. 排序

二、填空题

1. 账本由___【1】___和___【2】___两个部分组成。

2. 在 Fabric 区块链中，区块由___【3】___、___【4】___和___【5】___组成。

3. 每个 Peer 节点都会维护___【6】___、___【7】___和___【8】___这 3 个本地数据库，用于管理交易数据。

4. 状态数据库中的数据以___【9】___的形式存储。

5. 领导节点选举模型有两种，即___【10】___和___【11】___。

6. 为了让 Gossip 协议高效工作，Peer 节点需要获取其他 Peer 节点的端点信息。端点类似于通信地址，用于接收信息。通常，端点由___【12】___和___【13】___组成。

三、简答题

1. 简述状态数据与区块链的关系。

2. 试画出账本中区块链部分的基本结构示意图。

第7章 部署 Fabric 生产网络

Fabric 区块链是由多个组织共同创建和参与管理的联盟链，每个组织在网络中承担的职责各不相同。为了使各组织可以协调配合、共享数据，同时确保数据安全和隐私保护，Fabric 区块链提供了完备的权限机制。与比特币和以太坊等公有链相比，Fabric 区块链的管理机制要复杂得多。为了便于读者理解，本书前面部分结合测试网络介绍了 Fabric 区块链各组件的管理和配置方法。但测试网络过于简单，仅可用于学习和测试。如果希望真正使用 Fabric 区块链，就需要参照本章内容，根据实际情况部署 Fabric 生产网络。

7.1 从学习到实践的第一步

部署 Fabric 网络的过程很复杂，读者必须充分理解 PKI 和管理分布式系统的方法。对智能合约和应用程序的开发者而言，并不需要亲自参与 Fabric 生产网络的部署过程，这通常由专业的运维团队完成。但是开发者有必要了解 Fabric 生产网络的部署过程，从而开发出更高效的智能合约和应用程序。从这个意义上说，仅仅在测试网络中学习和测试是不够的。

本节将带领读者迈出从学习到实践的第一步，完成从测试网络到生产网络的过渡，然后介绍如何根据实际情况设计生产网络的网络配置。

7.1.1 从测试网络过渡到生产网络

本书的前面部分已经介绍了搭建和管理 Fabric 测试网络的方法。测试网络可以用于学习、开发应用和测试应用。而要实现从测试网络到生产网络的过渡，就需要思考以下问题。

- 如何向网络中添加更多的排序节点？
- 如何向网络中添加多个组织，且每个组织都有自己的 Peer 节点和 CA Server？
- 如何在多台服务器上测试和部署生产网络？

在部署 Fabric 生产网络之前，建议在以下几个方面做好技术储备。

1．选择使用 Kubernetes 或 Docker Swarm

Fabric 区块链的所有组件都支持 Docker 容器。如果要容器化部署 Fabric 生产网络，通常有两个主要的选项，即 Kubernetes 和 Docker Swarm。具体说明如下。

（1）Kubernetes 简称 K8s，即 Kubernetes 中间的 8 个字符（ubernete）被 8 替代。Kubernetes 是 Google 公司推出的开源容器编排引擎，用于自动部署和管理云平台中多个主机上的容器化应用。Kubernetes 的特点是在集群上部署容器化应用，因此应用具有高可用性。但是配置和管理的复杂度比较高，通常需要由专业的运维团队完成。

（2）Docker Swarm 是 Docker 公司推出的管理 Docker 集群的平台，几乎全部使用 Go 语言开发。它可以将一群 Docker 宿主机变成单一的虚拟主机。在 Docker Swarm 平台中，容器安装在一组 Swarm 节点上，Swarm 节点构成 Swarm 集群。Docker 客户端通过 Swarm 管理器对 Swarm 集群进行调度/调用。

Kubernetes 和 Docker Swarm 在部署大规模应用程序方面都具有很出色的表现，它们都可以将应用程序拆分到容器中，实现高效的自动管理和规模调整。它们的区别主要如下。

- Kubernetes 更关注开源和模块化编排，并提供高效的容器编排解决方案，可以通过复杂的配置满足应用程序的高需求。
- Docker Swarm 强调易用性，更适合简单的应用程序，可以进行快速部署且易于管理。

Kubernetes 和 Docker Swarm 的具体对比如表 7-1 所示。

表 7-1　Kubernetes 和 Docker Swarm 的具体对比

对比项目	Kubernetes	Docker Swarm
开发商	Google 公司	Docker 公司
发布年份	2014	2013
公共云服务提供商	Azure	Google、Azure、AWS、OTC
兼容性	应用更广泛，且高度可定制	应用不广泛，且可定制性稍差
安装	需要时间安装	易于设置
容错性	高容错性	低容错性

Kubernetes 或 Docker Swarm 都适用于在集群环境下部署容器化应用，因此配置和管理的复杂度都比较高，通常由专业的运维团队完成。这里不展开介绍它们的配置和管理方法。

2．将区块链发布到不同的云环境中

按照传统的解决方案，开发者通常会在单云环境下部署并测试应用程序，最终采用的生产网络也是单云的。但是由于不同行业对网络的需求各有侧重，对于跨行业的大中型区

块链应用，建议采用多云环境，从而实现更大的灵活性和高性能。

如果在 Fabric 区块链中，联盟成员位于不同的国家、地区或省、市，则可以根据具体情况将排序节点、Peer 节点和 CA 等组件部署到不同地域的多云环境下。这样做的好处如下。

（1）数据隐私和数据安全。在多云环境下部署 Fabric 区块链，不同组织可以将数据部署在自己所在地域的服务器上，并且可以设计自己的网络拓扑，例如每个组织部署自己的防火墙。这样可以更充分地保障数据隐私和数据安全。

（2）每个组织都有更多的选择机会，而不是只能绑定到唯一的云运营商上。

（3）更有利于联盟的扩展。提供更灵活的部署选项，这有助于更多的成员加入网络。

7.1.2　部署 Fabric 生产网络的步骤

部署 Fabric 生产网络的步骤如下。

（1）根据实际情况设计生产网络的网络配置，具体包括如下内容。

- 参与网络的组织及对应需要搭建的 CA Server。
- 需要创建的通道、参与通道的组织及它们的 Peer 节点。
- 需要设置的排序节点及管理它们的组织。
- 需要部署的链码。

（2）准备和搭建基础设施，包括租用云主机、安装 Go 语言环境和其他所需的软件。

（3）搭建网络发起者所需要的核心网络，其中包括搭建网络发起者的各个主要的 Fabric 组件。

（4）邀请其他的参与组织加入网络，并依次安装这些组织的 Fabric 组件。在生产网络中部署 Fabric 组件的方法将在 7.2 节中介绍。

（5）创建和管理通道，并将相关组织的 Peer 节点加入通道。

（6）上传并部署链码。

（7）安装使用 Fabric 生产网络的应用程序，调试应用程序与链码的通信，并测试应用程序的主要功能。

7.1.3　设计生产网络的结构和配置

生产网络的结构取决于其根据实际需求而提供的具体服务，每个组件在每个功能点上都有很多配置选项。本小节将结合具体的应用场景给出一些建议。

与开发环境相比，生产网络对安全性、资源管理和高可用性的要求更高一些。在设计生产网络的结构时，需要考虑诸如以下问题。

（1）需要部署多少个节点才能满足高可用性的要求？

（2）在什么样的数据中心部署生产网络可以同时满足数据存储和数据恢复的需求？

（3）如何确保私钥和信任根的安全？

除此之外，在部署组件之前还应该在以下几个方面做好设计。

（1）生产网络的基本结构：例如生产网络中需要创建几个通道，每个通道的参与组织包括哪些，每个组织都有多少个 Peer 节点；排序服务由多少个排序节点组成，谁来管理和维护这些排序节点。

（2）CA 配置：在生产网络中如何部署 CA 也是必须考虑的重要因素。在生产网络中应该使用 TLS 进行加密通信，这样就需要设置一个 TLS CA，用于生成 TLS 证书。关于搭建 CA 的具体方法将在 7.2.2 小节中介绍。

（3）选择数据库的类型：有些通道可能会要求所有数据模块化处理，这就需要使用 CouchDB 作为状态数据库。在 6.1.5 小节已经介绍了启用 CouchDB 作为状态数据库的方法。而对于更注重操作速度的网络，则可能会决定所有 Peer 节点都使用 LevelDB。需要注意的是，通道中不能既包含使用 LevelDB 的 Peer 节点，又包含使用 CouchDB 的 Peer 节点。因为当 CouchDB 强制在键值对上启用一些数据约束时，在 LevelDB 中有效的键和值在 CouchDB 中不一定有效。

（4）使用通道还是私有数据集：有些情况适合选择通道作为确保数据隐私和交易隔离的最佳方式；而有些情况则适合尽量少地使用通道，此时私有数据集足以满足生产网络对数据隐私保护的要求。

（5）容器的编排方式：在大多数情况下，生产网络采用容器化部署。容器编排是指将容器的部署、管理、弹性伸缩（添加或移除节点）等都进行自动化处理。在大中型网络中容器编排可以带来极大的管理便利。区块链是分布式系统，生产网络中包含各种不同的组件。不同的用户可能会选择使用不同的容器编排方式。有的用户会为 Peer 进程、排序服务、日志服务、CouchDB、链码等创建独立的容器，而有的用户则会选择将有些组件合并在一个容器中。因此，需要根据实际情况做好容器编排。

（6）链码的部署方式：可以使用内置的构建和运行方式，也可以使用自定义的构建和运行方式。自定义的构建和运行方式包括两种，一种是使用外部构建器和加载器，另一种是以外部服务使用链码。关于链码的部署将在第 9 章中介绍。由于篇幅有限，本书不具体介绍以外部服务使用链码的方法。

（7）使用防火墙：在生产网络中，属于一个组织的组件可能需要访问其他组织的组件。出于安全的考虑有必要使用防火墙，并做好相关的网络配置。例如，利用 Fabric SDK 访问所有组织背书节点的应用程序，以及利用 Fabric SDK 访问排序服务接收新区块的 Peer 节点，这两种访问都需要通过防火墙实现。

以上因素可以在设计生产网络的结构和配置时进行衡量，并做出决策。无论选择哪些组件、如何部署，都需要选择一款实用性高的管理系统，例如 Kubernetes，这样才能更高效地管理和操作生产网络，以满足具体的业务需求。

在设计生产网络的结构时，还应该考虑符合所在国家的相关法律、法规及行业标准的要求。例如，在国内的生产网络和 IT 系统都应该按照《中华人民共和国网络安全法》定期进行信息系统安全等级保护测评，以保证其满足相关级别的安全指标要求。

7.2 在生产网络中部署 Fabric 区块链的各组件

在生产网络中，可以按照如下步骤部署 Fabric 区块链的各组件。

（1）创建资源集群。

（2）搭建 CA。

（3）使用 CA 创建身份和 MSP。

（4）部署 Peer 节点。

（5）部署排序节点。

7.2.1 创建资源集群

通常而言，Fabric 区块链的部署方式是不确定的，可以根据实际情况随意部署 Fabric 区块链。例如，可以在笔记本电脑上部署和管理 Peer 节点，尽管不建议这么做，因为笔记本电脑不适合长时间连续工作，但是，如果暂时没有足够的服务器和台式计算机资源，也可以使用笔记本电脑来部署 Peer 节点（Fabric 组件）。

尽管 Fabric 区块链并没有明确禁止怎样使用资源去部署组件，但是只要有可能，建议使用容器部署各种 Fabric 组件，并使它们互相连接。容器可以部署在本地或局域网，也可以部署在云端。容器化部署可以实现在一个物理服务器上彼此隔离地部署多个组件，从而充分发挥资源的作用。

可以根据实际需求选择使用 Kubernetes 或 Docker Swarm 实现容器化部署。无论怎样选择，都需要首先评估其是否拥有让组件高效运行的物理资源。可以根据实际的业务需求来设计 Fabric 区块链的规模，并决定每类组件部署的实际数量，然后评估需要的物理服务器的配置和数量。可以参考以下原则设置物理资源。

- 如果计划将一个 Peer 节点加入多个高容量的通道中，则该 Peer 节点的物理服务器应该具有更多的 CPU 和内存资源。
- 如果只计划将一个 Peer 节点加入一个通道中，则该 Peer 节点的配置可以稍微低一些。
- 通常，如果只部署一个排序节点，则它分配的物理资源应该是一个 Peer 节点的 3 倍。

- 建议排序服务至少有 3 个排序节点，最好有 5 个排序节点。
- 一个 CA Server 大概会占用 10 倍于 Peer 节点的物理资源。
- 还应该考虑给集群增加存储设备，因为在搭建集群时很难预估长期运行所需的存储设备。增加持久化存储设备的目的是使 MSP、账本和已安装链码的数据不存储在容器的文件系统中，这样可以避免在容器关闭时造成数据丢失。

最开始搭建好 Fabric 生产网络时，建议进行压力测试，以验证生产网络的资源配置是否满足实际需求，并根据测试结果调整资源配置。很多云服务提供商都提供商业化的压力测试工具，例如阿里云的 PTS(Performance Testing Service，性能测试服务)和腾讯的 WeTest 平台，也可以选择使用 LoadRunner 或 JMeter 等压力测试工具。

7.2.2　搭建 CA

在 Fabric 生产网络中，第一个部署的组件应该是 CA。因为与节点相关的证书（包括节点管理员的证书）都是由 CA 生成的，所以这些证书应该在部署节点之前就准备好。尽管并不是必须使用 Fabric CA（也可以选择使用其他第三方 CA）生成这些证书，但是 Fabric CA 可以创建组件和组织需要的 MSP 目录结构。如果选择使用 Fabric CA 来生成证书，则 Fabric CA 还需要为自己创建 MSP 文件夹。

根据 CA 的作用可以将其分为下面两类。

（1）一类 CA 用于生成管理员所属组织的证书。此类 CA 也称为登录 CA。登录 CA 可以只有一个 CA Server，也可以是由一个根 CA 和若干个中间 CA 组成的 CA Server 集群。此种类型的 CA 也可以为组织创建 MSP，以及为其他用户生成证书。

（2）另一类 CA 用于生成 TLS 安全通信所需的证书，因此，此类 CA 也称为 TLS CA。TLS 证书可以防止在通信过程中出现中间人攻击。

在生产网络中，建议为每个组织至少部署一个 CA，而其他的 CA 用于 TLS 通信。假定需要为一个组织 A 部署 3 个相关联的 Peer 节点，并且需要为另一个负责排序服务的组织 B 部署一个相关联的排序节点，则至少需要 4 个 CA，其中 2 个 CA 为组织 A 服务，作用如下。

- 一个 CA 用于生成管理员和用户证书，并生成代表相关组织的 MSP 目录结构。
- 另一个 CA 负责 TLS 通信。

另外 2 个 CA 为组织 B 服务，它们的作用与上面所述作用类似。

7.2.3　使用 CA 创建身份和 MSP

搭建 CA 后，可以利用它们为与组织相关的身份和组件生成证书。而组织由 MSP 所代表。每个组织都至少应该完成如下工作。

1．注册并登录一个管理员身份，并创建一个 MSP

当与组织相关联的 CA 搭建好后，首先注册一个用户，然后登录一个身份。具体操作如下。

（1）由 CA 的管理员指定登录身份的用户名和密码，还要设置身份的属性和附属信息（例如，指定身份的角色是 admin，并根据需要设置组织管理员的必要信息）。CA 会为一个身份生成下面 2 个证书。

- 公钥证书：网络中所有成员都可以拥有的证书，其中包含对应身份的公钥。
- 私钥证书：保存在 keystore 文件夹下，用于对该身份所采取的动作进行签名。

（2）注册身份后，可以使用用户名和密码进行登录。

（3）CA 还会创建一个名为 msp 的文件夹，其中包含发行身份证书的 CA 的公钥证书，以及信任根 CA 的公钥证书。

组织的管理员通常也是节点的管理员。必须在创建节点的本地 MSP 之前创建组织的管理员身份，因为在创建本地 MSP 时需要用到节点管理员的证书。

2．注册并登录节点身份

节点身份必须使用登录 CA 和 TLS CA 进行注册和登录。当使用登录 CA 来注册节点时，指定的角色不是 admin 或 user，而是 peer 或 orderer。节点的 MSP 结构也叫作本地 MSP，因为指定身份所赋予的权限只与本地节点相关。本地 MSP 在创建节点身份时生成，在启动节点时会被用到。

7.2.4 部署 Peer 节点

准备好所有需要的证书和 MSP 后，就可以创建 Peer 节点了。

Peer 节点是生产网络的基础元素，因为 Peer 节点用于存储账本和智能合约，并且用于封装生产网络中的共享进程和共享信息。在生产网络下部署 Peer 节点之前需要考虑如下因素。

1．生成 Peer 节点的身份和 MSP

可以参照 7.2.3 小节的内容完成本操作。需要注意的是，cryptogen 工具只能用于测试网络，而不能在生产网络中使用。也可以不使用 Fabric CA，而选择使用其他第三方 CA 来生成 Peer 节点的身份。但是这样就需要手动创建 Peer 节点所需要部署的 MSP 目录结构，当然，可以参照测试网络中 Peer 节点的 MSP 目录结构进行创建，位置为 test-network/organizations/peerOrganizations，其中包含 org1.example.com、org2.example.com 和 org3.example.com 等子目录，每个子目录存储一个组织的资源文件。org1.example.com 的目录结构如图 7-1 所示。

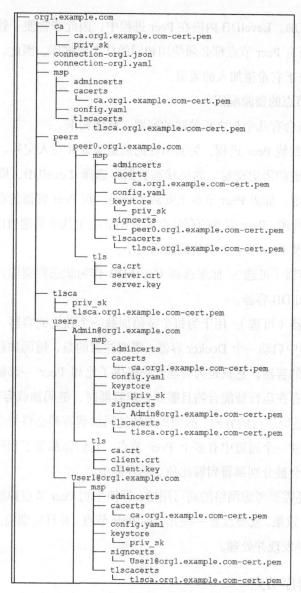

图 7-1　org1.example.com 的目录结构

2．启用 TLS

出于安全通信的考虑，在生产网络中应该启用 TLS。因此，除了使用组织的登录 CA 注册 Peer 身份外，还需要组织的 TLS CA 注册 Peer 身份。生成的 TLS 证书会在与生产网络通信时用到。

3．状态数据库

每个 Peer 节点都维护一个状态数据库，状态数据库中存储着账本上所有键的最新值。Fabric 区块链支持内置的 LevelDB 和外置的 CouchDB 两种类型的状态数据库。如果需要支持富查询，则建议选择 CouchDB；如果只进行按键查询，且对查询速度有较高要求，则建议使用默认的 LevelDB。LevelDB 内嵌在 Peer 进程中，因此非常便于管理。

一个通道中的所有 Peer 节点都必须使用相同的状态数据库，因此，Peer 节点状态数据库的选择实际上取决于它希望加入的通道。

4．调整 Peer 节点的资源配置

通常，Peer 节点会有几个与之相关联的容器，具体如下。

- Peer 容器：封装 Peer 进程，为其所在的通道验证并写入交易。Peer 容器的存储包含其所在通道的历史交易。如果状态数据库选择 LevelDB，则其数据也会存储在 Peer 容器本地。如果 Peer 节点上安装了链码，则 Peer 容器的存储还应考虑链码的大小。综上所述，Peer 容器的存储空间大小取决于其所属通道的数量、每个通道中交易的数量及 Peer 节点上安装的链码大小。

- CouchDB 容器（可选）：如果选择 CouchDB 作为状态数据库，则每个通道都会启动一个 CouchDB 容器。

- 链码加载容器（可选）：用于为每个链码加载一个独立的容器。链码加载容器可以在 Peer 容器中启动一个 Docker 容器。需要注意的是，链码加载容器并不是智能合约真正运行的容器，它只是为智能合约提供了比和 Peer 一起部署的容器更小一些的资源。只有在运行智能合约且需要创建容器时，链码加载容器才会存在。

- 链码容器：链码运行的容器。前面提到的链码加载容器会将每个链码部署到独立的容器中，即使一个通道中有多个 Peer 节点，它们都部署了相同的链码，这些链码在运行时也会被分别部署到彼此独立的容器中。

在生产网络中还需要考虑网络的高可用性，即使个别 Peer 节点掉线也不影响网络的正常运行。要达到这个效果，就要设置一些冗余的 Peer 节点，并且定期检测 Peer 节点的性能，以便出现异常时及早发现并处理。

7.2.5　部署排序节点

在 Fabric 生产网络中部署排序节点的过程如下。

1．规划排序服务

首先根据网络规模和交易数量来确定构成排序服务的排序节点数量。正如本章前面建议的，排序服务至少有 3 个排序节点，最好有 5 个排序节点；这些排序节点可以由一个组织维护，也可以由多个组织共同管理。

2．配置每个排序节点的参数

准备好在生产网络下搭建排序服务后，需要编辑排序节点 Docker 镜像中的配置文件 orderer.yaml 中的参数。orderer.yaml 位于 Docker 镜像中的/etc/hyperledger/fabric/目录下。可以参照 5.3.3 小节理解 orderer.yaml 中配置参数的作用。

3．部署排序节点

可以参照如下步骤部署排序节点。

（1）准备好排序服务需要的二进制文件和配置文件，具体如下。

- 建议将二进制文件存放在 fabric/bin 目录下。从下载的 Fabric 源代码中的 fabric/cmd 目录下复制二进制文件到 fabric/bin 目录下。
- 建议将配置文件存放在 fabric/config 目录下。从下载的 Fabric 源代码中的 fabric/scripts/config 目录下复制配置文件到 fabric/config 目录下。
- 将 fabric/bin 添加到环境变量 PATH 中。

（2）使用 Fabric CA 或第三方 CA 为排序节点生成证书，具体如下。

- 排序组织的 MSP。
- 排序节点的 TLS CA 证书。
- 排序节点的本地 MSP。

（3）创建系统通道的创世区块。

（4）配置 orderer.yaml。

（5）启动排序节点。

7.3 节将介绍在单机上搭建 Fabric 区块链 Raft 集群的过程，演示部署排序服务的具体方法。

7.3　在单机上搭建 Fabric 区块链集群

通常生产网络的拓扑非常复杂，每个组织都有自己的 CA Server 和 Peer 节点集群，排序服务也由若干个排序节点组成。搭建真实生产网络的过程非常烦琐，而且需要准备多台服务器。为了便于读者学习，本节介绍在单机上搭建 Fabric 区块链集群的方法。与测试网络相比，本节实例更接近生产网络；与真实的生产网络相比，本节实例又不会占用过多的物理资源，便于读者理解和实操。

在单机上搭建
Fabric 区块链集群
（上）

在单机上搭建
Fabric 区块链集群
（下）

7.3.1　实例的网络拓扑

本节实例的网络拓扑如图 7-2 所示。具体说明如下。

- 实例网络中包含 org1 和 org2 两个组织。
- 组织 org1 的 CA Server 为 ca-org1，组织 org2 的 CA Server 为 ca-org2。
- 实例中定义了一个通道 mychannel。
- 通道 mychannel 中包含 4 个 Peer 节点，组织 org1 和 org2 各有 2 个 Peer 节点。
- 排序服务由 5 个排序节点组成。

- 实例中包含 4 个 CLI 节点，组织 org1 和 org2 各有 2 个 CLI 节点。

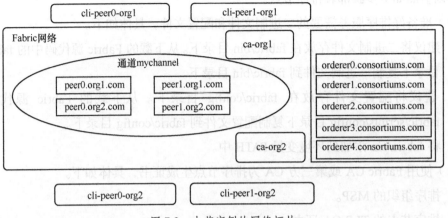

图 7-2 本节实例的网络拓扑

7.3.2 准备基础环境

在开始搭建本节实例网络之前，需要参照表 7-2 准备实例网络的基础环境。

表 7-2 准备本节实例网络的基础环境

系统或组件	本节内容基于的版本	参照安装的小节
CentOS	CentOS Linux release 7.9.2009 (Core)	3.1.2
Docker	17.12.1-ce	3.1.3
Go 语言环境	go1.15.3 linux/amd64	3.2.2
Git	1.8.3.1	3.2.3
Docker Compose	1.29.2	3.2.4
Hyperledger Fabric	2.3.3	3.2.5
fabric-samples	2.3	3.2.5
Fabric CA	1.5.3	4.2.2

安装 Fabric 区块链后，执行 docker images 命令确认表 3-3 所示的 Docker 镜像都已经下载到 CentOS 服务器中。

如果有未下载的 Docker 镜像，则可以反复执行$GOPATH/src/github.com/hyperledger/abric/cripts/bootstrap.sh 脚本，直至所有 Docker 镜像都已下载完成。

准备好基础环境后，参照如下步骤配置 CentOS 虚拟机的网络和主机信息。

1．禁用防火墙

为了简化网络配置操作，这里执行如下步骤，暂时禁用防火墙。

```
systemctl stop firewalld
systemctl disable firewalld
```

2．配置主机名

本节实例利用一台 CentOS 虚拟机模拟实现在多台服务器上部署 Fabric 生产网络的不同组件，因此需要为 CentOS 虚拟机配置不同的主机名。编辑/etc/hosts，添加如下内容：

```
127.0.0.1 orderer0.consortiums.com
127.0.0.1 orderer1.consortiums.com
127.0.0.1 orderer2.consortiums.com
127.0.0.1 orderer3.consortiums.com
127.0.0.1 orderer4.consortiums.com
127.0.0.1 peer0.org1.com
127.0.0.1 peer1.org1.com
127.0.0.1 peer0.org2.com
127.0.0.1 peer1.org2.com
```

保存配置后，依次对各主机名执行 ping 操作，确认各主机名已经生效。

7.3.3 搭建 Fabric 区块链节点集群

本小节介绍在前面准备好的基础环境中搭建 Fabric 区块链节点集群的过程，具体步骤如下，这里假定以 root 用户进行操作。

1．创建 Fabric 区块链节点集群的主目录

在搭建 Fabric 区块链节点集群的过程中，需要编写一些配置文件，同时也会生成一些证书和密钥文件。为了对这些文件进行统一存储，首先创建 Fabric 区块链节点集群的主目录，这里假定为/root/fabric_cluster。

2．生成证书和密钥文件

接下来为组织、Peer 节点和排序节点生成证书和密钥文件，过程如下。

* 编写配置文件。
* 设置环境变量 PATH。
* 生成证书和密钥文件。

（1）编写配置文件 crypto-config.yaml

在/root/fabric_cluster 下创建 config 文件夹，用于存储配置文件。然后在 config 下创建 crypto-config.yaml，并在其中配置负责排序服务的组织为 Orderer，相关配置代码如下：

```
OrdererOrgs:
  - Name: Orderer
    Domain: consortiums.com
    Specs:
      - Hostname: orderer0
      - Hostname: orderer1
      - Hostname: orderer2
```

```
      - Hostname: orderer3
      - Hostname: orderer4
```

配置组织 Org1 和 Org2 的代码如下：

```
PeerOrgs:
  - Name: Org1
    Domain: org1.com
    EnableNodeOUs: true
    Template:
      Count: 2 #生成证书的数量
    Users:
      Count: 1 #生成用户证书的数量
  - Name: Org2
    Domain: org2.com
    EnableNodeOUs: true
    Template:
      Count: 2
    Users:
      Count: 1
```

EnableNodeOUs 决定生成用户的类型。如果为 true，则会生成 peer 类型的用户证书；否则会生成 client 类型的用户证书。

（2）设置环境变量 PATH

本实例中使用 cryptogen 命令生成证书和密钥文件。为了便于定位，首先执行下面的命令将 cryptogen 所在的路径添加到环境变量 PATH 中。

```
export PATH=$GOPATH/src/github.com/hyperledger/fabric/scripts/fabric-samples/
in:$PATH
```

（3）生成证书和密钥文件

执行下面的命令可以生成证书和密钥文件。

```
cd /root/fabric_cluster
cryptogen generate --config=./config/crypto-config.yaml
```

命令会自动创建/root/fabric_cluster/crypto-config 目录，并在其下创建目录结构，为各组织、Peer 节点和排序节点生成证书和密钥文件。

执行如下命令可以查看/root/fabric_cluster/crypto-config 的目录结构。

```
tree crypto-config
```

输出内容比较多，其中的部分目录结构如图 7-3 所示。

/root/fabric_cluster/crypto-config 下主要的目录及生成的证书和密钥文件如表 7-3 所示。

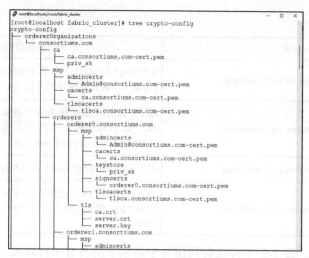

图 7-3 /root/fabric_cluster/crypto-config 的部分目录结构

表 7-3 /root/fabric_cluster/crypto-config 下主要的目录及生成的证书和密钥文件

目录	具体说明
ordererOrganizations/consortiums.com/ca	用于存储排序组织 CA Server 的证书和密钥
ordererOrganizations/orderers/orderer0.consortiums.com/msp	排序节点 orderer0 的 MSP 目录,其中存储排序节点 orderer0 的管理员证书、CA 证书、密钥库、签名证书和 TLS 证书
ordererOrganizations/orderers/orderer1.consortiums.com/msp	排序节点 orderer1 的 MSP 目录,其中存储排序节点 orderer1 的管理员证书、CA 证书、密钥库、签名证书和 TLS 证书
ordererOrganizations/orderers/orderer2.consortiums.com/msp	排序节点 orderer2 的 MSP 目录,其中存储排序节点 orderer2 的管理员证书、CA 证书、密钥库、签名证书和 TLS 证书
ordererOrganizations/orderers/orderer3.consortiums.com/msp	排序节点 orderer3 的 MSP 目录,其中存储排序节点 orderer3 的管理员证书、CA 证书、密钥库、签名证书和 TLS 证书
ordererOrganizations/orderers/orderer4.consortiums.com/msp	排序节点 orderer4 的 MSP 目录,其中存储排序节点 orderer4 的管理员证书、CA 证书、密钥库、签名证书和 TLS 证书
ordererOrganizations/consortiums.com/tlsca	用于存储排序组织 TLS CA Server 的证书和客户端密钥
peerOrganizations/org1.com/ca	用于存储组织 Org1 的 CA Server 的证书和密钥
peerOrganizations/org1.com/msp	组织 Org1 的 MSP 目录,其中存储组织 Org1 的管理员证书、CA 证书、配置文件和 TLS 证书
peerOrganizations/org1.com/peers	用于存储组织 Org1 的 Peer 节点的 MSP 证书和密钥,以及 TLS 证书和密钥。本例中定义了 2 个 Peer 节点:peer0.org1.com 和 peer1.org1.com
peerOrganizations/org1.com/tlsca	用于存储组织 Org1 的 TLS CA Server 的证书和密钥
peerOrganizations/org1.com/users	用于存储组织 Org1 的用户 MSP 证书和密钥,以及 TLS 证书和密钥。默认创建了一个管理员用户 Admin 和普通用户 User1
peerOrganizations/org2.com/ca	用于存储组织 Org2 的 CA Server 的证书和密钥

目录	具体说明
peerOrganizations/org2.com/msp	组织 Org2 的 MSP 目录,其中存储组织 Org2 的管理员证书、CA 证书、配置文件和 TLS 证书
peerOrganizations/org2.com/peers	用于存储组织 Org2 的 Peer 节点的 MSP 证书和密钥,以及 TLS 证书和密钥。本例中定义了 2 个 Peer 节点:peer0.org2.com 和 peer1.org2.com
peerOrganizations/org2.com/tlsca	用于存储组织 Org2 的 TLS CA Server 的证书和密钥
peerOrganizations/org2.com/users	用于存储组织 Org2 的用户 MSP 证书和密钥,以及 TLS 证书和密钥。默认创建了一个管理员用户 Admin 和普通用户 User1

由于篇幅所限,表 7-3 中并没有列出每个目录下的所有子目录及其下面存储的证书和密钥文件。了解 crypto-config 的目录结构是很有必要的,原因如下。

- 在生产网络下不能使用 cryptogen 工具来批量生成证书和密钥文件,取而代之的是使用 Fabric CA 或其他第三方 CA 来手动生成证书和密钥文件。这些存储证书和密钥文件的目录结构应该与 configtxgen 工具生成的目录结构一样。
- 在本节后面创建通道时会用到这些证书,因此需要了解它们的存储位置。

3. 生成创世区块

执行如下命令可以生成通道 mychannel 的创世区块:

```
cd /root/fabric_cluster
configtxgen -profile SampleMultiNodeEtcdRaft -channelID mychannel -configPath./
onfig -outputBlock /root/fabric_cluster/channel-artifacts/genesis.block
```

命令选项说明如下。

- -profile:指定生成创世区块时使用的配置段 **SampleMultiNodeEtcdRaft**。配置段 **SampleMultiNodeEtcdRaft** 在配置文件 configtx.yaml 中定义,具体代码将在后文介绍。
- -channelID:指定为通道 mychannel 生成创世区块。
- -configPath:指定 configtxgen 工具所使用的配置文件 configtx.yaml 所在的路径,这里指定为./config。
- -outputBlock:指定生成创世区块的路径。

命令的执行过程如下:

```
2022-03-11 21:44:27.401 CST [common.tools.configtxgen] main -> INFO 001 Loading
configuration
2022-03-11 21:44:27.409 CST [common.tools.configtxgen.localconfig] complete
nitialization -> INFO 002 orderer type: etcdraft
2022-03-11 21:44:27.409 CST [common.tools.configtxgen.localconfig] complete
nitialization -> INFO 003 Orderer.EtcdRaft.Options unset, setting to
tick_interval:"500ms" election_tick:10 heartbeat_tick:1 max_inflight_blocks:5
```

```
snapshot_interval_size:16777216
2022-03-11 21:44:27.410 CST [common.tools.configtxgen.localconfig] Load -> INFO 004
Loaded configuration: config/configtx.yaml
2022-03-11 21:44:27.460 CST [common.tools.configtxgen] doOutputBlock -> INFO 005
Generating genesis block
2022-03-11 21:44:27.460 CST [common.tools.configtxgen] doOutputBlock -> INFO 006
Creating system channel genesis block
2022-03-11 21:44:27.461 CST [common.tools.configtxgen] doOutputBlock -> INFO 007
Writing genesis block
```

执行如下命令可以查看创建的创世区块。

```
ls /root/fabric_cluster/channel-artifacts
```

在配置文件 configtx.yaml 中，配置段 SampleMultiNodeEtcdRaft 的代码如下：

```
Profiles:
……
    SampleMultiNodeEtcdRaft:
        <<: *ChannelDefaults
        Capabilities:
            <<: *ChannelCapabilities
        Orderer:
            <<: *OrdererDefaults
            OrdererType: etcdraft
            EtcdRaft:
                Consenters:
                - Host: orderer0.consortiums.com
                  Port: 7050
                  ClientTLSCert:/root/fabric_cluster/crypto-config/rderer rganizations/
                  onsortiums.com/orderers/orderer0.onsortiums.com/tls/server.crt
                  ServerTLSCert:/root/fabric_cluster/crypto-config/ordererrganizations/
                  onsortiums.com/orderers/orderer0.consortiums.com/tls/server.crt
                - Host: orderer1.consortiums.com
                  Port: 7050
                  ClientTLSCert: /root/fabric_cluster/crypto-config/orderer
                  rganizations/consortiums.com/orderers/orderer1.consortiums.com/
                  ls/erver.crt
                  ServerTLSCert: /root/hyperledger/fabric_cluster/crypto-config/orderer
                  rganizations/consortiums.com/orderers/orderer1.consortiums.com/
                  ls/erver.crt
                - Host: orderer2.consortiums.com
                  Port: 7050
                  ClientTLSCert: /root/fabric_cluster/crypto-config/orderer
                  rganizations/ onsortiums.com/orderers/orderer2.consortiums.com/
                  ls/server.crt
                  ServerTLSCert: /root/hyperledger/fabric_cluster/crypto-config/
                  rdererOrganizations/consortiums.com/orderers/ rderer2. onsortiums.
```

```
                         com/tls/server.crt
            - Host: orderer3.consortiums.com
              Port: 7050
              ClientTLSCert: /root/fabric_cluster/crypto-config/ orderer
              Organizations/ consortiums.com/orderers/orderer3.consortiums.com/
              tls/server.crt
              ServerTLSCert: /root/fabric_cluster/crypto-config/orderer
              Organizations/consortiums.com/orderers/orderer3.consortiums.com/
              tls/server.crt
            - Host: orderer4.consortiums.com
              Port: 7050
              ClientTLSCert: /root/fabric_cluster/crypto-config/orderer
              Organizations/consortiums.com/orderers/orderer4.consortiums.com/
              tls/server.crt
              ServerTLSCert: /root/fabric_cluster/crypto-config/orderer
              Organizations/consortiums.com/orderers/orderer4.consortiums.com/
              tls/server.crt
        Addresses:
          - orderer0.consortiums.com:7050
          - orderer1.consortiums.com:7050
          - orderer2.consortiums.com:7050
          - orderer3.consortiums.com:7050
          - orderer4.consortiums.com:7050
        Organizations:
        - *OrdererOrg
        Capabilities:
        <<: *OrdererCapabilities
    Application:
        <<: *ApplicationDefaults
        Organizations:
        - <<: *OrdererOrg
    Consortiums:
        SampleConsortium:
            Organizations:
            - *Org1
            - *Org2
```

具体说明如下。

- 通道使用默认的配置 ChannelDefaults。
- 排序节点使用默认的配置 OrdererDefaults。
- 配置段 SampleMultiNodeEtcdRaft 中指定应用程序若要加入 Fabric 区块链，则必须满足配置 ChannelCapabilities 中的定义，否则 Fabric 区块链无法处理交易。配置项 ChannelDefaults、OrdererDefaults 和 ChannelCapabilities 也在 configtx.yaml 中定义。由于篇幅所限，这里不展开介绍，请读者参照源代码加以理解。

- 应用程序使用默认的配置 ApplicationDefaults。配置项 ApplicationDefaults 也在 configtx.yaml 中定义。由于篇幅所限，这里不展开介绍，请读者参照源代码加以理解。

- 设置共识算法为 etcdraft。

- 在 Consenters 配置段中可以定义 Raft 集群中的排序节点。需要注意的是，这里使用了第 2 步中生成的证书和密钥文件。

- 负责排序服务的组织为 OrdererOrg。

- 定义一个联盟 SampleConsortium，其中包含 Org1 和 Org2 两个组织。

4．生成创建通道使用的配置交易文件

要创建通道，首先需要生成创建通道所使用的配置交易文件。实现此功能的命令如下：

```
configtxgen -profile TwoOrgsChannel -configPath ./config -outputCreateChannelTx
/root/fabric_cluster/channel-artifacts/channel.tx -channelID mychannel
```

命令选项说明如下。

- -profile：指定使用配置段 TwoOrgsChannel 来生成创建通道所使用的配置交易文件。配置段 TwoOrgsChannel 在配置文件 configtx.yaml 中定义。

- -channelID：指定为通道 mychannel 生成创建通道所使用的配置交易文件。

- -outputCreateChannelTx：指定要生成创建通道所使用的配置交易文件。

在配置文件 configtx.yaml 中，配置段 TwoOrgsChannel 的代码如下：

```
Profiles:
    TwoOrgsChannel:
        Consortium: SampleConsortium
        <<: *ChannelDefaults
        Application:
            <<: *ApplicationDefaults
            Organizations:
                - *Org1
                - *Org2
            Capabilities:
                <<: *ApplicationCapabilities
```

具体说明如下。

- 使用通道的联盟为 SampleConsortium。

- 通道使用默认的配置 ChannelDefaults。

- Application 配置项定义了要写入配置交易的参数。这里使用默认配置 ApplicationDefaults。

- 通道中包含 Org1 和 Org2 两个组织。

上面的命令执行完成后，可以在/root/fabric_cluster/channel-artifacts/目录下查看新生成的配置交易文件 channel.tx。

5．为组织配置锚节点

执行如下命令，可以为组织 Org1 配置锚节点：

```
configtxgen -profile TwoOrgsChannel  -configPath ./config -outputAnchorPeersUpdate
/root/fabric_cluster/channel-artifacts/Org1MSPanchors.tx -channelID mychannel
-asOrg Org1MSP
```

执行如下命令，可以为组织 Org2 配置锚节点：

```
configtxgen -profile TwoOrgsChannel -configPath ./config -outputAnchorPeersUpdate
/root/fabric_cluster/channel-artifacts/Org2MSPanchors.tx -channelID mychannel
-asOrg Org2MSP
```

命令选项-outputAnchorPeersUpdate 用于指定生成的锚节点配置更新文件的路径和文件名。命令选项-asOrg 用于指定以给定组织的身份生成配置交易文件，其中只包含该组织有权限处理的数据。

命令执行完成后，可以在/root/fabric_cluster/channel-artifacts/目录下查看新生成的配置交易文件 Org1MSPanchors.tx 和 Org2MSPanchors.tx。

7.3.4　编写 Docker Compose 配置文件

本实例使用 Docker Compose 来配置和启动 Fabric 生产网络。因此，需要首先编写 Docker Compose 配置文件。在/root/fabric_cluster/目录下，创建以下 2 个文件夹。

- opt：作为 Docker 容器的挂载目录。
- docker-compose：用于保存 Docker Compose 配置文件。

本实例的主 Docker Compose 配置文件名为 docker-compose-up.yaml，其中定义了 Fabric 生产网络中的排序节点服务、Peer 节点服务、客户端应用服务和 CA 服务。

定义的排序节点服务如下。

- orderer0.consortiums.com。
- orderer1.consortiums.com。
- orderer2.consortiums.com。
- orderer3.consortiums.com。
- orderer4.consortiums.com。

定义的 Peer 节点服务如下。

- peer0.org1.com。
- peer1.org1.com。
- peer0.org2.com。
- peer1.org2.com。

定义的客户端应用服务如下。

- cli-peer0-org1。
- cli-peer1-org1。
- cli-peer0-org2。
- cli-peer1-org2。

定义的 CA 服务如下。

- ca-org1。
- ca-org2。

因为本实例旨在演示搭建 Fabric 区块链 Raft 集群环境的方法，所以每个组件都有多个实例。在 Docker Compose 配置文件中，这些实例有很多共用的配置项。为了避免重复定义，可以创建一个基础的配置文件 base.yaml，用于定义各组件共用的配置项。

1. 定义排序节点服务

在 base.yaml 中，定义了所有排序节点共用的配置项，代码如下：

```
version: '2'  #语法格式版本
services:
  order-base: #在docker-compose-up.yaml中会通过该名字引入下面的配置
    image: hyperledger/fabric-orderer        #使用的 Docker 镜像
    environment:
    - FABRIC_LOGGING_SPEC=DEBUG              #日志级别
    - ORDERER_GENERAL_LISTENADDRESS=0.0.0.0  #排序节点的监听地址
    - ORDERER_GENERAL_LISTENPORT=7050        #排序节点的监听端口
    - ORDERER_GENERAL_BOOTSTRAPMETHOD=file   #启动排序节点的方法
    - ORDERER_GENERAL_BOOTSTRAPFILE=/var/hyperledger/orderer/orderer.genesis.
      block                                  #创世区块的路径
    - ORDERER_GENERAL_LOCALMSPID=OrdererMSP  #节点所属组织的 MSP 唯一标识，须与系统通道
      配置中的保持一致
    - ORDERER_GENERAL_LOCALMSPDIR=/var/hyperledger/orderer/msp #MSP 文件所在目录
    - ORDERER_GENERAL_TLS_ENABLED=true       #启用 TLS
    - ORDERER_GENERAL_TLS_PRIVATEKEY=/var/hyperledger/orderer/tls/server.key
      #排序节点使用的 TLS 私钥文件
    - ORDERER_GENERAL_TLS_CERTIFICATE=/var/hyperledger/orderer/tls/server.crt
      #排序节点使用的 TLS 服务器端证书文件
    - ORDERER_GENERAL_TLS_ROOTCAS=[/var/hyperledger/orderer/tls/ca.crt]
      #排序节点使用的 TLS CA 信任根证书，用于校验客户端证书
    - ORDERER_GENERAL_CLUSTER_CLIENTCERTIFICATE=/var/hyperledger/orderer/tls/
      server.crt #客户端证书文件，访问其他排序节点时需要 TLS 双向认证
    - ORDERER_GENERAL_CLUSTER_CLIENTPRIVATEKEY=/var/hyperledger/orderer/tls/
      server.key
```

```
          - ORDERER_GENERAL_CLUSTER_ROOTCAS=[/var/hyperledger/orderer/tls/ca.crt]
            #客户端私钥文件
        working_dir: /root/fabric_cluster/opt    #工作目录, 即 Docker 容器的挂载目录
        command: orderer                          #容器启动后默认执行的命令
        volumes:
          - /root/fabric_cluster/channel-artifacts/genesis.block:/var/hyperledger/
            orderer/orderer.genesis.block    #将宿主机中的创世区块映射到 Docker 容器中
```

在 docker-compose-up.yaml 中定义了 5 个排序节点服务, 它们的配置项相似。这里以 orderer0.consortiums.com 为例进行说明, 代码如下:

```
version: '2'

services:
  orderer0.consortiums.com:
    container_name: orderer0.consortiums.com    #容器名
    extends:    #引入 base.yaml 中定义的配置项
      file: base.yaml
      service: order-base
    volumes:    #定义宿主机目录和容器中卷的映射关系
      - /root/fabric_cluster/crypto-config/ordererOrganizations/consortiums.com/
        orderers/orderer0.consortiums.com/msp:/var/hyperledger/orderer/msp
      - /root/fabric_cluster/crypto-config/ordererOrganizations/consortiums.com/
        orderers/orderer0.consortiums.com/tls/:/var/hyperledger/orderer/tls
    ports:    #定义宿主机端和容器中端口的映射关系
      - 7050:7050
```

其中引入了 base.yaml 中定义的 order-base 服务, 请读者参照注释加以理解。

2. 定义 Peer 节点服务

在 base.yaml 中, 定义了所有 Peer 节点共用的配置项, 代码如下:

```
version: '2'    #语法格式版本
services:
  ……
  peer-base:    #在 docker-compose-up.yaml 中会通过该名字引入下面的配置
    image: hyperledger/fabric-peer              #使用的 Docker 镜像
    environment:                                #定义环境变量
      - CORE_VM_ENDPOINT=unix:///host/var/run/docker.sock #虚拟机管理系统的访问端节点
      - FABRIC_LOGGING_SPEC=DEBUG                #日志级别
      - CORE_PEER_TLS_ENABLED=true               #启用 TLS
      - CORE_PEER_GOSSIP_USELEADERELECTION=true #节点是否使用动态算法选出领导节点
      - CORE_PEER_GOSSIP_ORGLEADER=false         #是否静态指定组织的领导节点
      - CORE_PEER_PROFILE_ENABLED=true           #是否启用 HTTP 分析服务
      - CORE_PEER_TLS_CERT_FILE=/etc/hyperledger/fabric/tls/server.crt
```

```
    #Peer 节点的证书文件路径
  - CORE_PEER_TLS_KEY_FILE=/etc/hyperledger/fabric/tls/server.key
    #Peer 节点的私钥文件路径
  - CORE_PEER_TLS_ROOTCERT_FILE=/etc/hyperledger/fabric/tls/ca.crt
    #Peer 节点的验证根证书文件路径
  - CORE_CHAINCODE_EXECUTETIMEOUT=300s #在初始化和调用链码方法时节点等待的超时时间
working_dir: /root/fabric_cluster/opt/peer  #工作目录
command: peer node start
volumes:
  - /var/run/:/host/var/run/
```

在 docker-compose-up.yaml 中定义了 4 个 Peer 节点服务，它们的配置项相似。这里以 peer0.org1.com 为例进行说明，代码如下：

```
version: '2'
services:
  ……
  peer0.org1.com:
    container_name: peer0.org1.com
    extends:
      file: base.yaml
      service: peer-base
    environment:
      - CORE_PEER_ID=peer0.org1.com                              #Peer 节点实例的标识 ID
      - CORE_PEER_ADDRESS=peer0.org1.com:7051                    #Peer 节点的 P2P 连接地址
      - CORE_PEER_LISTENADDRESS=0.0.0.0:7051                     #Peer 节点的监听地址
      - CORE_PEER_CHAINCODEADDRESS=peer0.org1.com:7052           #链码连接该 Peer 节点的地址
      - CORE_PEER_CHAINCODELISTENADDRESS=0.0.0.0:7052           #Peer 节点监听链码连接请求的地址
      - CORE_PEER_GOSSIP_BOOTSTRAP=peer1.org1.com:8051          #初始化 Gossip 协议的领导节点列表
      - CORE_PEER_GOSSIP_EXTERNALENDPOINT=peer0.org1.com:7051  #向组织外节点发布的访问端点
      - CORE_PEER_LOCALMSPID=Org1MSP                            #本地 MSP 的标识 ID
    volumes: #定义宿主机目录到容器中卷的映射关系
      - /root/fabric_cluster/crypto-config/peerOrganizations/org1.com/peers/
        peer0.org1.com/msp:/etc/hyperledger/fabric/msp
      - /root/fabric_cluster/crypto-config/peerOrganizations/org1.com/peers/
        peer0.org1.com/tls:/etc/hyperledger/fabric/tls
    ports:
      - 7051:7051
```

其中引入了 base.yaml 中定义的 peer-base 服务，请读者参照注释加以理解。

3. 定义客户端应用服务

在 base.yaml 中，定义了所有客户端应用共用的配置项，代码如下：

```
version: '2'  #语法格式版本
```

```
services:
  cli-base:        #在 docker-compose-up.yaml 中会通过该名字引入下面的配置
    image: hyperledger/fabric-tools              #使用的 Docker 镜像
    tty: true
    stdin_open: true
    environment:                                 #环境变量
      - GOPATH=/root/go                          #Go 语言项目目录
      - CORE_VM_ENDPOINT=unix:///host/var/run/docker.sock #配置 Docker 的访问地址
      - FABRIC_LOGGING_SPEC=DEBUG                 #日志级别
      - CORE_PEER_TLS_ENABLED=true               #启用 TLS
    working_dir: /root/fabric_cluster/opt/peer   #工作目录
    command: /bin/bash
    volumes:
      - /var/run/:/host/var/run/
      - / root/fabric_cluster/chaincode/go/:/hyperledger/cluster/chaincode/go
        #存储链码的目录
      - /root/fabric_cluster/crypto-config:/hyperledger/opt/peer/crypto-config/
      - /root/fabric_cluster/channel-artifacts:/hyperledger/opt/peer/
        channel-artifacts
```

在 docker-compose-up.yaml 中定义了 4 个客户端应用服务，它们的配置项相似。这里以 cli-peer0-org1 为例进行说明，代码如下：

```
version: '2'
services:
  ……
  cli-peer0-org1:
    container_name: cli-peer1-org1
    extends:
      file: base.yaml
      service: cli-base
    environment:
      - CORE_PEER_ID=cli-peer1-org1
      - CORE_PEER_ADDRESS=peer1.org1.com:8051
      - CORE_PEER_LOCALMSPID=Org1MSP
      - CORE_PEER_TLS_CERT_FILE=/hyperledger/opt/peer/crypto-config/
        peerOrganizations/org1.com/peers/peer1.org1.com/tls/server.crt
      - CORE_PEER_TLS_KEY_FILE=/hyperledger/opt/peer/crypto-config/
        peerOrganizations/org1.com/peers/peer1.org1.com/tls/server.key
      - CORE_PEER_TLS_ROOTCERT_FILE=/hyperledger/opt/peer/crypto-config/
        peerOrganizations/org1.com/peers/peer1.org1.com/tls/ca.crt
      - CORE_PEER_MSPCONFIGPATH=/hyperledger/opt/peer/crypto-config/peer
        Organizations/org1.com/users/Admin@org1.com/msp
```

其中引入了 base.yaml 中定义的 cli-base 服务。

4. 定义 CA 服务

在 base.yaml 中，定义了所有 CA 共用的配置项，代码如下：

```
version: '2'   #语法格式版本
services:
  ca-base:
    image: hyperledger/fabric-ca
```

在 docker-compose-up.yaml 中定义了 2 个 CA 服务，它们的配置项相似。这里以 ca-org1 为例进行说明，代码如下：

```
version: '2'
services:
  ......
ca-org1:
    container_name: ca-org1
    extends:
      file: base.yaml
      service: ca-base
    environment:
      - FABRIC_CA_SERVER_CA_NAME=ca-org1
      - FABRIC_CA_SERVER_CA_CERTFILE=/etc/hyperledger/fabric-ca-server-config/
        ca.org1.com-cert.pem
      - FABRIC_CA_SERVER_CA_KEYFILE=/etc/hyperledger/fabric-ca-server-config/
        MIGHAgEAMBMGByqGSM49AgEGCCqGSM49AwEHBG0wawIBAQQg4Hwt/FeN1y7ePgsRCXgkX0om4
        wKggwkkQC6R6Sdwg2mhRANCAARAysXo0jF5Az5jUObnGRNHU6kvCCAI2n/8uFdOo/i8iPvB/
        8BTtgrx+rSl6f/oVnw9vRNlVOEW/ZfB03/e3epu
      - FABRIC_CA_SERVER_TLS_CERTFILE=/etc/hyperledger/fabric-ca-server-config/
        ca.org1.com-cert.pem
      - FABRIC_CA_SERVER_TLS_KEYFILE=/etc/hyperledger/fabric-ca-server-config/
        MIGHAgEAMBMGByqGSM49AgEGCCqGSM49AwEHBG0wawIBAQQg4Hwt/FeN1y7ePgsRCXgkX0om4
        wKggwkkQC6R6Sdwg2mhRANCAARAysXo0jF5Az5jUObnGRNHU6kvCCAI2n/8uFdOo/i8iPvB/
        8BTtgrx+rSl6f/oVnw9vRNlVOEW/ZfB03/e3epu
    ports:
      - 7054:7054
    command: sh -c 'fabric-ca-server start -b admin:adminpw -d'
    volumes:
      - /root/fabric_cluster/crypto-config/peerOrganizations/org1.com/ca:/etc/
        hyperledger/fabric-ca-server-config
```

其中引入了 base.yaml 中定义的 ca-base 服务。

7.3.5　启动 Docker 容器

执行如下命令，使用配置文件 docker-compose-up.yaml 启动 Docker 容器。

```
docker-compose -f /root/fabric_cluster/docker-compose/docker-compose-up.yaml up -d
```

命令会根据 docker-compose-up.yaml 中的配置在 Docker 容器中启动各组件，过程如图 7-4
所示。启动完成后，可以执行 docker ps 命令查看运行的 Docker 容器，以确认 7.3.4 小节提
到的 Docker 容器都已启动。

```
[root@localhost ~]# docker-compose -f /root/fabric_cluster/docker-compose/docker
-compose-up.yaml up -d
[+] Running 15/15
 ⊞ Container cli-peer0-org2                    Start...            1.4s
 ⊞ Container ca-org1                           Started             1.7s
 ⊞ Container orderer2.consortiums.com          Running             0.0s
 ⊞ Container peer1.org1.com                    Start...            2.2s
 ⊞ Container ca-org2                           Started             1.7s
 ⊞ Container orderer0.consortiums.com          Running             0.0s
 ⊞ Container orderer4.consortiums.com          Running             0.0s
 ⊞ Container peer1.org2.com                    Start...            1.9s
 ⊞ Container cli-peer1-org1                    Start...            2.0s
 ⊞ Container peer0.org1.com                    Runni...            0.0s
 ⊞ Container peer0.org2.com                    Start...            0.9s
 ⊞ Container orderer3.consortiums.com          Running             0.0s
 ⊞ Container orderer1.consortiums.com          Running             0.0s
 ⊞ Container cli-peer1-org2                    Start...            1.2s
 ⊞ Container cli-peer0-org1                    Start...            2.0s
```

图 7-4　在 Docker 容器中启动各组件

7.3.6　配置 Fabric 生产网络

启动容器后可以对网络做进一步的配置，具体如下。

- 创建通道。
- 将 Peer 节点加入通道。
- 更新组织的锚节点。

首先进入容器 cli-peer0-org1 的内部，以便执行后面的操作。

```
docker exec -it cli-peer0-org1 bash
```

进入容器内部后，命令行前面的提示符发生了变化，如图 7-5 所示。

```
[root@localhost ~]# docker exec -it cli-peer0-org1 bash
bash-5.1#
```

图 7-5　进入容器 cli-peer0-org1 的内部

执行 ls /命令查看容器内部的目录结构，其中，Fabric 区块链存储在 hyperledger 目
录下，如图 7-6 所示。

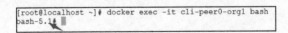
```
bash-5.1# ls /
 root       etc        host          media      proc       sbin       tmp
 bin        go         hyperledger   mnt        root       srv        usr
 dev        home       lib           opt        run        sys        var
```

图 7-6　查看容器内部的目录结构

1．创建通道

执行如下命令，在容器中创建通道 mychannel。

```
peer channel create -o orderer0.consortiums.com:7050 -c mychannel -f /
hyperledger/opt/peer/channel-artifacts/channel.tx --tls --cafile /hyperledger/
opt/peer/crypto-config/ordererOrganizations/consortiums.com/orderers/orderer0.
consortiums.com/msp/tlscacerts/tlsca.consortiums.com-cert.pem
```

命令选项说明如下。

- -o：指定连接的排序节点地址。
- -c：指定要创建的通道名称。
- -f：指定创建通道所使用的配置交易文件。此文件在 7.3.3 小节中生成。
- --cafile：指定启用 TLS 时使用的加密通信证书。

2．将 Peer 节点加入通道

执行如下命令，将当前 Peer 节点加入通道。

```
peer channel join -b /hyperledger/opt/peer/channel-artifacts/genesis.block
```

输出的信息比较多，如果最后输出的信息如下，则说明当前 Peer 节点已经加入通道。

```
[channelCmd] executeJoin -> INFO 02c Successfully submitted proposal to join channel
```

可以执行如下命令查看当前 Peer 节点所加入的通道，并确认其已经加入通道 mychannel。

```
peer channel list
```

在宿主机中执行下面的命令，将通道文件从容器复制到宿主机上，留作备份。

```
docker cp cli-peer0-org1:/hyperledger/opt/peer/channel-artifacts/genesis.block
/root/fabric_cluster/opt/
```

然后，依次进入另外 3 个 Peer 节点的容器，并将它们加入通道 mychannel。进入另外
3 个 Peer 节点容器的方法如下。

```
docker exec -it cli-peer1-org1 bash
docker exec -it cli-peer0-org2 bash
docker exec -it cli-peer1-org2 bash
```

3．更新组织的锚节点

将 Peer 节点 peer0.org1.com 设置为组织 Org1 的锚节点，方法如下。

（1）进入容器 cli-peer0-org1 的内部。

```
docker exec -it cli-peer0-org1 bash
```

（2）通过 peer channel update 命令更新组织 Org1 的锚节点，命令如下。

```
peer channel update -o orderer0.consortiums.com:7050 -c mychannel -f /hyperledger/
opt/peer/channel-artifacts/Org1MSPanchors.tx --tls --cafile /hyperledger/opt/peer/
```

```
crypto-config/ordererOrganizations/consortiums.com/orderers/orderer0.consortiums.com/
msp/tlscacerts/tlsca.consortiums.com-cert.pem
```

命令选项说明如下。

- -o：指定连接的排序节点地址。
- -c：指定要更新锚节点的通道名称。
- -f：指定更新锚节点所使用的配置交易文件。文件 Org1MSPanchors.tx 在 7.3.3 小节中生成。
- --cafile：指定启用 TLS 时使用的加密通信证书。

输出的信息比较多，如果最后输出的信息如下，则说明已成功将 Peer 节点 peer0.org1.com 设置为组织 Org1 的锚节点。

```
[channelCmd] update -> INFO 02f Successfully submitted channel update
```

参照如下步骤可以将 Peer 节点 peer0.org2.com 设置为组织 Org2 的锚节点。

（1）进入容器 cli-peer0-org2 的内部。

```
docker exec -it cli-peer0-org2 bash
```

（2）通过 peer channel update 命令更新组织 Org2 的锚节点，命令如下。

```
peer channel update -o orderer0.consortiums.com:7050 -c mychannel -f /hyperledger/
opt/peer/channel-artifacts/Org2MSPanchors.tx --tls --cafile /hyperledger/opt/peer/
crypto-config/ordererOrganizations/consortiums.com/orderers/orderer0.consortiums.
com/msp/tlscacerts/tlsca.consortiums.com-cert.pem
```

至此，本节介绍的在单机上搭建 Fabric 区块链集群已全部完成。

7.4 本章小结

本章介绍了部署 Fabric 生产网络的方法和需要考虑的各种因素。为了提升读者的动手能力，本章还详细介绍了在单机上搭建 Fabric 区块链集群的过程。与测试网络相比，本章所介绍的网络是一个更接近实际生产网络的网络。

本章的主要目的是使读者了解 Fabric 生产网络与测试网络的差别，增强实操能力，实现从学习到实践的过渡。

习　题

一、选择题

1. 在生产环境下，建议排序服务至少有（　　　）个排序节点。

A. 1　　　　　　　　B. 3　　　　　　　　C. 5　　　　　　　　D. 7

2. 下面（　　）容器与 Peer 节点没有关联。

A. orderer　　　　　　B. CouchDB　　C. 链码加载　　　　　D. 链码

二、填空题

1. Fabric 生产网络的所有组件都支持 Docker 容器。如果想容器化部署 Fabric 生产网络，通常有两个主要的选项，即　__【1】__ 和　__【2】__ 。

2. 在生产网络中应该使用　__【3】__ 进行加密通信。

三、简答题

1. 试分析 Kubernetes 和 Docker Swarm 的异同。

2. 简述部署 Fabric 生产网络的步骤。

第 8 章

Go 语言编程基础

Hyperledger Fabric 是使用 Go 语言开发的。Hyperledger Fabric 官方也提供 Go 语言版本的 Fabric SDK，基于此，用户可以很方便地使用 Go 语言编写智能合约（链码）和客户端应用。为了便于后面的学习，本章介绍 Go 语言编程基础。由于篇幅所限，本章不会过多地介绍程序设计的基础知识。读者应具备其他编程语言的编程经验，如果了解 C 语言，则对学习 Go 语言编程会很有帮助的。

Go 语言编程基础

8.1 Go 语言概述

Go 语言是近年来非常流行的一门新兴编程语言，具有语法简洁、高并发、高效运行等特性，比较适合区块链底层系统的开发。Hyperledger Fabric 和以太坊官方客户端 Geth 都是使用 Go 语言开发的。

8.1.1 Go 语言的特色

Go 语言也称为 golang，由 Google 公司于 2009 年推出，是静态类型的编译型编程语言。Go 语言由 "UNIX 之父" 肯·汤普森（Ken Thompson）亲自参与研发。Go 语言的语法与 C 语言的类似，但是与 C 语言相比，Go 语言又具有如下特色。

- 内存安全：Go 语言不会像 C 语言那样很容易出现内存泄漏的情况。
- 支持 GC（Garbage Collection，垃圾回收）机制：以一种自动内存管理的形式，由垃圾回收器重新声明被程序分配的、不再引用的内存。这种不再引用的内存又被称为 "垃圾"（Garbage）。
- 支持结构化类型（Structural Typing）：这是 Go 语言接口编程的一个特色，即不用显式地声明类型 T 实现了接口 I，而只要类型 T 的公开方法满足接口 I 的要求，就可以在需要接口 I 的地方使用类型 T。

- 支持 CSP（Communicating Sequential Processes，通信顺序进程）并发模型：CSP 并发模型用于描述两个独立的并发实体如何通过共享的通信通道（channel）进行通信。CSP 并发模型中 channel 是一个对象，它不关注发送消息的实体，而关注发送消息时所使用的通道。Go 语言并没有完全实现 CSP 并发模型的所有理论，只是借用了进程（Process）和通道这两个概念。进程在 Go 语言中的表现是协程（Goroutine），即并发执行的实体，每个实体之间通过通道通信来实现数据共享。
- 支持自托管（self-hosting）：可以使用 Go 语言的编译器 GC 编译生成 Go 语言自身的新版本。

Go 语言具有如下优势。

- 灵活性：简单、易用、便于阅读。
- 并发性：允许多个进程同时、高效运行。
- 快速产出：Go 语言的编译速度非常快。
- 垃圾回收：这是 Go 语言的核心特性。Go 语言很擅长控制内存分配，并且新版本的垃圾回收器显著地降低了时延。

当然，Go 语言也有不足之处，具体如下。

- 不支持通用类型。通用类型不是实际的类型，而是一种类型推断。例如 JavaScript 中的 var 就是通用类型。
- 缺乏某些库的支持，特别是 UI 工具集方面的库。

Go 语言一经推出便广受欢迎，用于开发一些比较有影响力的应用程序，具体如下。

- Docker：用于部署 Linux 容器的一组工具。
- OpenShift：Red Hat 公司提供服务的云计算平台。
- Kubernetes：Google 公司开源的容器集群管理系统。
- Dropbox：一款免费的网络文件同步工具，同时也是 Dropbox 公司运行的在线存储服务。其通过云计算实现互联网上的文件同步后，用户便可存储并共享文件和文件夹。Dropbox 最初是使用 Python 开发的，后来它的一些核心组件又使用 Go 语言进行了重构。
- InfluxDB：由 InfluxData 公司开发的开源时序数据库，是一个致力于高性能查询和存储的时序数据库，广泛应用于存储系统的数据监控、物联网行业的实时数据管理等场景。
- Go：Go 语言自身的后续版本也是使用 Go 语言开发的。

8.1.2　安装 Go 语言环境

Go 语言支持 Windows、Linux、FreeBSD 和 macOS 等多种操作系统，本小节介绍在 Windows 操作系统下安装 Go 语言环境的方法。

可以在 Go 语言中文网的下载页面下载 Go 语言的 Windows 安装程序，具体网址参见

"本书使用的网址"文档。编者下载的是 go1.17.6.windows-amd64.msi。这是一个标准的 Windows 安装程序，而且安装过程非常简单。默认的安装目录为 C:\Program Files\Go，用户需要把 C:\Program Files\Go\bin 目录添加到环境变量 PATH 中，以便可以在任何目录下执行 go 命令。执行 go version 命令可以查看 Go 语言的版本信息。例如，安装包 go1.17.6.windows-amd64.msi 被安装后的版本信息如下：

```
go version go1.17.6 windows/amd64
```

Go 语言的安装程序会创建另外一系列相关的环境变量。在命令提示符窗口执行 go env 命令可以查看与 Go 语言相关的环境变量，如图 8-1 所示。

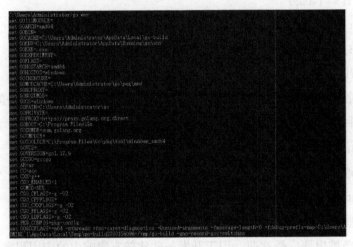

图 8-1　使用 go env 命令查看与 Go 语言相关的环境变量

常用的与 Go 语言相关的环境变量如下。

- GOROOT：存储 Go 语言的安装目录，默认为 C:\Program Files\Go。
- GOPATH：存储 Go 语言的项目目录，默认为 C:\Users\Administrator\go。

8.1.3　Go 语言的项目目录

环境变量 GOPATH 存储 Go 语言的项目目录，用户可以将使用 Go 语言开发的项目存放在该目录下。通常建议在项目目录下按照图 8-2 所示的目录结构组织代码。

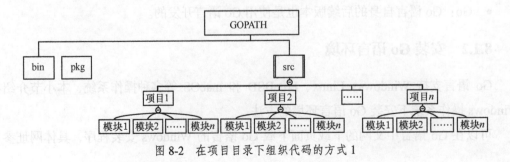

图 8-2　在项目目录下组织代码的方式 1

具体说明如下。

- bin：存放代码编译后所得到的二进制文件。
- pkg：存放编译后的库文件。
- src：存放用户自己编写的 Go 语言代码文件。可以按照项目分类来管理源代码。在项目下面还可以按照项目内的模块对源代码进行进一步的分类。

图 8-2 所示的目录结构比较适合个人开发者，而如果是团队开发，则建议按照图 8-3 所示的目录结构组织代码。

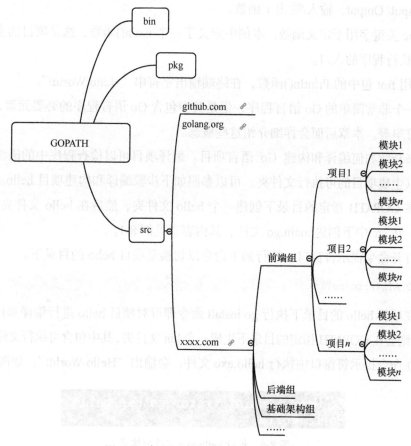

图 8-3　在项目目录下组织代码的方式 2

与个人开发者不同的是，团队开发可能使用不同的代码仓库。因此，在 src 目录下首先按照不同的代码仓库进行分类，然后按照公司内部的项目组进行分类。每个项目组下面可以分出不同的项目，每个项目下面又可以包含不同的模块。

【例 8-1】　第一个 Go 语言的示例。

代码如下：

```
package main
```

```
import "fmt"
func main(){
    fmt.Println("Hello World!")
}
```

具体说明如下。

- 程序使用 package 关键字定义了一个名为 main 的包。这说明当前程序是一个可执行程序。
- 程序使用 import 语句导入包 fmt。fmt 是 Go 语言的内置包,其中包含格式化 I/O(Input/ Output,输入/输出)函数。
- func 关键字用于定义函数。本例中定义了一个 main()函数,这是项目的主函数,也是执行程序的入口。
- 调用 fmt 包中的 Println()函数,在终端输出字符串"Hello World!"。

这是一个非常简单的 Go 语言程序,但是其中包含 Go 语言程序的必要元素,例如包、函数和字符串等。本章后面会详细介绍这些概念。

接下来介绍如何编译和构建 Go 语言项目。编译项目可以检查程序中的语法错误,构建项目可以生成项目的可执行文件夹。可以参照如下步骤编译和构建项目 hello。

(1)在 GOPATH 指定的目录下创建一个 hello 文件夹,然后在 hello 文件夹下创建 src 子文件夹。在 src 中下创建 main.go 文件,其内容参见例 8-1。

(2)打开命令提示符窗口,执行如下命令以切换至项目 hello 的目录下。

```
cd %GOPATH%/src/hello
```

(3)在项目 hello 的目录下执行 go install 命令即可对项目 hello 进行编译和构建。如果一切正常,则会在 GOPATH 指定的目录下生成一个 bin 文件夹,其中包含可执行文件 hello.exe。

(4)在命令提示符窗口中执行 hello.exe 文件,会输出"Hello World!",如图 8-4 所示。

```
C:\Users\Administrator\go\bin>hello
Hello World!
```

图 8-4　执行 hello.exe 文件的结果

如果执行 go install 命令时返回如下信息,则说明没有配置环境变量 GO111MODULE 的值。

```
go: go.mod file not found in current directory or any parent directory; see 'go help modules'
```

环境变量 GO111MODULE 用于指定 Go 语言模块的管理方法。

modules 是 Go 1.11 新增的特性。模块是相关 Go 包的集合。环境变量 GO111MODULE 的可选值如下。

off:不支持 modules 功能。Go 在命令提示符窗口中会沿用旧版本中查找依赖包的方法,即在 vendor 目录或 GOPATH 目录下查找依赖包。

on：支持 modules 功能。Go 在命令提示符窗口中会使用 modules 查找依赖包的方法，而不会在 GOPATH 目录下查找。

auto：Go 在命令提示符窗口中会根据当前目录决定是否使用 modules 查找依赖包。如果满足以下条件之一，则会启用 modules 功能。

- 当前目录在 GOPATH/src 之外，而且该目录包含 go.mod 文件。
- 当前文件在包含 go.mod 文件的目录下。

执行下面的命令可以将环境变量 GO111MODULE 的值设置为 auto。执行此命令后，再执行 go build 命令，即可正常编译和构建项目。

```
go env -w GO111MODULE=auto
```

8.1.4　Go 语言 IDE

IDE（Integrated Development Environment，集成开发环境）是用于提供程序开发环境的应用程序，通常是提供代码编辑、编译、调试、运行等功能的图形界面工具。

8.1.3 小节介绍了在命令提示符窗口编译和执行 Go 语言程序的方法。对于简单的程序，这是可行的。但是，如果要开发一个比较复杂的应用程序，一个好用的 IDE 则非常重要，甚至可以影响开发的效率。常用的 Go 语言 IDE 如下。

- GoLand：JetBrains 公司推出的商业化 Go 语言 IDE，它的功能比较强大，提供了很多专业插件。如果专门从事 Go 语言应用程序开发或者参与相关团队的开发工作，则建议选择 GoLand 作为 IDE。
- Visual Studio Code：微软公司推出的跨平台编辑器，支持各种编程语言的插件，深受广大开发人员的喜爱。如果除了 Go 语言，还要使用其他语言开发程序，则建议选择 Visual Studio Code。
- Vim Go：Vim Go 是一款文本编辑器，可以借助 vim-go 插件将 Vim Go 转换为一个轻量级的 Go 语言 IDE。读者如果喜欢占用资源非常少的 IDE，而又对 IDE 的功能和扩展性没有太多要求，则可以考虑选择 Vim Go。

GoLand 虽然功能强大，但它是商业化产品，因此需要购买才能使用。本小节简单介绍使用 Visual Studio Code 开发 Go 语言程序的方法，这完全可以满足本书学习的需求。

1．下载和安装 Visual Studio Code

下载 Visual Studio Code 的 URL 参见"本书使用的网址"文档。下载 Visual Studio Code 安装程序并运行，然后根据提示完成安装。

2．安装 Go 语言插件

打开 Visual Studio Code，单击左侧导航栏中的 图标，或者按 Ctrl+Shift+X 组合键，可以打开插件市场窗格。在搜索框中输入 go，可以找到 Go 语言插件。选中后单击"Install"按钮，即可安装，如图 8-5 所示。安装 Go 语言插件后需要重启 Visual Studio Code。

图 8-5　安装 Go 语言插件

3．在 Visual Studio Code 中管理 Go 项目

在 Visual Studio Code 中可以单独编辑一个.go 文件，也可以将指定的文件夹设置为工作空间（Workspace），统一管理 Go 项目。相关的菜单如表 8-1 所示。

表 8-1　在 Visual Studio Code 中管理 Go 项目的菜单

菜单	说明
File/New File	创建一个新文件
File/Open File	打开一个文件，可以选择.go 文件
File/Save	保存文件，可以选择.go 文件
File/ Save As	另存文件，可以选择.go 文件
File/Open Folder	打开一个文件夹，其中的子文件夹和文件会出现在 Visual Studio Code 窗口左侧的 EXPLORER 窗格中。例如，打开 GOPATH 文件夹后的 EXPLORER 窗格如图 8-6 所示。可以在 EXPLORER 窗格中方便地查找程序文件
File/Open Workspace from File	从文件中打开一个工作空间
File/Add Folder to Workspace	将文件夹添加到工作空间
File/Save Workspace	保存工作空间（.code-workspace 文件）
File/Duplicate Workspace	复制工作空间，即打开一个新的 Visual Studio Code 窗口，并在其中打开当前的工作空间

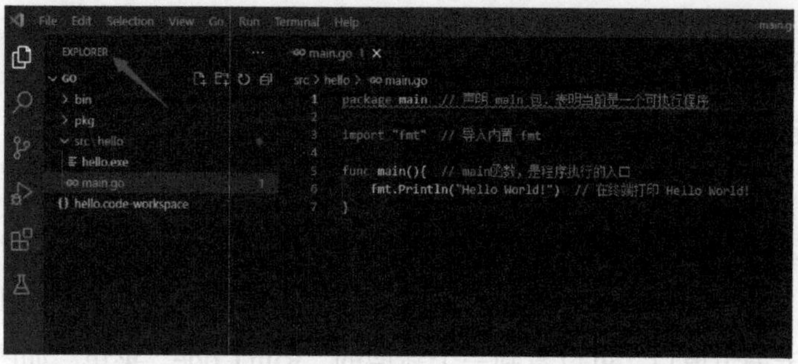

图 8-6　打开 GOPATH 文件夹后的 EXPLORER 窗格

4．在 Visual Studio Code 中编辑 Go 程序

在 EXPLORER 窗格中选择一个.go 文件，即可在右侧的编辑窗口中编辑其所对应的程序。

在编辑窗口中输入字符，会触发自动提示功能。例如，输入 pac 会弹出图 8-7 所示的提示，选择第一项提示内容，会在编辑窗口中自动完成如下代码：

```
package src
```

图 8-7　输入 pac 后弹出的自动提示

需要手动设置包名 main。接下来输入 func 也会触发自动提示功能，如图 8-8 所示。

图 8-8　输入 func 后弹出的自动提示

选择第一项提示内容，会在编辑窗口中自动完成如下代码：

```
func () {

}
```

用户需要自行设置函数名和参数的类型及名称。

可见，Visual Studio Code 对 Go 语言的支持还是很好的。

5．在 Visual Studio Code 中对 Go 程序进行编译和构建

可以在 Visual Studio Code 的 TERMINAL 窗格中通过命令行编译 Go 程序。在菜单中选择"Terminal/New Terminal"，可以在窗口底部显示 TERMINAL 窗格。在 TERMINAL 窗格中可以执行 DOS 命令。默认情况下，TERMINAL 窗格中命令提示符位于 GOPATH 目录下，执行如下命令可以构建 main.go。

```
cd go
go build -o bin/hello.exe src/hello/main.go
```

-o 可以指定生成可执行文件的输出路径。命令执行成功后会在 bin 目录下生成指定的.exe 文件。

也可以通过 code runner 插件方便地运行 Go 程序。单击左侧导航栏中的 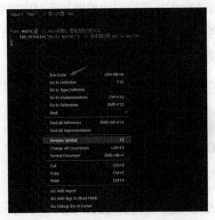 图标，打开插件市场窗格。搜索并安装 code runner 插件。安装后需要重启 Visual Studio Code。打开一个 Go 程序，右击编辑窗口，可以看到一个新增的 "Run Code" 菜单，如图 8-9 所示。选择 "Run Code" 即可运行当前的 Go 程序，并会在窗口底部的 OUTPUT 窗格输出运行结果。例如 main.go 的运行结果如图 8-10 所示。

图 8-9 新增的 "Run Code" 菜单 　　　　　　图 8-10 main.go 的运行结果

如果程序中存在语法错误，则 Visual Studio Code 会在编辑窗口中给出提示。例如，在编辑窗口中输入如下 Go 程序：

```go
package main  // 声明 main 包，表明当前是一个可执行程序

import "fmt"  // 导入内置 fmt 包

func main(){  //定义 main()函数，其是程序执行的入口
    fmt.Println1("Hello World!")  // 在终端输出"Hello World!"
}
```

在上面的程序中，fmt.Println1()函数并不存在。Visual Studio Code 提示的错误如图 8-11 所示。

图 8-11 在编辑窗口中提示程序中的错误

还可以在窗口底部的 PROBLEMS 窗格中查看错误信息，如图 8-12 所示。

图 8-12　在窗口底部的 PROBLEMS 窗格中查看错误信息

8.2　Go 语言的常量、变量和数据类型

本节介绍 Go 语言的常量、变量和数据类型，为读者使用 Go 语言开发应用程序奠定基础。

8.2.1　常量

常量是内存中用于保存固定值的单元，在程序中常量的值不能发生改变。在 Go 语言中定义常量的方法如下：

```
const 常量标识符 [数据类型] = 常量值
```

Go 语言的数据类型将在 8.2.3 小节中介绍，比较常用的数据类型包括整型 int 和字符串类型 string。

例如，下面的代码定义了一个字符串常量 CAPITAL。

```
const CAPITAL string = "Beijing"
```

8.2.2　变量

变量是内存中命名的存储位置，与常量不同的是变量的值可以动态变化。与常量一样，变量也有一个名字。在 Go 语言中定义变量的方法如下：

```
var 变量标识符 [数据类型]
```

例如，下面的代码定义了一个字符串变量 str。

```
var str string = "Hello";
```

8.2.3　数据类型

在定义常量和变量时，都需要指定数据类型。不同的数据类型对应不同的操作。

Go 语言有布尔型、数字类型、字符串类型（8.2.1 小节和 8.2.2 小节已介绍，故下面不再赘述）和派生类型 4 种数据类型。

1．布尔型

Go 语言的布尔型为 bool，布尔型常量包括 true 和 false。例如，下面的代码定义了一个布尔型变量 existed。

```
var existed bool = false;
```

2．数字类型

Go 语言的数字类型包括整型和浮点型。Go 语言支持的整型数据类型如表 8-2 所示。

表 8-2　Go 语言支持的整型数据类型

整型数据类型	说明
uint8	无符号 8 位整型，有效值的范围为 0 ~ 255
uint16	无符号 16 位整型，有效值的范围为 0 ~ 65 535
uint32	无符号 32 位整型，有效值的范围为 $0 \sim 2^{32}-1$
uint64	无符号 64 位整型，有效值的范围为 $0 \sim 2^{64}-1$
int8	有符号 8 位整型，有效值的范围为 $-128 \sim 127$
int16	有符号 16 位整型，有效值的范围为 $-32\ 768 \sim 32\ 767$
int32	有符号 32 位整型，有效值的范围为 $-2^{31} \sim 2^{31}-1$
int64	有符号 64 位整型，有效值的范围为 $-2^{63} \sim 2^{63}-1$
byte	与 uint8 相同
rune	与 uint32 相同
uint	与 uint32 或 uint64 相同，取决于当前系统的位数
int	与 int32 或 int64 相同，取决于当前系统的位数
uintptr	无符号整型，用于存放一个指针。关于指针数据类型将在 8.5 节中介绍

Go 语言支持的浮点型数据类型如表 8-3 所示。

表 8-3　Go 语言支持的浮点型数据类型

浮点型数据类型	说　明
float32	32 位浮点型数据
float64	64 位浮点型数据
complex64	32 位实数和虚数
complex128	64 位实数和虚数

3．派生类型

Go 语言的派生类型包括指针、结构体、枚举、数组、切片、集合、接口、通道、函数等。大多数派生类型都比较复杂，本小节只介绍其中比较简单的结构体类型和枚举类型，其他派生类型将在本章后面的部分深入讲解。

（1）结构体类型

结构体是一种自定义的数据类型，即可以由一组不同的数据类型组合成一个新的数据类型。可以使用 struct 关键字来定义结构体类型，具体方法如下：

```
type 结构体类型 struct {
    成员定义
    成员定义
    ......
    成员定义
}
```

例如，下面的代码定义了一个 Book 结构体，其中包含 Name（名称）、Publisher（出版社）、Pagecount（页数）和 Price（价格）等成员。

```
type Book struct {
    Name string;
    Publisher string;
    Pagecount uint;
    Price uint;
}
```

定义结构体类型后，可以使用如下方法声明结构体变量。

变量：= 结构体类型 {字段值1, 字段值2,···,字段值n}

上面的代码在初始化结构体变量时按照其字段定义的顺序指定字段值，也可以按照键值对的形式初始化结构体变量，方法如下：

变量：= 结构体类型 {字段名1:字段值1, 字段名2:字段值2,···,字段名n:字段值n}

初始化一个结构体时要指定每个成员的值。例如，初始化一个 Book 变量 b 的方法如下：

Book b = Book{" Go 语言 Hyperledger 区块链开发实战", "人民邮电出版社", 350, 90}

可以使用 b.Name 来访问结构体的成员 Name。

【例 8-2】 结构体类型的使用实例。

代码如下：

```
package main
import "fmt"

type Book struct {
    Name string;
    Publisher string;
    Pagecount uint;
```

```
    Price uint;
}
func main() {
    // 创建一个新的结构体
    fmt.Println( Book{"Go语言Hyperledger区块链开发实战", "人民邮电出版社", 350, 90})
}
```

代码的运行结果如图 8-13 所示。

图 8-13　例 8-2 的运行结果

（2）枚举类型

枚举类型是一种有有限可选值的数据类型，每个可选值都对应一个 int 值。在 Go 语言中，可以使用 const 关键字来定义一个枚举类型，方法如下：

```
type <枚举类型名> int
const (
    <可选值1> <枚举类型名> = iota //值为0
    <可选值2>                    //值为1
    <可选值3>                    //值为2
    <可选值4>                    //值为3
)
```

<可选值 1>由 iota 初始化后，后面的可选值会自动递增。<可选值 1>对应整型数 0，<可选值 2>对应整型数 1，<可选值 3>对应整型数 2，以此类推。

可以使用下面的方法引用枚举类型的可选值。

<枚举类型名>.<可选值 n>

8.3　常用语句

本节介绍 Go 语言的常用语句，包括赋值语句、条件分支语句和循环语句。条件分支语句和循环语句统称为流程控制语句，流程控制语句可以决定程序执行的顺序。通常程序是逐条语句顺序执行的，使用流程控制语句可以控制程序按指定的分支路径执行或者循环执行。

8.3.1　赋值语句

赋值语句是非常简单、常用的语句。通过赋值语句可以为变量赋初始值。例如：

```
a = 2;
b = a + 5;
```

除了使用"="运算符赋值，还可以使用"+="和"-="等其他运算符进行赋值。

Go 语言的数值变量还支持递增（++）和递减（--）语句。

在使用"="运算符对变量进行赋值之前，必须声明变量，例如：

```
var x int
x = 100
```

Go 语言可以使用":="运算符实现声明变量并赋值。例如，下面的语句不需要事先声明变量 y，":="运算符后面常量的数据类型决定了变量 y 的数据类型。

```
y := 100
```

8.3.2 条件分支语句

条件分支语句指当指定表达式取不同的值时，程序运行的流程也发生相应的分支变化。Go 语言提供的条件分支语句包括 if 语句、if…else 语句和 switch 语句。

1．if 语句

if 语句是非常常用的一种条件分支语句，其基本语法结构如下：

```
if <条件表达式> {
    <语句块>
}
```

只有当<条件表达式>等于 true 时，才执行<语句块>。

2．if…else 语句

可以将 else 语句与 if 语句结合使用，指定不满足条件时所执行的语句，其基本语法结构如下：

```
if <条件表达式> {
    <语句块 1>
} else {
    <语句块 2>
}
```

当<条件表达式>等于 true 时，执行<语句块 1>，否则执行<语句块 2>。

3．switch 语句

switch 是多分支语句，可以根据变量的不同取值决定执行不同的语句块，其基本语法结构如下：

```
switch <变量>{
    case <值 1>:
        <语句块 1>
```

```
    case <值 2>:
        <语句块 2>
    ......
    case <值 n:>
        <语句块 n>
    default:
        <语句块 n+1>
}
```

switch 语句对<变量>进行判断。如果其值为<值 1>，则执行<语句块 1>；如果其值为
<值 2>，则执行<语句块 2>，以此类推。如果前面的条件都不满足，则执行<语句块 n+1>。

【例 8-3】 使用 switch 语句判断今天是星期几。

代码如下：

```
package main

import (
    "fmt"
    "time"
)

func main() {
    t := time.Now()
    var weekday int = int(t.Weekday())
    var str_weekday = ""
    switch weekday {
    case 1:
        str_weekday = "星期一"
    case 2:
        str_weekday = "星期二"
    case 3:
        str_weekday = "星期三"
    case 4:
        str_weekday = "星期四"
    case 5:
        str_weekday = "星期五"
    case 6:
        str_weekday = "星期六"
    case 7:
        str_weekday = "星期日"
    }
    fmt.Println("今天是："+str_weekday)
}
```

time 是 Go 语言的日期和时间包，用于实现日期和时间的相关操作。本实例使用

time.Now()函数获取当前的日期和时间对象t,然后使用t.Weekday()函数获取今天是星期几。t.Weekday()函数返回星期对应的数字。1表示星期一，2表示星期二，以此类推。

最后使用 switch 语句将整数转换为字符串并输出。

8.3.3　循环语句

循环语句可以在满足指定条件的情况下循环执行一段代码。

与 C 和 Java 等流行的高级编程语言不同，Go 语言的循环语句只有 for 语句。但是 Go 语言的 for 语句可以很方便地实现其他编程语言 while 语句的功能。

Go 语言还提供 break、continue 和 goto 等循环控制语句，可以控制循环体内语句的执行过程。break 语句和 continue 语句的使用方法与 C 语言的类似，这里不具体介绍。

Go 语言的 for 语句有 3 种形式，介绍如下。

1. for 语句的第 1 种形式

for 语句的第 1 种形式与 C 和 Java 的 for 语句类似，语法如下：

```
for <给循环控制变量赋初始值>；<循环控制条件>；<给控制变量增量或减量> {
    <循环语句体>
}
```

程序首先对循环控制变量赋初始值，然后判断循环控制条件是否为 true。如果为 true，则执行循环语句体；然后给控制变量增量或减量，并开始第 2 次循环。后面的每次循环都会判断循环控制条件是否为 true。如果为 true，则执行循环语句体，然后给控制变量增量或减量。当循环控制条件等于 false 时，退出循环。

【例8-4】　演示 for 语句第 1 种形式的使用。

```
package main

import "fmt"

func main() {
    sum := 0
    for i := 1; i <= 5; i++ {
        sum += i
        fmt.Println(i)
        if i<5 {
            fmt.Println("+")
        }
    }
    fmt.Println("=")
    fmt.Println(sum)
}
```

程序循环计算从 1 累加到 5 的结果。每次执行循环体时，变量 i 都会增 1，当变量 i 等于 5 时，退出循环。运行结果如图 8-14 所示。程序中也演示了 for 语句的使用。

图 8-14 例 8-4 的运行结果

2．for 语句的第 2 种形式

for 语句还可以使用 range 关键字迭代数组、切片、通道或集合的元素，具体方法将在 8.4 节中介绍。

3．for 语句的第 3 种形式

可以在 for 语句中只保留<循环控制条件>，从而实现 C 语言中的 while 语句的效果，语法如下：

```
for <循环控制条件>{
    <循环语句体>
}
```

当<循环控制条件>为 true 时，程序会一直循环下去。通常，在循环体内会改变<循环控制条件>的值，使 for 语句满足退出循环的条件，或者直接使用 break 语句退出循环。

这里需要拓展介绍一下 goto 语句。

goto 语句可以实现指定程序跳转至指定的行。不过，随意跳转可能会造成程序逻辑的混乱，因此很多高级编程语言都不支持 goto 语句。出于灵活性的考虑，Go 语言支持 goto 语句。不过，如果不是必要，不建议使用 goto 语句。

在使用 goto 语句之前，需要首先定义一个标签，然后跳转至该标签，方法如下：

```
<标签>：
    <语句块>
    goto <标签>
```

【例 8-5】 演示 goto 语句的使用。

代码如下：

```
package main
import "fmt"
func main() {
```

```
        sum := 0
        i := 1
         LOOP: sum += i
        fmt.Println(i)
            i++
            if i<=5 {
                fmt.Println("+")
                goto LOOP
            }
        fmt.Println("=")
        fmt.Println(sum)
}
```

上述代码中使用 goto 语句跳转至 LOOP 标签，进而实现了循环执行的效果。

8.4 集合、数组和切片

集合、数组和切片都是管理一组数据的数据类型。它们各有特色，但同时也具有一些相同的特性，比如都可以使用 for 语句遍历其中的元素。

8.4.1 集合

在 Go 语言中，Map 是一种无序的集合，集合的元素是键值对。顾名思义，键值对由"键"和"值"两个部分组成。"键"用于唯一标识一个元素，而"值"则是元素的值。可以根据"键"很方便地获得"值"。

可以使用 map 关键字声明 Map 变量，方法如下：

```
var <Map变量名> map[<键数据类型>]<值数据类型>
```

可以通过如下方法读/写 Map 集合中一个元素的值。

```
<Map变量名>[<元素的键>]
```

可以使用 make()函数初始化 Map 变量，方法如下：

```
<Map变量名> := make(map[<键数据类型>] <值数据类型>)
```

如果不对 Map 变量进行初始化，则它将会是一个空集合。空集合不能存放元素，否则会报错。

【例 8-6】 演示 Map 集合的使用。

代码如下：

```
package main
import "fmt"
func main() {
```

```
        var scoreMap map[string] uint //记录学生的分数
        scoreMap = make(map[string] uint)
        scoreMap["小强"] = 100
        scoreMap["小刚"] = 95
        scoreMap["小红"] = 80
        fmt.Printf("小强的分数为：%d\r\n", scoreMap["小强"])
        fmt.Printf("小刚的分数为：%d\r\n", scoreMap["小刚"])
        fmt.Printf("小红的分数为：%d\r\n", scoreMap["小红"])
}
```

运行结果如下：

```
[Running] go run "c:\Users\Administrator\Go\src\8_6\sample8_6.go"
小强的分数为：100
小刚的分数为：95
小红的分数为：80

[Done] exited with code=0 in 2.169 seconds
```

fmt.Printf()函数用于格式化输出变量，方法如下：

```
fmt.Printf(<格式化输出字符串>, 变量1，变量2,…,变量n)
```

格式化输出字符串指包含转换字符的字符串，转换字符用于指定在输出字符串指定位置上数据的类型，具体如表 8-4 所示。

表 8-4 fmt.Printf()函数中主要的转换字符

转换字符	在指定位置上数据的类型
%d	十进制整数
%x	十六进制整数
%o	八进制整数
%b	二进制整数
%f	浮点数
%t	布尔类型数据
%c	字符
%s	字符串
%v	变量的自然形式
%T	变量的类型

在格式化输出的字符串中可以包含一个或多个转换字符，每个转换字符都相当于一个占位符。在输出时，转换字符会被替换为后面对应位置上变量的值，因此转换字符应该与后面的变量一一对应。

8.4.2 数组

数组是具有相同数据类型的一组元素的有序集合。数组元素可以是整型、字符串类型等基本数据类型，也可以是结构体类型。

1. 定义数组

Go 语言数组可以分为定长数组和不定长数组两种类型。定义定长数组的方法如下：

```
var <数组变量>[<数组长度>] <数组类型>
```

一经定义，定长数组的长度就不能被改变。例如，声明一个包含 5 个元素的整型数组的代码如下：

```
var arr[5] int
```

可以在声明数组变量时初始化数组元素，例如：

```
var arr = [5] int{0,1,2,3,4}
```

如果使用...替换[]中的数字而不设置数组大小，则 Go 语言会根据元素的个数来设置数组的大小，进而实现不定长数组的定义，例如：

```
var balance = [···]int{0,1,2,3,4}
```

2. 访问数组元素

可以使用如下方法访问数组中指定位置的元素。

```
<数组变量>[index]
```

index 用于指定数组元素的索引值。第一个数组元素的索引值为 0。假定数组 arr 有 5 个元素，则它们的索引值分别为 0、1、2、3、4。

3. 遍历数组元素

可以使用 for 语句遍历数组元素，方法如下：

```
for i = 0; i < 10; i++ {
    //使用数组元素 arr[i]
}
```

也可以在 for 语句中使用 range 关键字迭代数组变量，方法如下：

```
for <索引变量>,<值变量> := range <数组变量> {
    //使用<索引变量>和<值变量>
}
```

可以看到 range <数组变量>返回 2 个变量，分别存储每个数组元素的索引和值。在 for 语句内部可以通过这 2 个变量访问数组元素。

【例 8-7】 使用 for 语句和 range 关键字遍历数组 arr 的元素。

代码如下：

```
package main
import "fmt"
func main() {
    var arr = [5]int{1, 2, 3, 4, 5}
    for _i, _num := range arr {
        fmt.Printf("数组 arr 的第%d 个元素为: %d\r\n", _i, _num)
    }
}
```

运行结果如下：

```
数组 arr 的第 0 个元素为: 1
数组 arr 的第 1 个元素为: 2
数组 arr 的第 2 个元素为: 3
数组 arr 的第 3 个元素为: 4
数组 arr 的第 4 个元素为: 5
```

8.4.3　切片

切片（Slice）相当于动态数组，它的长度是不固定的，即可以追加元素。定义切片的方法如下：

```
var <切片变量> [] <数据类型>
```

在定义切片时不需要指定元素的数量，但是可以通过 make() 函数来指定切片的容量，方法如下：

```
<切片变量名> := make( []<值数据类型>, <初始长度>,<容量>)
```

所谓<容量>，是指切片中可以包含的最大元素数量。可以使用 len() 函数返回切片的当前元素数量，使用 cap() 函数返回切片的容量。

【例 8-8】 演示切片的使用。

代码如下：

```
package main
import "fmt"
func main() {
    arr := make([]int, 3,6)
    arr[0] = 1
    arr[1] = 2
    arr[2] = 3
    fmt.Printf("切片 arr 的长度为%d, 容量为%d, slice=%v\r\n", len(arr), cap(arr), arr)
}
```

运行结果如下：

```
切片 arr 的长度为 3，容量为 6，slice=[1 2 3]
```

8.5 指针和接口

指针和接口不是简单的数据类型，它们都体现了某种编程思想。在使用 Go 语言开发智能合约时，会用到指针和接口编程。

8.5.1 指针

与 C 语言一样，Go 语言也支持指针。指针用于存储一个内存地址。定义指针的方法如下：

```
var <指针变量> *<数据类型>
```

例如定义一个指向整型变量的指针变量，代码如下：

```
var ip *int
```

在 Go 语言中可以使用 "&" 运算符获取变量的地址，使用 "*" 运算符获取指针变量的内容。

【例 8-9】 演示指针的使用。

代码如下：

```
package main
import "fmt"
func main() {
    var a int = 5
    var ip *int = &a

    fmt.Printf("a 变量的地址：%x\n", &a )
    fmt.Printf("ip 变量存储的指针地址：%x\n", ip)
    fmt.Printf("*ip 变量的值：%d\n", *ip )
}
```

运行结果如下：

```
a 变量的地址：c000014098
ip 变量存储的指针地址：c000014098
*ip 变量的值：5
```

每次执行得到的指针地址是不同的，因为每次执行时程序会动态地为变量分配存储空间。

8.5.2 接口

大多数面向对象的编程语言都支持接口。接口用于定义一组具有共性的方法。

1. Go 语言面向对象编程

Go 语言中没有 class 关键字定义的类，因此可以使用 struct 关键字实现类似类的定义，方法如下：

```
type <结构体名> struct {
    <变量 1 定义>
    <变量 2 定义>
    ……
    <变量 n 定义>
}
<函数 1 定义>
<函数 2 定义>
……
<函数 n 定义>
```

结构体可以定义成员函数，但是成员函数并不出现在 struct 后面的 "{" 和 "}" 之间，而是跟在 struct 定义的后面。为了在结构体及其成员函数之间建立关系，在定义成员函数时，需要传递一个结构体变量，方法如下：

```
func (<结构体变量> <结构体名>) <函数名>(){
    //在函数体中使用<结构体变量>访问结构体的成员变量
}
```

【例 8-10】 演示使用结构体实现类的功能。

代码如下：

```
package main
import "fmt"
    type Person struct {
        name string
        age int
    }
    func (p Person) printName(){
        fmt.Printf("name=%s\r\n", p.name)
    }
    func (p Person) printAge(){
        fmt.Printf("age=%d\r\n", p.age)
    }
    func main() {
        person := Person{"小明", 18}
```

```
        person.printName()
        person.printAge()
    }
}
```

运行结果如下：

```
name=小明
age=18
```

2. Go 语言定义和实现接口的方法

Go 语言定义接口的方法如下：

```
type <接口名> interface {
    <方法名 1>([参数列表]) [<返回类型>]
    <方法名 2>([参数列表]) [<返回类型>]
    <方法名 3>([参数列表]) [<返回类型>]
    ......
    <方法名 n>([参数列表]) [<返回类型>]
}
```

实现接口的结构体不需要显式地表现其与接口的关系，只要实现接口中定义的方法就相当于实现了接口，因此接口也相当于制定了一组开发规范。

【例 8-11】　演示定义和实现接口的方法。

代码如下：

```
package main
import "fmt"
    type Animal interface {
        cry()
    }
    type Dog struct {
        name string
    }
    func (d Dog) cry(){
        fmt.Printf("wangwang~, My name is %s\r\n", d.name)
    }

    type Cat struct {
        name string
    }
    func (c Cat) cry(){
        fmt.Printf("miao~, My name is %s\r\n", c.name)
    }
    func main() {
        d := Dog{"Snooby"}
```

```
        d.cry()
        c := Cat{"Mimi"}
        c.cry()
    }
```

运行结果如下：

```
wangwang~, My name is Snooby
miao~, My name is Mimi
```

3. 空接口 interface{}

使用空接口 interface{}可以实现泛型编程。所谓泛型编程是指编写代码时使用一些以后才指定的数据类型。Go 语言可以使用 interface{}声明变量，这种变量可以接收任意类型的值，从而实现泛型编程的效果。

【例 8-12】 演示 interface{}的使用方法。

代码如下：

```
package main
import "fmt"

func main() {
    Any(1)
    Any("Hello")
    Any(false)
    Any(100.1)
}
func Any(v interface{})  {
    fmt.Printf("您传入的数据类型为%T; 值为%v\n", v, v)
}
```

运行结果如下：

```
您传入的数据类型为 int; 值为 1
您传入的数据类型为 string; 值为 Hello
您传入的数据类型为 bool; 值为 false
您传入的数据类型为 float64; 值为 100.1
```

Any()函数的参数 v 为 interface{}类型。在调用 Any()函数时可以为其传递任意类型的数据。例 8-12 中分别传入了 int、string、bool 和 float64 类型的数据。

8.6 通道编程

通道是 Go 语言提供的并发通信机制的载体。本节介绍通道编程的方法。

8.6.1　Go 语言的并发编程

对并发编程的支持能力是衡量一门高级编程语言的重要指标。尽管大多数高级编程语言都支持并发编程，但是 Go 语言从语言层面就支持并发，其可以简单地使用关键字 go 启动并发，这与其他编程语言相比更加便捷和轻量。

1．并发编程的相关概念

所谓并发编程是指一个程序中的多个任务可以同时运行的编程方法。并发编程可以充分利用系统资源，提高程序的运行效率。要进行并发编程，首先应该了解以下概念。

（1）进程：当运行一个程序时，操作系统首先会将该程序的代码从磁盘加载到内存中，程序在内存中的一个运行实例就是一个进程。大多数程序可以同时运行多个进程。进程级别的并发编程通常不需要特殊处理，除非程序需要独占某个系统资源，例如某个文件。

（2）线程：线程是进程内部的一个指令流。默认情况下，一个进程只包含一个主线程。在并发编程中，可以将一个进程分为多个线程，每个线程轮流使用 CPU。通常操作系统会有一个叫作任务调度器的组件，用于将 CPU 的时间片分配给不同的线程。因此，从微观上看，在单核 CPU 下线程实质上也是串行的。但是，由于时间片的时间很短，给人的感觉是多线程在同时运行。而且在多核 CPU 下，多线程程序可以实现真正的并发运行。

（3）协程：协程是 Go 程序中基本的执行单元，是轻量级的线程。一个线程中可以运行多个协程，协程的调度由用户自己实现，因此可以将协程理解成用户级别的线程。

2．Go 语言协程编程

在 Go 语言中可以使用关键字 go 很方便地启动一个协程，方法如下：

```
go 函数名(参数列表)
```

【例 8-13】　演示协程编程的方法。

代码如下：

```
package main
import (
    "fmt"
    "time"
)
func print(str string) {
    for i := 0; i < 5; i++ {
        time.Sleep(100 * time.Millisecond)
        fmt.Println(str)
    }
}
func main() {
    go print("我是协程 1")
```

```
    print("我是协程 2")
}
```

运行结果如下：

```
我是协程 2
我是协程 1
我是协程 1
我是协程 2
我是协程 2
我是协程 1
我是协程 1
我是协程 2
我是协程 2
我是协程 1
```

程序启动新的协程输出 5 次"我是协程 1"，然后在主协程中输出 5 次"我是协程 2"。输出的结果是相互交叉的，因为它们是并发运行的。

8.6.2　Go 语言的通道编程

通道是协程间通信的载体。一个通道只能传递固定数据类型的数据。

可以使用关键字 chan 定义通道变量，方法如下：

```
<通道变量> chan <数据类型>
```

向通道中写入数据的方法如下：

```
ch <- v
```

从通道中读取数据的方法如下：

```
v := <-ch
```

通道中当前的第一个数据被赋值给变量 v。在没有被读取之前，数据被存储在通道中。与集合、数组和切片一样，通道也有存储数据的容量。可以使用 make()函数初始化通道，方法如下：

```
make(chan <数据类型>, <通道容量>)
```

例如，下面的代码可以定义并初始化一个存储整型数据的、容量为 100 的通道变量 ch。

```
ch := make(chan int, 100)
```

在通道上读/写数据都可能会造成阻塞，具体情况说明如下。

（1）向通道中写入数据时，如果通道中的数据已经达到上限，也就是没有存储新数据的缓存空间，则写入数据的语句会阻塞，直到通道中的数据被读取后才能继续写入。

（2）从通道中读取数据时，如果通道中没有数据，则读取数据的语句会阻塞，直到通道中有数据被写入后才能继续读取。

当通道被关闭时，从通道中读取数据的语句不会被阻塞。可以使用 close()函数关闭通道，方法如下：

```
close(<通道变量>)
```

【例 8-14】 演示通道编程的方法。

代码如下：

```
package main
import (
    "fmt"
    "time"
)
func work(ch chan int) {
    time.Sleep(5 * time.Second)
    ch <- 5
}
func main() {
    ch := make(chan int, 10)
    now_time :=time.Now()
    fmt.Printf("当前时间 %d-%d-%d %d:%d:%d \r\n", now_time.Year(), int(now_time.
     Month()), now_time.Day(), now_time.Hour(), now_time.Minute(), now_time.
     Second())
    go work(ch)                        //启动协程调用 work()函数
    time.Sleep(5 * time.Second)    //模拟做其他事情，假定用时 5s
    sec := <- ch
    fmt.Printf("调用 work()用时%ds\r\n", sec)
    now_time =time.Now()
    fmt.Printf("当前时间 %d-%d-%d %d:%d:%d \n", now_time.Year(), int(now_time.
    Month()), now_time.Day(), now_time.Hour(), now_time.Minute(), now_time.Second())
    close(ch)
}
```

运行结果如下：

```
当前时间 2022-2-1 18:56:42
调用 work()用时 5s
当前时间 2022-2-1 18:56:47
```

主函数 main()中定义了一个存储整型数据的通道 ch，它用于在 main()函数中与运行 work()函数的协程进行通信。在 main()函数中以协程方式启动 work()函数，并将通道 ch 作为其参数。在 work()函数中调用 time.Sleep(5 * time.Second)模拟完成需要 5s 的任务，完成后向通道 ch 中写入用时的秒数 5。

在 main()函数中启动协程后，调用 time.Sleep(5 * time.Second)模拟做其他事情，假定用时 5s。然后从通道 ch 中获取 work()函数的用时数据。如果 work()函数没有执行完成，则通道 ch 中没有数据，此时读取通道的语句会阻塞。只有 work()函数执行完成后，main()函数才能继续执行。从执行结果可以看到，程序用时 5s，却做了 10s 的事情：main()函数做了需要 5s 才能完成的任务，work()函数也做了需要 5s 才能完成的任务。可见利用协程可以达到提高程序运行效率的目的，而通道可以使各协程协调一致。

程序最后调用了 close()函数关闭通道 ch。

8.7 JSON 处理

在使用 Go 语言开发智能合约并使其与 Fabric 网络进行交互时，数据以 JSON 字符串的格式在智能合约与状态数据库之间传递。本节介绍使用 Go 语言进行 JSON 处理的方法。

8.7.1 JSON 简介

JSON（JavaScript Object Notation，JavaScript 对象简谱）是一种轻量级的以指定格式字符串来表示对象的方法。将对象转换为字符串的过程被称为序列化，这么做是因为作为一种结构化的数据，对象无法直接在网络中传输，通常可以使用对应的 JSON 字符串来完成对象的传输。接收到数据时再从 JSON 字符串转换为对象，这个过程叫作反序列化。

JSON 字符串中包含如下特殊字符。

- 左方括号（[）：标识一个数组的开始。
- 左花括号（{）：标识一个对象的开始。
- 右方括号（]）：标识一个数组的结束。
- 右花括号（}）：标识一个对象的结束。
- 冒号（:）：标识属性名与值之间的分隔。
- 逗号（,）：标识 "属性名/值对" 之间的分隔。

下面是一个 JSON 字符串的例子。它是一个 User 对象序列化的结果，username 属性值为"zhangsan"，name 属性值为"张三"，age 属性值为 18。

```
{"username":"zhangsan","name":"张三","age":18}
```

8.7.2 Go 语言 JSON 处理编程

在 Go 语言程序中引用 encoding/json 包后，即可方便地实现 JSON 处理编程。引用 encoding/json 包的代码如下：

```
import "encoding/json"
```

1. 将对象序列化为 JSON 字符串

将对象序列化为 JSON 字符串的方法如下：

```
<byte 数组对象>, <错误对象> := json.Marshal(<结构体对象>)
```

<byte 数组对象>代表将结构体对象序列化后得到的 JSON 字符串。如果在序列化的过程中出现错误，则错误信息会包含在<错误对象>中。

可以使用下面的方法将 byte 数组对象转换为 string 变量。

```
<string 变量> := string(<byte 数组对象>)
```

【例 8-15】 演示将对象序列化为 JSON 字符串的方法。

代码如下：

```
package main
import (
    "fmt"
    "encoding/json"
)

type Book struct {
    Name string
    Publisher string
    Pagecount uint
    Price uint
}

func main() {
    b := Book{" Go 语言 Hyperledger 区块链开发实战", "人民邮电出版社", 350, 90}
    data, _ := json.Marshal(b)
    fmt.Println(string(data))
}
```

运行结果如下：

```
"Name":" Go 语言 Hyperledger 区块链开发实战","Publisher":"人民邮电出版社","Pagecount":
350,"Price":90}
```

这正是结构体对象 b 对应的 JSON 字符串。

2. 将 JSON 字符串反序列化为对象

为了将 JSON 字符串反序列化为对象，必须在 JSON 字符串的属性名和结构体对象的成员变量名之间建立一一对应的关系。

可以在结构体对象的成员变量名上使用标签（Tag）来建立其与 JSON 字符串中属性名的对应关系，方法如下：

```
type <结构体名> struct {
    <成员变量名>  <数据类型>  'json:<对应的 JSON 字符串中的属性名>'
    ......
}
```

例如，给结构体 Book 定义标签的方法如下：

```
type Book struct {
    Name  string 'json:"name"'
    Publisher  string 'json:"publisher"'
    Pagecount  int 'json:" pagecount"'
    Price  uint 'json:"price"'
}
```

将 JSON 字符串反序列化为对象的方法如下：

```
<错误对象> := json.Unmarshal([]byte(<JSON 字符串>), <结构体对象>)
```

【例 8-16】 演示将 JSON 字符串反序列化为对象的方法。

代码如下：

```
package main
import (
    "fmt"
    "encoding/json"
)

type Book struct {
    Name      string 'json:"name"'
    Publisher string   'json:"publisher"'
    Pagecount int      'json:" pagecount"'
    Price  uint 'json:"price"'
}

func main() {
    var data = '{"name":" Go 语言 Hyperledger 区块链开发实战","publisher":"人民邮电出版社",
"pagecount":350,"price":90}'
    b := &Book{}
    err := json.Unmarshal([]byte(data), b)
    if err != nil {
        fmt.Println(err)
    } else {
        fmt.Println(*b)
    }
}
```

运行结果如下：

这正是 JSON 字符串对应的结构体变量 b 的内容，可见 JSON 字符串的反序列化处理成功了。

在执行反序列化操作时，结构体成员变量的数据类型必须和 JSON 字符串的属性值类型一致。如果不一致，在执行反序列化操作时，可能会返回类似下面的错误。

```
json: cannot unmarshal string into Go struct field Book. pagecount of type int
```

8.8　函数编程

函数（Function）由若干条语句组成，用于实现特定的功能。函数包含函数名、若干参数和返回值。本节介绍 Go 语言中函数编程的方法。

8.8.1　定义和使用函数

Go 程序中至少得有一个 main()函数。main()函数不需要手动调用，它是运行程序时被自动调用的主函数。

也可以使用 func 关键字来自定义 Go 函数，方法如下：

```
func <函数名>([<参数列表>]) [<返回值类型>] {
    <函数体>
}
```

<参数列表>可以为空（即没有参数），也可以包含多个参数，参数之间使用逗号分隔。<函数体>可以是一条语句，也可以由一组语句组成。

函数可以有返回值，也可以没有。如果定义了<返回值类型>，则需要在<函数体>中使用 return 语句指定返回值。

【例 8-17】　创建一个求和函数 sum()，计算并返回两个整型变量 x 和 y 的和。

代码如下：

```
package main
import "fmt"

func sum(x int, y int) int {
    return x+y
}
func main() {
    var result = sum(1,2)
    fmt.Printf("result = %d", result)
}
```

运行结果如下：

```
result = 3
```

8.8.2　在函数中传递参数

在函数中可以定义参数，也可以传递参数。传递参数的方式可以分为值传递和引用传递2种。

1．值传递

值传递是指在调用函数时将常量或变量的值（通常称其为实参）传递给函数的参数（通常称其为形参）。值传递的特点是实参与形参分别存储在各自的内存空间中，是两个互不相关的独立变量。因此，在函数内部改变形参的值时，实参的值一般是不会改变的。例8-17属于按值传递参数的情况。

2．引用传递

引用传递指将变量的地址传递到函数中。此时实参和形参指向同一个内存地址，即在函数中对形参的修改会影响实参的值。

【例8-18】　引用传递的例子。

代码如下：

```
package main

import "fmt"

func swap(x *int, y *int) {
  var temp int
  temp = *x     // 保存 x 地址上的值
  *x = *y       // 将 y 值赋给 x
  *y = temp     // 将 temp 值赋给 y
}
func main() {
  var x int = 1
  var y int= 2

  fmt.Printf("交换前, x = %d, y= %d\n", x, y)
  swap(&x, &y)
  fmt.Printf("交换后, x = %d, y= %d\n", x, y)
}
```

函数 swap() 将2个参数的值互换。代码的运行结果如下：

```
交换前, x = 1, y= 2
交换后, x = 2, y= 1
```

在 main()函数中调用 swap()函数后，2 个实参的值也互换了。

8.8.3　在函数中返回多个值

可以在函数的定义中指定返回多个值，方法如下：

```
func <函数名>([<参数列表>]) [<返回值类型列表>] {
    <函数体>
}
```

在<函数体>中可以使用如下方法返回多个值：

```
return (<返回值列表>)
```

<返回值列表>中的值与<返回值类型列表>中的类型应该一一对应。

【例 8-19】　多个返回值的函数实例。

代码如下：

```
package main

import "fmt"

func sort(x int, y int) (int, int) {
  if x>y {
  return y, x
  }else {
    return x, y
  }
}

func main() {
  a1, b1 := sort(1, 2)
  fmt.Println(a1, b1)
  a2, b2 := sort(2, 1)
  fmt.Println(a2, b2)
}
```

sort()函数对参数 x 和 y 进行从小到大排序，并返回排序后的 2 个数字。实例的执行结果为：

```
1 2
1 2
```

可以看到 sort(1, 2)和 sort(2, 1)的返回结果是一样的。

8.8.4　结构体类型和枚举类型的函数

可以为结构体类型定义函数，方法如下：

```
func （<结构体类型变量> *<结构体类型名>)<函数名>([<参数列表>])  [<返回值类型列表>] {
    <函数体>
}
```

可以在<函数体>中使用<结构体类型变量>。在智能合约编程中，可以使用结构体定义一个智能合约，也可以使用上面的方法定义智能合约中的函数。具体方法将在第 9 章中介绍。

同样可以为枚举类型定义函数，方法如下：

```
func （<枚举类型变量> *<枚举类型名>)<函数名>([<参数列表>])  [<返回值类型列表>] {
    <函数体>
}
```

可以在<函数体>中使用<枚举类型变量>。

8.9 本章小结

本章介绍了 Go 语言编程的基本方法，既包括常量、变量、数据类型、常用语句等基础编程知识，也包括集合、数组、切片、指针、接口、通道、JSON 处理和函数等实用编程知识。为了便于读者理解，本章通过多个示例演示了 Go 语言编程的具体方法。

本章的主要目的是使读者了解 Go 语言编程的方法，为学习使用 Go 语言开发智能合约和客户端应用奠定基础。

习　题

一、选择题

1. 环境变量（　　）用于存储 Go 语言的安装目录。

A. GOROOT　　　　B. GOHOME　　　　C. GOPATH　　　　D. GO111MODULE

2. 在 Go 语言的项目目录中，建议在（　　）子目录下存储源代码文件。

A. bin　　　　　　B. pkg　　　　　　C. src　　　　　　D. code

3. 可以在 Visual Studio Code 窗口底部的（　　）窗格中查看错误信息。

A. PROBLEMS　　B. TERMINAL　　C. OUTPUT　　　D. DEBUG

4. 在 Go 语言中定义常量的关键字是（　　）。

A. const　　　　　B. var　　　　　　C. map　　　　　　D. range

5. 在 Go 语言中可以使用（　　）运算符获取变量的地址。

A. *　　　　　　　B. &　　　　　　　C. @　　　　　　　D. ^

二、填空题

1. 在 Go 语言中，使用___【1】___语句导入包。

2. 在 Visual Studio Code 中可以通过___【2】___插件方便地运行 Go 程序。

3. Go 语言包括___【3】___、___【4】___、___【5】___和___【6】___4 种数据类型。

4. 可以使用___【7】___关键字定义结构体类型。

5. 可以使用___【8】___函数初始化 Map 变量。

6. 可以使用___【9】___运算符获取指针变量的内容。

7. range <数组变量>返回 2 个变量，分别存储每个数组元素的___【10】___和___【11】___。

8. Go 语言中没有 class 关键字定义的类，但是可以使用关键字___【12】___实现类似类的定义。

9. 在 Go 语言中可以使用关键字___【13】___很方便地启动一个协程。

三、简答题

1. 简述 Go 语言的特色。
2. 简述 Go 语言中集合的概念和编程方法。
3. 简述进程、线程和协程的概念。

3. Go 语言可以 [06] 。

第 9 章 智能合约开发

智能合约（Smart Contract）实现区块链应用程序的业务逻辑，同时也可以使区块链具备安全和可信的特性。本章介绍使用 Go 语言开发 Fabric 智能合约的方法。

9.1 Fabric 智能合约概述

在 Fabric 区块链中，智能合约经过打包后就是链码。本节介绍智能合约的基本概念和链码的工作流程等内容。

9.1.1 智能合约的基本概念

智能合约的概念最早于 1996 年由法律学者尼克·绍博（Nick Szabo）提出。他对智能合约的定义为："智能合约"是一系列以数字的形式定义的承诺，相关各方可以在其（智能合约）上执行这些承诺的协议。

按照尼克·绍博给出的定义，智能合约是指嵌入软件或硬件中的合同条款。

非常简单、常见的智能合约是自动售卖机。商品的价格就是商家和消费者之间的合同条款，消费者向自动售卖机中投入现金或刷卡，自动售卖机会自动找零并释放商品。

智能合约的实现有一个前提条件，就是违反合同条款的代价很高，而且即使成功，获得的收益也极其有限。以自动售卖机为例，机器安装了专业的防护设施，窃贼很难破坏防护设施获得商品。而且自动售卖机中只存有少量零钱，破坏机器的收益极少。

尼克·绍博将智能合约的内容提炼为可遵守性、可验证性、隐私性和可执行性 4 个主要要素。

1. 可遵守性

可遵守性指智能合约应该有可以量化的、明确的双方当事人都必须遵守的各自的义务。双方当事人可以向对方证明自己已经履行或部分履行了合同所规定的义务，或者可以证明自己有能力履行合同义务。

2．可验证性

可验证性指双方当事人具备向仲裁机构或者中立的第三方证明对方已经违反合同或者自己已经履行合同的能力。

3．隐私性

智能合约的执行和控制仅限于智能合约规定的当事各方，仲裁机构和任何第三方都不应该控制智能合约的执行，从而有效地保障当事各方的安全和隐私。

4．可执行性

可执行性指只要当事一方可以证明自己履行了合同条款，合同就会被强制执行。以自动售卖机为例，只要消费者选择商品并支付了足够的金额，智能合约就会被强制执行，即找零和释放商品。智能合约的强制执行不需要得到当事各方的授权和认可。

在区块链技术出现之前，上面的几个要素很难同时被满足。这主要是由于传统的互联网应用程序是中心化系统，数据都集中存储在一个数据库中，智能合约很难在当事各方之间公平、对等地执行，也很难保障当事各方的安全和隐私。

区块链作为去中心化系统，其中运行的 DApp 不由任何中心化的机构维护，数据分布（存储）在很多节点上，几乎不存在作弊的可能，或者说作弊的代价极高。比如必须控制超过全网 51%的算力才能作弊，而拥有如此高算力的人，维护规则的收益比破坏规则的收益要大得多。此外，区块链上的数据进行加密存储，这也很好地保障了当事各方的安全和隐私。

9.1.2　链码的工作流程

在 Fabric 区块链的交易过程中，链码的工作流程如图 9-1 所示。

链码的工作流程可以分为如下 4 个步骤。

（1）用户通过客户端向 Fabric 网络发出调用链码的交易提案。客户端可以是调用 Fabric SDK 的应用程序，也可以是 CLI 工具。

（2）接收到交易提案的 Peer 节点会对提案进行检查，包括 ACL 权限及被调用的链码是否存在错误等。如果通过检查，则为通道创建一个模拟执行交易的环境。

（3）背书节点和链码容器之间通过 gRPC 消息进行交互，模拟执行交易并给出背书结论。

（4）客户端收到足够多的背书后，便可以将这笔交易发送给排序节点进行排序，并最终写入区块链。

链码运行在一个 Docker 容器中。shim 层是节点与链码进行交互的中间层，交互的方式是发送 ChaincodeMessage 消息。当链码的代码逻辑需要读/写账本时，链码会通过 shim 层发送相应操作类型的 ChaincodeMessage 消息给 Peer 节点，Peer 节点在本地操作账本后会返回响应消息。

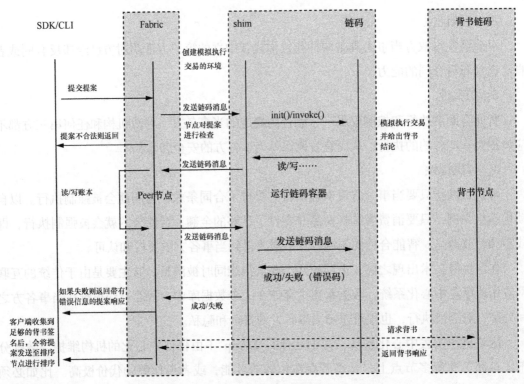

图 9-1 链码的工作流程

9.1.3 学习 Go 语言开发 Fabric 智能合约的前提条件

通过阅读本章的内容，读者可以学习使用 Go 语言开发 Fabric 智能合约的方法。在开始学习之前应该做好一些背景知识的储备，具体如下。

- Go 语言编程基础：具体可以参见第 8 章的内容。
- Docker 容器化部署应用程序：在生产网络和测试网络中，链码是使用 Docker 容器化部署的。本书在 3.1.3 小节中介绍了安装和使用 Docker 的基本方法。
- 使用 Docker Compose 实现容器化编排的方法：开发的智能合约需要以链码的形式部署于 Fabric 测试网络中。测试网络中的各组件需要通过 Docker Compose 实现容器化编排。Docker Compose 是定义和运行多容器 Docker 应用程序的工具。在 Docker Compose 中，可以使用 .yaml 文件配置应用程序服务，然后根据配置使用一个命令创建并启动应用程序中的所有服务。尽管在生产网络中，建议选择 Kubernetes 或 Docker Swarm 提供的大中型网络的容器编排解决方案，但是 Kubernetes 和 Docker Swarm 是商业化产品，管理和配置成本很高，因此在测试网络中使用 Docker Compose 实现容器化编排。由于篇幅所限，本书没有展开介绍 Docker Compose 的使用方法，而只在 3.2.4 小节介绍了安装 Docker Compose 的方法，在 7.3 节中结合实例演示了 Docker Compose 的使用方法。

9.1.4 智能合约编程基础

智能合约编程基础

智能合约是一个程序，读者可以使用 Go、Node.js 或 Java 来编写它。本章介绍使用 Go 语言编写 Fabric 智能合约的方法。

Fabric 智能合约具有以下特性。

- 智能合约通常用于处理网络成员都认可的业务逻辑，在提案交易中可以通过调用链码更新或查询账本。
- 部署后的智能合约被称为链码，链码运行在一个独立的进程中。客户端应用可以调用链码中的函数，也可以通过提交交易来初始化和管理账本的状态。

1．Fabric Contract API

Fabric Contract API 是提供智能合约开发接口的程序包，开发智能合约需要实现这些接口。在开发 Fabric 智能合约之前，应该下载 Fabric Contract API，方法如下：

```
cd $GOPATH/src/github.com/hyperledger
git clone https://github.com/hyperledger/fabric-contract-api-go
```

如果执行 git clone 命令进行下载时遇到问题，则可在浏览器中访问 github.com，下载 Fabric Contract API 程序包，然后将其上传至 CentOS 服务器的$GOPATH/src/ github.com/ hyperledger 目录下。解压缩后，确认$GOPATH/src/github.com/hyperledger/fabric-contract-api-go/contractapi 存在，并且存在图 9-2 所示的 Go 程序文件，这样才能保证在后面的智能合约编程时能够导入 contractapi 包。

```
login as: root
root@192.168.1.111's password:
Last login: Thu Apr 28 06:54:23 2022 from 192.168.1.105
[root@localhost ~]# cd $GOPATH/src/github.com/hyperledger/fabric-contract-api-go
/contractapi
[root@localhost contractapi]# ls
api_test.go                    system_contract.go
contract_chaincode.go          system_contract_test.go
contract_chaincode_test.go     transaction_context.go
contract.go                    transaction_context_test.go
contract_test.go               utils
shared_test.go
[root@localhost contractapi]#
```

图 9-2　准备好 Fabric Contract API

2．使用 Go 语言开发智能合约的程序组成

使用 Go 语言开发智能合约时，通常需要编写以下 2 个 Go 程序。

- 智能合约程序：其主要功能包括声明智能合约、定义存储数据的数据结构和定义访问账本的函数。关于编写智能合约程序的方法将在 9.2 节中介绍。
- 链码程序：其主要功能包括创建智能合约实例和启动智能合约程序。关于编写链码程序的方法将在 9.3 节中介绍。

在 Fabric 源代码的/scripts/fabric-samples/asset-transfer-basic/chaincode-go 目录下存储着使用 Go 语言开发智能合约 asset-transfer-basic 的程序文件。本章将以此为例介绍 Go 语言开发智能合约的基本方法。

9.2 编写智能合约程序

智能合约程序用于实现智能合约的业务逻辑，其中包含如下主要部分：

```
<导入包>
<声明智能合约>
<定义存储数据的数据结构>
<定义访问账本的函数>
```

在 asset-transfer-basic 实例的 chaincode-go 目录下有一个名为 chaincode 的文件夹，其中存储着智能合约程序的相关文件。asset-transfer-basic 实例的智能合约程序文件为 smartcontract.go。本小节将结合 smartcontract.go 的代码介绍使用 Go 语言编写智能合约程序的方法。

9.2.1 导入 contractapi 包

如前文所述，开发智能合约程序需要实现 Fabric Contract API。首先需要导入 contractapi 包，具体代码如下：

```
package chaincode
import (
    ……
    "github.com/hyperledger/fabric-contract-api-go/contractapi"
)
……
```

使用 Go 语言开发的智能合约实际上是一个结构体。使用 contractapi 定义智能合约的代码如下：

```
type SmartContract struct {
    contractapi.Contract
}
```

上面的代码定义了 SmartContract 结构体，并在其中嵌入了 contractapi.Contract 结构体。这么做的目的是通过 contractapi.Contract 结构体快速满足 Fabric Contract API 的要求。

通常，智能合约的定义中还应包含如下内容。

- 区块链中存储数据的数据结构体。
- 实现 Fabric Contract API 的函数，这些函数用于读/写账本中的数据。

9.2.2 定义与账本交换数据的结构体

为了方便读/写状态数据库中的数据，需要在智能合约中定义与账本交换数据的结构体。在智能合约中读取状态数据库中数据的过程如图 9-3 所示。

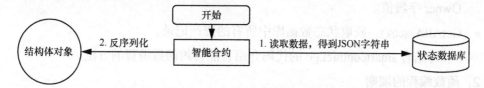

图 9-3　在智能合约中读取状态数据库中数据的过程

在智能合约中向状态数据库写入数据的过程如图 9-4 所示。

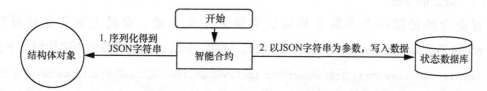

图 9-4　在智能合约中向状态数据库写入数据的过程

在示例智能合约 smartcontract.go 中定义了一个存储资产数据的结构体 Asset，代码如下：

```go
type Asset struct {
    AppraisedValue    int       'json:"AppraisedValue"'
    Color             string    'json:"Color"'
    ID                string    'json:"ID"'
    Owner             string    'json:"Owner"'
    Size              int       'json:"Size"'
}
```

为了便于实现序列化和反序列化操作，在结构体类型的成员变量中定义了标签，以指定成员变量与 JSON 字符串中属性名的对应关系。

9.2.3　智能合约函数编程

在智能合约中函数负责访问状态数据库，进而实现相关的业务逻辑。

1. 示例 asset-transfer-basic 中智能合约所包含的函数

在示例 asset-transfer-basic 中，Go 语言版本的智能合约程序文件为 chaincode/smartcontract.go，其中定义了如下函数。

- InitLedger()：向账本中写入一组资产信息。
- CreateAsset()：向状态数据库中写入一条资产记录。
- UpdateAsset()：更新状态数据库中的一条资产记录。
- DeleteAsset()：根据 id 从状态数据库中删除一条资产记录。
- ReadAsset()：根据 id 从状态数据库中读取一条资产记录。
- AssetExists()：判断状态数据库中是否存在指定的资产记录。

- TransferAsset()：实现资产转移功能，也就是在状态数据库中更新指定资产记录的 Owner 字段值。

- GetAllAssets()：获取状态数据库中所有的资产记录。

本小节将结合 smartcontract.go 的代码介绍智能合约函数编程的方法。

2．函数编程的规则

智能合约的公有函数可以在链码中被调用。公有函数必须符合本小节所介绍的规则，否则在创建链码时会报错。

（1）函数的参数

智能合约的第一个参数必须提供交易上下文变量。交易上下文变量可以是 contractapi.TransactionContextInterface 类型的。例如，InitLedger() 函数的声明代码如下：

```
func (s *SmartContract) InitLedger(ctx contractapi.TransactionContextInterface) error {
......
}
```

调用 ctx.GetStub() 函数可以得到链码桩对象（简称 stub 对象）。stub 对象是 ChaincodeStub 类型的对象。用户可以通过 stub 对象中提供的函数访问账本，包括查询账本、写入账本和删除账本等。

智能合约函数的其他参数只能是如下类型。

- string。

- bool。

- int（包括 int8、int16、int32 和 int64）。

- uint（包括 uint8、uint16、uint32 和 uint64）。

- float32。

- float64。

- time.Time。

- 数组或切片（数组元素只能是上面提到的基本数据类型）。

- 结构体（成员变量的类型只能是上面提到的基本数据类型或满足此条件的结构体）。

- 结构体指针。

- 键和值的数据类型都是上面提到的基本数据类型的 Map。

- interface{}，只能传入数据，可以传入任意类型的数据，在交易中调用时会收到一个 string 值。

（2）函数的返回值

智能合约的函数可以没有返回值，但是建议至少有一个返回值，因为这样调用者就可以获知函数中读/写状态数据库的操作是否成功。智能合约的函数可以有 0 个、1 个或 2 个返回值。如果没有返回值，则默认对状态数据库的读/写操作是成功的，即使操作失败，也不会做必要的处理。

如果智能合约的函数只有 1 个返回值，则它可以是上面提及的参数类型（不包括interface{}），也可以是 error 类型。error 类型的返回值可以返回读/写状态数据库时所遇到的异常信息。

如果智能合约的函数有 2 个返回值，则第 1 个返回值可以是上面提及的参数类型（不包括 interface{}），第 2 个返回值必须是 error 类型。

3．向状态数据库中写入数据

ChaincodeStub 类型在 shim 包中被定义，可用于调用 shim 层的 API。关于 shim 层的作用可以参照 9.1.2 小节理解。

在智能合约中可以利用 stub 对象读/写状态数据库。向状态数据库中写入数据的方法如下：

```
<stub 对象>.PutState(<键>, <值>)
```

可以看到，PutState()函数向状态数据库中写入的数据是一个键值对。例如，InitLedger()函数的代码如下：

```
func (s *SmartContract) InitLedger(ctx contractapi.TransactionContextInterface)
error {
    assets := []Asset{
        {ID: "asset1", Color: "blue", Size: 5, Owner: "Tomoko", AppraisedValue: 300},
        {ID: "asset2", Color: "red", Size: 5, Owner: "Brad", AppraisedValue: 400},
        {ID: "asset3", Color: "green", Size: 10, Owner: "Jin Soo", AppraisedValue: 500},
        {ID: "asset4", Color: "yellow", Size: 10, Owner: "Max", AppraisedValue: 600},
        {ID: "asset5", Color: "black", Size: 15, Owner: "Adriana", AppraisedValue: 700},
        {ID: "asset6", Color: "white", Size: 15, Owner: "Michel", AppraisedValue: 800},
    }
    for _, asset := range assets {
        assetJSON, err := json.Marshal(asset)
        if err != nil {
            return err
        }
        err = ctx.GetStub().PutState(asset.ID, assetJSON)
        if err != nil {
            return fmt.Errorf("failed to put to world state. %v", err)
        }
    }
    return nil
}
```

具体说明如下。

- 定义一个 Asset 数组变量 assets，其中包括 6 条资产记录。
- 依次遍历每一条资产记录，并将其序列化为 JSON 字符串。将对象序列化为 JSON 字符串的方法可以参照 8.7.2 小节理解。

- 依次调用 ctx.GetStub().PutState()函数将每一条资产记录分别写入状态数据库。键为资产的 ID，值为资产记录对应的 JSON 字符串。

在 smartcontract.go 定义的函数中，CreateAsset()、UpdateAsset()和 TransferAsset()也都用于向状态数据库中写入数据，读者可以参照源代码加以理解。

4．从状态数据库中删除数据

在智能合约中，可以通过链码的 stub 对象从状态数据库中删除数据，方法如下：

```
<stub 对象>.DelState(<键>)
```

可以看到，DelState()函数根据<键>从状态数据库中删除数据。例如，DeleteAsset()函数的代码如下：

```
func (s *SmartContract) DeleteAsset(ctx contractapi.TransactionContextInterface,
id string) error {
    exists, err := s.AssetExists(ctx, id)
    if err != nil {
        return err
    }
    if !exists {
        return fmt.Errorf("the asset %s does not exist", id)
    }
    return ctx.GetStub().DelState(id)
}
```

具体说明如下。

- 调用智能合约的 AssetExists()函数，判断要删除的资产记录是否存在。AssetExists()函数的代码将在后文介绍。
- 如果调用 AssetExists()函数返回错误，则将对应的 error 对象作为 DeleteAsset()函数的返回值。
- 如果资产记录不存在，则返回相关的 error 对象。
- 调用 ctx.GetStub().DelState(id)函数以删除资产记录，并返回结果。

5．读取状态数据库中的数据

在智能合约中，可以通过链码的 stub 对象从状态数据库中读取数据，方法如下：

```
<JSON 字符串>, <error 对象> := <stub 对象>.GetState(<键>)
```

可以看到，GetState()函数根据<键>从状态数据库中读取数据。GetState()函数有 2 个返回值，具体说明如下。

- <JSON 字符串>：从状态数据库中读取的数据，需要经过反序列化处理并得到实体对象后才能使用。
- <error 对象>：调用 GetState()函数返回的错误信息。如果没有错误，则为 nil。

例如，AssetExists ()函数的代码如下：

```
func (s *SmartContract) AssetExists(ctx contractapi.TransactionContextInterface,
id string) (bool, error) {
    assetJSON, err := ctx.GetStub().GetState(id)
    if err != nil {
        return false, fmt.Errorf("failed to read from world state: %v", err)
    }

    return assetJSON != nil, nil
}
```

具体说明如下。

- 调用 ctx.GetStub().GetState(id)函数，从状态数据库中读取键为 id 的数据。获取到的数据将被保存在变量 assetJSON 中。
- 如果调用 ctx.GetStub().GetState(id)函数返回错误，则将对应的 error 对象作为 AssetExists()函数的返回值。
- 如果 assetJSON 不等于 nil，则说明状态数据库中存在键为 id 的记录，因此返回 true；如果 assetJSON 等于 nil，则返回 false。

在 AssetExists()函数中并没有对 assetJSON 进行反序列化处理，而 ReadAsset()函数则实现了对 assetJSON 的反序列化操作，并返回一个 asset 对象，代码如下：

```
func (s *SmartContract) ReadAsset(ctx contractapi.TransactionContextInterface, id
string) (*Asset, error) {
    assetJSON, err := ctx.GetStub().GetState(id)
    if err != nil {
        return nil, fmt.Errorf("failed to read from world state: %v", err)
    }
    if assetJSON == nil {
        return nil, fmt.Errorf("the asset %s does not exist", id)
    }
    var asset Asset
    err = json.Unmarshal(assetJSON, &asset)
    if err != nil {
        return nil, err
    }
    return &asset, nil
}
```

ReadAsset()函数在得到 assetJSON 数据后，对 assetJSON 进行反序列化处理得到了 asset 对象，进而将其作为 ReadAsset()函数的返回值。关于 Go 语言 JSON 处理编程的方法可以参照 8.7.2 小节理解。

在 smartcontract.go 定义的函数中，GetAllAssets()也通过调用 ctx.GetStub().GetState()函

数从状态数据库中读取数据，具体情况可以参照源代码加以理解。

6．修改状态数据库中的数据

修改状态数据库中数据的步骤如下。

- 准备要写入状态数据库的对象，并为对象的成员变量赋值。
- 将准备好的对象序列化，得到对应的 JSON 字符串。
- 调用 ctx.GetStub().PutState()函数向状态数据库中写入数据。

例如，UpdateAsset()函数可以根据 id 更新状态数据库中的资产数据，代码如下：

```go
func (s *SmartContract) UpdateAsset(ctx contractapi.TransactionContextInterface,
id string, color string, size int, owner string, appraisedValue int) error {
    exists, err := s.AssetExists(ctx, id)
    if err != nil {
        return err
    }
    if !exists {
        return fmt.Errorf("the asset %s does not exist", id)
    }
    // overwriting original asset with new asset
    asset := Asset{
        ID:             id,
        Color:          color,
        Size:           size,
        Owner:          owner,
        AppraisedValue: appraisedValue,
    }
    assetJSON, err := json.Marshal(asset)
    if err != nil {
        return err
    }
    return ctx.GetStub().PutState(id, assetJSON)
}
```

具体说明如下。

- 调用智能合约的 AssetExists()函数以判断待修改的记录是否存在。如果不存在，则返回相应的错误对象。
- 根据 UpdateAsset()函数的参数创建 asset 对象。
- 将 asset 对象序列化，得到 JSON 字符串 assetJSON。
- 调用 ctx.GetStub().PutState()函数将 assetJSON 写入状态数据库中。

UpdateAsset()函数一次性更新了状态数据库中一条资产记录的所有属性值，而有的时候只需要更新其中的一个或几个属性值。例如，TransferAsset()函数实现资产转移功能，在写入状态数据库时只需要更新资产记录的 Owner 属性。此时不能直接写入数据，而是要首先读取现有的资产数据，修改其中的 Owner 属性值，然后将其写入状态数据库。
TransferAsset()函数的代码如下：

```
func (s *SmartContract) TransferAsset(ctx contractapi.TransactionContextInterface,
id string, newOwner string) error {
    asset, err := s.ReadAsset(ctx, id)
    if err != nil {
        return err
    }
    asset.Owner = newOwner
    assetJSON, err := json.Marshal(asset)
    if err != nil {
        return err
    }
    return ctx.GetStub().PutState(id, assetJSON)
}
```

9.3 链码编程与智能合约的测试

9.2 节介绍了编写智能合约程序的方法，但只实现了智能合约的功能。这样的智能合约还不能运行，也不能被调用。

要想让智能合约运行起来，还要编写一个与其对应的链码程序。

有了链码程序，就可以将智能合约部署在 Fabric 网络中，然后通过 CLI 工具对智能合约进行测试。

9.3.1 在链码中使用智能合约

链码程序具有如下特性。

- 链码程序中包含一个 main()函数，这是运行链码程序的主函数。
- 每个链码程序都有一个与其对应的智能合约，并在链码程序中会引用该智能合约。
- 在链码程序中可以启动与其对应的智能合约。

在实例 asset-transfer-basic 中，链码程序是 chaincode-go 文件夹下的 assetTransfer.go。它对应的智能合约就是 9.2 节介绍的 smartcontract.go。链码程序及其对应的智能合约可以不在同一个文件夹下。

1．在链码程序中导入包

Fabric 2.0 之后的版本对链码进行了较大的改进，不再需要显式地导入图 9-1 中提及的 shim 包，而是需要导入如下内容。

- contractapi 包：目的是引用 contractapi.NewChaincode()函数以创建链码对象。

- 对应智能合约的路径：目的是使用智能合约。
- log 包：智能合约在后台运行，没有界面，因此很有必要借助 log 包的功能记录日志。

在 assetTransfer.go 中导入包的代码如下：

```
(
    "log"
    "github.com/hyperledger/fabric-contract-api-go/contractapi"
    "github.com/hyperledger/fabric-samples/asset-transfer-basic/chaincode-go/
    chaincode"
)
```

Go 语言在导入本地包时会在$GOPATH/src 目录下查找开发包。这里假定已实现如下两点。

- 已经参照 9.1.4 小节安装 Fabric Contract API，因此$GOPATH/src /github.com/hyperledger/
fabric-contract-api-go 目录存在。
- 已经将 fabric-samples 文件夹复制到$GOPATH/src/github.com/hyperledger 目录下。

2．创建链码对象

要在链码中启动智能合约，首先要创建与智能合约相对应的链码对象，方法如下：

```
<链码对象>, <error 对象> := contractapi.NewChaincode(<智能合约对象指针>)
```

在 assetTransfer.go 中创建链码对象的代码如下：

```
assetChaincode, err := contractapi.NewChaincode(&chaincode.SmartContract{})
if err != nil {
    log.Panicf("Error creating asset-transfer-basic chaincode: %v", err)
}
```

程序中使用&chaincode.SmartContract{}获得 chaincode 文件夹下智能合约 SmartContract 的指针。这里使用的是相对路径，因为链码程序 assetTransfer.go 与 chaincode 文件夹在同一个目录下。

3．在链码中启动智能合约

创建链码对象后，可以通过链码对象启动智能合约，方法如下：

```
<链码对象>.Start()
```

在 assetTransfer.go 中启动智能合约的代码如下：

```
if err := assetChaincode.Start(); err != nil {
    log.Panicf("Error starting asset-transfer-basic chaincode: %v", err)
}
```

9.3.2　在测试网络中部署链码

本章前面部分已经介绍了智能合约编程和链码编程的方法。为了更直观地体验智能合约实现的功能，可以首先在测试网络中部署链码，然

在测试网络中部署
和调用链码

后调用部署好的链码。

在生产网络中手动部署链码的过程比较复杂，而测试网络提供了部署链码的脚本，可以很方便地实现链码部署，具体命令如下：

```
./network.sh deployCC -ccn basic -ccp ../asset-transfer-basic/chaincode-go -ccl go
```

命令选项如表 9-1 所示。

表 9-1　测试网络 network.sh 脚本 deployCC 子命令常用的命令选项

命令选项	说明
-c <channel name>	指定智能合约要部署的通道名。如果不指定通道名，则默认部署到通道 mychannel 中
-ccn <name>	指定要部署的智能合约名
-ccl <language>	指定要部署的链码编程语言，默认为 Go，还包括 Java、JavaScript 和 TypeScript
-ccp <path>	指定链码文件的路径

在./network.sh deployCC 命令的执行过程中，脚本会下载资源。为了避免由于网络问题造成命令执行失败，需要首先设置 Go 语言的网络代理，方法如下：

```
go env -w GOPROXY=https://goproxy.io,direct
go env -w GO111MODULE=on
```

另外，需要注意的是，在部署链码之前，应该提前执行如下命令以启动测试网络，并创建通道 mychannel。

```
cd $GOPATH/src/github.com/hyperledger/fabric/scripts/fabric-samples/test-network
./network.sh up
./network.sh createChannel
```

为了初始化测试网络的环境，避免出现不必要的错误，建议在启动测试网络之前执行./network down 命令以关闭测试网络。

例如，执行下面的命令可以在通道上部署链码 basic，链码文件的路径为../asset-transfer-basic/chaincode-go（相对于 test-network），编程语言为 Go。

```
./network.sh deployCC -ccn basic -ccp ../asset-transfer-basic/chaincode-go -ccl go
```

因为没有指定通道，所以智能合约逻辑上被部署在默认通道 mychannel 上，物理上被部署在 peer0.org1 和 peer0.org2 两个 Peer 节点上。

如果是第一次安装智能合约，则脚本也会安装智能合约的依赖。在上面的命令中使用 -ccl go 参数指定了链码的编程语言为 Go，因此如果之前没有部署过链码 basic，则会自动安装它的 Go 语言依赖包。

命令的执行结果如下：

```
deploying chaincode on channel 'mychannel'
```

```
executing with the following
 - CHANNEL_NAME: mychannel
 - CC_NAME: basic
 - CC_SRC_PATH: ../asset-transfer-basic/chaincode-go
 - CC_SRC_LANGUAGE: go
 - CC_VERSION: 1.0
 - CC_SEQUENCE: 1
 - CC_END_POLICY: NA
 - CC_COLL_CONFIG: NA
 - CC_INIT_FCN: NA
 - DELAY: 3
 - MAX_RETRY: 5
 - VERBOSE: false
Vendoring Go dependencies at ../asset-transfer-basic/chaincode-go
......
Chaincode is packaged
Installing chaincode on peer0.org1...
......
Install chaincode on peer0.org2...
......
Committed chaincode definition for chaincode 'basic' on channel 'mychannel':
......
```

由于篇幅所限，执行结果中的部分内容使用"......"代替，而只保留了主要的输出信息。

命令执行的具体过程如下。

（1）安装智能合约的 Go 语言依赖包。

（2）打包链码。

（3）在 Peer 节点 peer0.org1 上安装链码。

（4）在 Peer 节点 peer0.org2 上安装链码。

（5）在通道 mychannel 上提交链码 basic 的定义。

在生产网络中部署链码时，这些步骤都需要手动执行。

9.3.3　在测试网络中调用链码

启动测试网络后，可以使用 peer chaincode 命令与网络进行交互，具体功能如下。

- 安装和部署智能合约。

- 更新通道。

- 调用已经部署的链码。

可执行文件 peer 保存在 fabric-samples/bin 文件夹下。peer chaincode 命令的使用方法如下：

```
peer chaincode <链码操作命令> <操作选项>
```

该命令支持的链码操作命令如表 9-2 所示。

表 9-2　peer chaincode 命令支持的链码操作命令

链码操作命令	说明
install	以指定的格式打包链码并将其保存在 Peer 节点的指定路径下
instantiate	对已安装的链码进行实例化
invoke	调用指定的链码
package	以指定的格式打包链码
query	使用指定的链码查询账本
signpackage	对指定的链码包进行签名
upgrade	升级链码

这些链码操作命令可以管理链码的整个生命周期，如图 9-5 所示。

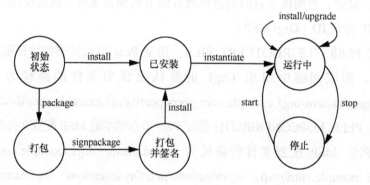

图 9-5　链码操作命令可以管理链码的整个生命周期

不同的链码操作命令对应不同的操作选项，后文在介绍 peer chaincode 的各种链码操作命令时即会介绍它们所对应的操作选项。

1．准备执行命令的环境

在执行 peer 命令之前，应该参照如下步骤配置一系列环境变量。

（1）切换至 test-network 目录以便执行后面的操作。

```
cd $GOPATH/src/github.com/hyperledger/fabric/scripts/fabric-samples/test-network
```

（2）将 fabric-samples/bin 目录（即当前目录的上级目录中的 bin 目录。当前目录为 test-network，而其上级目录为 fabric-samples）添加至环境变量 PATH 中。

```
export PATH=${PWD}/../bin:$PATH
```

（3）设置环境变量 FABRIC_CFG_PATH 的值，使其指向 core.yaml 的位置。

```
export FABRIC_CFG_PATH=$PWD/../config/
```

（4）设置一组环境变量，使用户能以组织 Org1 的身份操作 Peer 客户端工具。

```
export CORE_PEER_TLS_ENABLED=true
export CORE_PEER_LOCALMSPID="Org1MSP"
```

```
export CORE_PEER_TLS_ROOTCERT_FILE=${PWD}/organizations/peerOrganizations/org1.
example.com/peers/peer0.org1.example.com/tls/ca.crt
export CORE_PEER_MSPCONFIGPATH=${PWD}/organizations/peerOrganizations/org1.
example.com/users/Admin@org1.example.com/msp
export CORE_PEER_ADDRESS=localhost:7051
```

具体说明如下。

- CORE-PEER_TLS_ENABLED：启用针对服务器端的 TLS 身份验证。TLS 用于在两个通信应用程序之间提供保密性和数据完整性。

- CORE_PEER_LOCALMSPID：本地 MSP 的标识 ID。注意，部署人员需要修改 localMspID 的值。localMspID 的值需要匹配执行上面命令的 Peer 节点所在通道中的某个 MSP，否则该节点的消息将被其他节点视为无效。这里使用组织 Org1 的本地 MSP 标识 ID（Org1MSP）。

- CORE_PEER_TLS_ROOTCERT_FILE：指定 Peer 节点证书的验证链根证书文件的路径。测试网络中组织 Org1 的默认根证书文件的路径为 organizations/peerOrganizations/org1.example.com/peers/peer0.org1.example.com/tls/ca.crt。

- CORE_PEER_MSPCONFIGPATH：指定 Peer 节点的本地 MSP 配置文件的路径。测试网络的默认 MSP 配置文件的路径为 organizations/ org1.example.com/users/Admin @org1.example.com/msp。organizations/peerOrganizations/ org1.example.com 文件夹下保存着组织 Org1 的所有加密资源（数字证书和密钥文件等）。

- CORE_PEER_ADDRESS：Peer 节点的 P2P 连接地址。同一组织中其他 Peer 节点可以通过此地址连接此节点。这里指定测试网络中当前节点的 P2P 连接地址为 localhost:7051，其也是 core.yaml 中配置的 Peer 节点所默认的监听地址。

2．调用链码

可以通过 peer chaincode invoke 命令调用链码上的函数。该命令的常用操作选项如表 9-3 所示。

表 9-3　peer chaincode invoke 命令的常用操作选项

操作选项	说明
-o 或 --orderer \<string\>	指定排序服务的访问地址，格式为\<主机名\>:\<端口号\>或者\<IP 地址\>:\<端口号\>。可以使用 localhost:7050，因为是测试网络，所以使用本地连接；7050 是 orderer.yaml 中配置的排序节点的默认监听端口号
--ordererTLSHostnameOverride	验证排序服务的 TLS 连接时使用的替代主机名。例如，在测试网络中可以使用 orderer.example.com
--tls	指定需要使用 TLS 与排序节点进行通信
--cafile	指定排序服务的数字证书路径
-C 或 --channelID \<string\>	指定执行当前命令的通道
-n 或-name \<string\>	指定链码的名字
--peerAddresses	Peer 节点的连接地址

操作选项	说明
--tlsRootCertFiles	如果启用了 TLS，则此操作选项指定 Peer 节点连接的 TLS 根证书路径。操作选项 --tlsRootCertFiles 的顺序和数量应该与操作选项--peerAddresses 相匹配
-c 或--ctor \<string\>	指定查询账本时向链码传递的参数，参数是 JSON 格式的字符串，默认值为 "{}"。在 JSON 字符串中 "function" 属性指定要调用的函数，"Args" 属性指定调用函数的参数

【例 9-1】 使用 peer chaincode invoke 命令调用链码中的 InitLedger()函数。InitLedger() 函数的功能是将一个初始的资产列表写入账本，命令如下：

```
peer chaincode invoke -o localhost:7050 --ordererTLSHostnameOverride orderer.
example.com --tls --cafile ${PWD}/organizations/ordererOrganizations/example.
com/orderers/orderer.example.com/msp/tlscacerts/tlsca.example.com-cert.pem -
Cmychannel -n basic --peerAddresses localhost:7051 --tlsRootCertFiles ${PWD}/
organizations/peerOrganizations/org1.example.com/peers/peer0.org1.example.com/tls/
ca.crt --peerAddresses localhost:9051 --tlsRootCertFiles ${PWD}/organizations/
peerOrganizations/org2.example.com/peers/peer0.org2.example.com/tls/ca.crt -c '{"
function":"InitLedger","Args":[]}'
```

其中 7051 是 peer0.org1.example.com 的监听端口，9051 是 peer0.org2.example.com 的监听端口。关于测试网络中使用的监听端口可以参照 5.5.1 小节加以理解。

注意，在执行 peer chaincode invoke 命令前，应该执行./network.sh up 命令以启动测试网络。如果一切正常，则上面命令的执行结果如下：

```
2021-10-16 22:57:13.959 CST [chaincodeCmd] chaincodeInvokeOrQuery -> INFO 001
Chaincode invoke successful. result: status:200
```

这说明已经成功调用了链码。

3．查询账本

可以通过 peer chaincode query 命令查询账本。命令中对应的操作选项可以参照表 9-3 进行理解。

【例 9-2】 使用 peer chaincode query 命令调用链码（通过 GetAllAssets()函数）查询账本中所有资产的信息，命令如下：

```
peer chaincode query -C mychannel -n basic -c '{"Args":["GetAllAssets"]}'
```

在执行 peer chaincode query 命令前，应该执行./network.sh up 命令以启动测试网络。如果一切正常，则上面命令的执行结果如图 9-6 所示。

```
[root@localhost test-network]# peer chaincode query -C mychannel -n basic -c '{"
Args":["GetAllAssets"]}'
[{"ID":"asset1","color":"blue","size":5,"owner":"Tomoko","appraisedValue":300},{
"ID":"asset2","color":"red","size":5,"owner":"Brad","appraisedValue":400},{"ID":
"asset3","color":"green","size":10,"owner":"Jin Soo","appraisedValue":500},{"ID"
:"asset4","color":"yellow","size":10,"owner":"Max","appraisedValue":600},{"ID":"
asset5","color":"black","size":15,"owner":"Adriana","appraisedValue":700},{"ID":
"asset6","color":"white","size":15,"owner":"Michel","appraisedValue":800}]
```

图 9-6 使用 peer chaincode query 命令调用链码查询账本中所有资产的信息

可以看到，账本中包含 6 个资产，名字分别为 asset1、asset2、asset3、asset4、asset5 和 asset6。

在执行 peer chaincode invoke 命令时传递的参数中使用"function"可以指定调用 TransferAsset()函数来执行资产转移操作。

【例 9-3】 使用 peer chaincode invoke 命令调用链码的 TransferAsset()函数将资产 asset6 转移给 Johney，命令如下：

```
peer chaincode invoke -o localhost:7050 --ordererTLSHostnameOverride orderer.
example.com --tls --cafile ${PWD}/organizations/ordererOrganizations/example.
com/orderers/orderer.example.com/msp/tlscacerts/tlsca.example.com-cert.pem -
C mychannel -n basic --peerAddresses localhost:7051 --tlsRootCertFiles
${PWD}/organizations/peerOrganizations/org1.example.com/peers/peer0.org1.example.
com/tls/ca.crt --peerAddresses localhost:9051 --tlsRootCertFiles ${PWD}/
organizations/peerOrganizations/org2.example.com/peers/peer0.org2.example.com/
tls/ca.crt -c '{"function":"TransferAsset","Args":["asset6","Johney"]}'
```

命令的具体说明如下。

- 由于对 TransferAsset()函数的背书策略要求，交易需要由组织 Org1 和 Org2 分别进行签名，因此使用操作选项--peerAddresses 指定将 peer chaincode invoke 命令发送至 peer0.org1.example.com 和 peer0.org2.example.com。
- 因为网络启用了 TLS 协议，所以需要使用操作选项--tlsRootCertFiles 来引用每个 Peer 节点的 TLS 证书。

如果一切正常，则上面命令的执行结果如下：

```
2021-10-17 18:33:33.224 CST [chaincodeCmd] chaincodeInvokeOrQuery -> INFO 001
Chaincode invoke successful. result: status:200
```

这说明已经成功调用了链码。

【例 9-4】 执行 peer chaincode query 命令调用链码的 ReadAsset()函数以查看资产 asset6 的详细信息，命令如下：

```
peer chaincode query -C mychannel -n basic -c '{"Args":["ReadAsset","asset6"]}'
```

前面都是查看组织 Org1 的 Peer 节点上的账本，这里切换环境变量如下，查看组织 Org2 的 Peer 节点上的账本，两个账本的内容应该一致。

```
# Environment variables for Org2
export CORE_PEER_TLS_ENABLED=true
export CORE_PEER_LOCALMSPID="Org2MSP"
export CORE_PEER_TLS_ROOTCERT_FILE=${PWD}/organizations/peerOrganizations/org2.
example.com/peers/peer0.org2.example.com/tls/ca.crt
export CORE_PEER_MSPCONFIGPATH=${PWD}/organizations/peerOrganizations/org2.
example.com/users/Admin@org2.example.com/msp
export CORE_PEER_ADDRESS=localhost:9051
```

如果一切正常，则例 9-4 的 peer chaincode query 命令的执行结果如图 9-7 所示。

```
[root@localhost test-network]# peer chaincode query -C mychannel -n basic -c '{"
Args":["ReadAsset","asset6"]}'
{"ID":"asset6","color":"white","size":15,"owner":"Johney","appraisedValue":800}
```

图 9-7　查看资产 asset6 的详细信息

可以看到资产 asset6 已经在 Johney 名下。

本书将在第 10 章中介绍通过 Fabric SDK Go 与 Fabric 网络进行交互的方法。

9.4　交易编程

在使用 contractapi 包创建的智能合约中，可以定义一个函数，并令调用者在每次调用智能合约之前或之后调用该函数。利用这一特性，可以实现交易钩子的功能，即在每次发生交易之前或之后调用指定的函数，处理交易数据。这里所说的交易体现为调用智能合约的一个函数，为了便于描述，本节后面将与交易处理函数相关联的智能合约函数称为交易函数。

9.4.1　交易处理函数的类型

交易处理函数可以分为如下 3 种类型。

（1）交易前处理函数：在每个智能合约交易发生之前被调用，通常执行交易的预处理，可以通过交易上下文变量 ctx 读/写状态数据库中的数据。

（2）交易后处理函数：在每个智能合约交易发生之后被调用，通常执行交易的后处理，也可以通过交易上下文变量 ctx 读/写状态数据库中的数据。

（3）未知处理函数：如果发起的是智能合约中未定义的交易，则会调用未知处理函数。通常，未知处理函数会记录错误，以便日后管理员或程序员处理问题。

定义交易处理函数是可选项。即使没有交易处理函数，智能合约也可以正常运行。交易处理函数可以简化智能合约的编码过程，具体方法将在 9.4.3 小节介绍。

9.4.2　定义交易处理函数

交易前处理函数的定义方法如下：

```
func MyBeforeTransaction(ctx contractapi.TransactionContextInterface) error {
    ......
}
```

交易前处理函数只能有一个参数，即 ctx。contractapi.TransactionContextInterface 可以提供交易的上下文。可以使用 ctx 来调用交易函数的名称和参数变量，方法如下：

```
<函数名>, <参数列表> := ctx.GetStub().GetFunctionAndParameters()
```

<函数名>是一个 string 变量，<参数列表>是一个 string 数组变量。

交易后处理函数的定义方法如下：

```
func MyAfterTransaction(ctx contractapi.TransactionContextInterface, iface
interface{}) error {
    ......
}
```

除了交易上下文变量 ctx，交易后处理函数还有一个参数即 iface，其用于接收交易函数的返回值。

可以在链码程序中设置智能合约的交易处理函数，方法如下：

```
<智能合约对象>.BeforeTransaction = MyBeforeTransaction
<智能合约对象>. AfterTransaction = MyAfterTransaction
```

假定有一个智能合约 SimpleContract，在其链码程序的 main()函数中可以使用如下代码设置 SimpleContract 的交易处理函数。

```
simpleContract := new(SimpleContract)
simpleContract.BeforeTransaction = MyBeforeTransaction
    simpleContract.AfterTransaction = MyAfterTransaction
```

9.4.3 利用交易处理函数优化智能合约的代码

交易处理函数具有如下特性。

- 所有智能合约的函数在被调用之前和之后都会触发交易处理函数。
- 在交易处理函数中，可以获取到交易函数的参数列表。
- 在交易处理函数中，可以利用交易上下文对象读/写状态数据库。

利用上述特性可以提炼所有智能合约函数的共性，进而即可在交易处理函数中优化智能合约的代码。假定智能合约 SimpleContract 的所有函数具有如下共性。

- 所有函数中都需要根据键从状态数据库中读取数据。
- 所有函数的参数列表中第 1 个参数都是状态对象的键值。

则可以参照如下步骤优化智能合约的代码。

（1）自定义交易上下文对象的结构体，新增用于存储状态数据的属性。

（2）在交易前处理函数中获取交易函数的参数列表，并根据第 1 个参数读取状态数据库。将获取到的状态数据存储在自定义交易上下文对象中。

（3）将智能合约 SimpleContract 的所有函数中的交易上下文对象替换为自定义交易上下文对象。

这样，在智能合约 SimpleContract 的函数中就不需要手动从状态数据库中读取数据库，而是可以直接从自定义交易上下文对象中获取状态数据，这是很容易实现的操作。

1．自定义交易上下文对象的结构体

为了能够在智能合约中使用到交易处理函数读取的数据，需要设计自定义交易上下文对象的结构体，以在其中存储数据。

首先定义接口 CustomTransactionContextInterface，指定自定义交易上下文对象的结构体中必须实现的函数，代码如下：

```
type CustomTransactionContextInterface interface {
    contractapi.TransactionContextInterface
    GetData() []byte
    SetData([]byte)
}
```

然后定义结构体 CustomTransactionContext，实现接口 CustomTransactionContextInterface，代码如下：

```
type CustomTransactionContext struct {
    contractapi.TransactionContext
    data []byte
}
// 返回设置的数据
func (ctc *CustomTransactionContext) GetData() []byte {
    return ctc.data
}
// 设置数据
func (ctc *CustomTransactionContext) SetData(data []byte) {
    ctc.data = data
}
```

最后即可将智能合约中所有的交易上下文对象 ctx contractapi.Transaction ContextInterface 替换为 ctx CustomTransactionContextInterface。

此外，还需要在链码程序中将智能合约的交易上下文处理器（TransactionContextHandler）设置为 CustomTransactionContext，方法如下：

```
simpleContract.TransactionContextHandler = new(CustomTransactionContext)
```

2．在交易前处理函数中读取数据并将其存储在自定义交易上下文对象中

可以在交易前处理函数中将 CustomTransactionContextInterface 参数 ctx 作为交易上下文对象，然后根据交易函数的第 1 个参数从状态数据库中读取数据并将其存储在 ctx 中。

例如，定义 GetWorldState() 函数，代码如下：

```
func GetWorldState(ctx CustomTransactionContextInterface) error {
    _, params := ctx.GetStub().GetFunctionAndParameters()

    if len(params) < 1 {
```

```
        return errors.New("Missing key for world state")
    }
    existing, err := ctx.GetStub().GetState(params[0])
    if err != nil {
        return errors.New("Unable to interact with world state")
    }
    ctx.SetData(existing)
    return nil
}
```

然后在链码程序中指定将 GetWorldState() 作为智能合约的交易前处理函数，方法如下：

```
<智能合约对象>.BeforeTransaction = GetWorldState
```

3．在智能合约中从自定义交易上下文对象中获取状态数据

因为智能合约的每个函数在被调用前都会自动触发 GetWorldState() 函数，而 GetWorldState() 函数会根据交易函数的第 1 个参数从状态数据库中读取数据并将其存储在 ctx 中，所以在智能合约中可以省去从状态数据库中读取状态数据的代码，而直接从自定义交易上下文对象中获取所需要的状态数据。交易上下文对象被替换前读取状态数据的代码如下：

```
existing, err := ctx.GetStub().GetState(key)
if err != nil {
    return errors.New("Unable to interact with world state")
}
```

被替换后读取状态数据的代码如下：

```
existing := ctx.GetData()
```

可以看到，智能合约中读取数据的代码被优化了。

【例 9-5】　利用交易处理函数优化智能合约的例子。

在 $GOPATH/src/github.com/hyperledger/fabric 目录下创建 my_contracts 文件夹，然后在 my_contracts 下创建 sample9_5 文件夹，用于保存本实例的程序文件。

在 sample9_5 文件夹下创建一个 transaction-context.go 文件，并在其中定义自定义交易上下文对象的结构体，代码如下：

```
package main
import (
        "github.com/hyperledger/fabric-contract-api-go/contractapi"
)
//定义接口 CustomTransactionContextInterface，指定自定义交易上下文对象的结构体中必须实现的函数
type CustomTransactionContextInterface interface {
    contractapi.TransactionContextInterface
    GetData() []byte
```

```
        SetData([]byte)
}
//自定义交易上下文对象
type CustomTransactionContext struct {
        contractapi.TransactionContext
        data []byte
}
//返回预读数据
func (ctc *CustomTransactionContext) GetData() []byte {
        return ctc.data
}
//设置预读数据
func (ctc *CustomTransactionContext) SetData(data []byte) {
        ctc.data = data
}
```

在sample9_5文件夹下创建simple-contract.go，并在其中定义一个智能合约SimpleContract，代码如下：

```
package main
import (
    "errors"
    "fmt"
    "github.com/hyperledger/fabric-contract-api-go/contractapi"
)
type SimpleContract struct {
    contractapi.Contract
}
//在状态数据库中添加一个键值对
func (sc *SimpleContract) Create(ctx CustomTransactionContextInterface, key string,
value string) error {
    existing := ctx.GetData()
    if existing != nil {
      return fmt.Errorf("Cannot create world state pair with key %s. Already exists", key)
    }
    err := ctx.GetStub().PutState(key, []byte(value))
    if err != nil {
        return errors.New("Unable to interact with world state")
    }
    return nil
}
//在状态数据库中修改指定键的值
func (sc *SimpleContract) Update(ctx CustomTransactionContextInterface, key string,
value string) error {
     existing := ctx.GetData()
     if existing == nil {
```

```
            return fmt.Errorf("Cannot update world state pair with key %s. Does not exist", key)
    }
    err := ctx.GetStub().PutState(key, []byte(value))
    if err != nil {
        return errors.New("Unable to interact with world state")
    }
    return nil
}
//从状态数据库中根据键读取数据
func (sc *SimpleContract) Read(ctx CustomTransactionContextInterface, key string)
(string, error) {
    existing := ctx.GetData()
    if existing == nil {
        return "", fmt.Errorf("Cannot read world state pair with key %s. Does not exist",key)
    }
    return string(existing), nil
}
```

智能合约 SimpleContract 中定义了以下 3 个函数。

- Create()：用于在状态数据库中添加一个键值对。
- Update()：用于在状态数据库中修改指定键的值。
- Read()：用于从状态数据库中根据键读取数据。

这 3 个函数的第 1 个参数都是自定义上下文结构体 CustomTransactionContextInterface 对象 ctx；第 2 个参数（实际的第 1 个参数）都是数据的键。

这 3 个函数都不直接从状态数据库中读取数据，而是会通过 ctx.GetData()函数从自定义上下文对象 ctx 中获取键 key 所对应的数据库。

在 sample9_5 文件夹下创建链码文件 main.go，代码如下：

```
import (
    "errors"
    "github.com/hyperledger/fabric-contract-api-go/contractapi"
)
//交易前处理函数
func GetWorldState(ctx CustomTransactionContextInterface) error {
    _, params := ctx.GetStub().GetFunctionAndParameters()
    if len(params) < 1 {
        return errors.New("Missing key for world state")
    }
    existing, err := ctx.GetStub().GetState(params[0])
    if err != nil {
        return errors.New("Unable to interact with world state")
    }
    ctx.SetData(existing)
    return nil
```

```
  }
func main() {
   simpleContract := new(SimpleContract)
   simpleContract.BeforeTransaction = GetWorldState
   simpleContract.TransactionContextHandler = new(CustomTransactionContext)
    cc, err := contractapi.NewChaincode(simpleContract)
   if err != nil {
      panic(err.Error())
    }
   if err := cc.Start(); err != nil {
      panic(err.Error())
    }
  }
```

程序中定义了一个 GetWorldState()函数,并将其设置为智能合约 SimpleContract 的交易前处理函数。在 GetWorldState()函数中根据交易函数的第 1 个参数(智能合约 SimpleContract 中 3 个函数的第 1 个实际参数都是键 key)从状态数据库中读取数据,并将其存储在自定义上下文对象 ctx 中。这是智能合约 SimpleContract 中 3 个函数都可以从 ctx 中直接获取到对应数据的原因。

9.5 节会介绍在开发模式下运行例 9-5 的方法。

9.4.4　未知处理函数调用

默认情况下,客户端在发起链码请求(链码请求包含初始化请求、调用请求和查询请求)时,会传递一个函数名。如果这个函数名对链码而言是未知的,则链码会给 Peer 节点返回错误。

9.4.1 小节介绍了交易处理函数的类型,其中包括未知处理函数。当链码接收到未知请求时会自动调用未知处理函数。下面是一个未知处理函数的例子:

```
func UnknownTransactionHandler(ctx CustomTransactionContextInterface) error {
    fcn, args := ctx.GetStub().GetFunctionAndParameters()
    return fmt.Errorf("无效的函数调用。函数名: %s ; 参数: %v", fcn, args)
}
```

这里使用了 9.4.3 小节中介绍的自定义交易上下文对象接口,并利用接口获取请求中包含的函数名和参数列表。这里并没有做进一步的处理,只返回一个 error 对象,其中包含未知调用的函数名和参数列表信息。可以通过设置链码的 UnknownTransaction 属性来定义其未知处理函数,方法如下:

```
<链码>.UnknownTransaction = <未知处理函数名>
```

例如,在例 9-5 的链码程序 main.go 中可以添加如下代码指定智能合约 SimpleContract 的未知处理函数为 UnknownTransactionHandler。

```
simpleContract.UnknownTransaction = UnknownTransactionHandler
```

9.5 在开发模式下运行链码

在智能合约开发过程中，开发者需要对自己开发的智能合约进行测试。但是在生产网络下运行链码的步骤很烦琐，需要经过打包智能合约、安装链码包、批准链码定义和将链码定义写入通道等过程。为了避免在每次更新代码时都重复部署链码，Fabric 提供了智能合约的开发模式（DevMode），在开发模式下可以很方便地运行链码。

9.5.1 搭建环境

假定已经参照 3.2 节安装了 Fabric 区块链，安装路径为$GOPATH/src/github.com/hyperledger/fabric/。本节中提到的命令都在该路径下执行。

1．用 Fabric 源代码构建二进制文件

首先安装 GCC、C++编译器及内核文件，命令如下：

```
yum -y install gcc gcc-c++ kernel-devel
```

然后执行如下命令，构建 orderer、peer 和 configtxgen 工具的二进制文件。

```
cd $GOPATH/src/github.com/hyperledger/fabric/
make orderer peer configtxgen
```

如果一切正常，则执行结果如图 9-8 所示。可以看到 orderer、peer 和 configtxgen 等二进制文件被生成到了/root/gocode/src/github.com/hyperledger/fabric/build/bin 目录下。

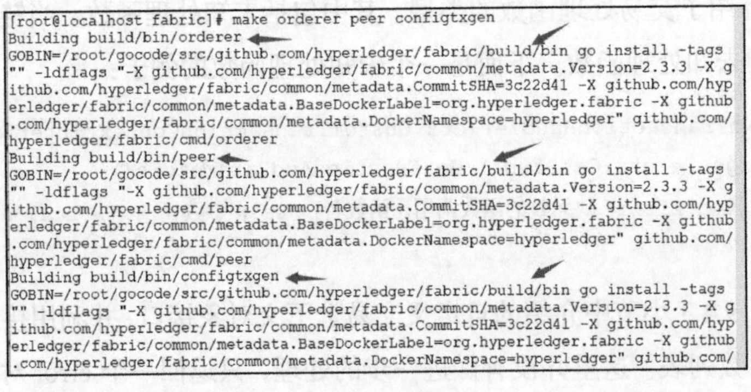

```
[root@localhost fabric]# make orderer peer configtxgen
Building build/bin/orderer
GOBIN=/root/gocode/src/github.com/hyperledger/fabric/build/bin go install -tags
"" -ldflags "-X github.com/hyperledger/fabric/common/metadata.Version=2.3.3 -X g
ithub.com/hyperledger/fabric/common/metadata.CommitSHA=3c22d41 -X github.com/hyp
erledger/fabric/common/metadata.BaseDockerLabel=org.hyperledger.fabric -X github
.com/hyperledger/fabric/common/metadata.DockerNamespace=hyperledger" github.com/
hyperledger/fabric/cmd/orderer
Building build/bin/peer
GOBIN=/root/gocode/src/github.com/hyperledger/fabric/build/bin go install -tags
"" -ldflags "-X github.com/hyperledger/fabric/common/metadata.Version=2.3.3 -X g
ithub.com/hyperledger/fabric/common/metadata.CommitSHA=3c22d41 -X github.com/hyp
erledger/fabric/common/metadata.BaseDockerLabel=org.hyperledger.fabric -X github
.com/hyperledger/fabric/common/metadata.DockerNamespace=hyperledger" github.com/
hyperledger/fabric/cmd/peer
Building build/bin/configtxgen
GOBIN=/root/gocode/src/github.com/hyperledger/fabric/build/bin go install -tags
"" -ldflags "-X github.com/hyperledger/fabric/common/metadata.Version=2.3.3 -X g
ithub.com/hyperledger/fabric/common/metadata.CommitSHA=3c22d41 -X github.com/hyp
erledger/fabric/common/metadata.BaseDockerLabel=org.hyperledger.fabric -X github
.com/hyperledger/fabric/common/metadata.DockerNamespace=hyperledger" github.com/
```

图 9-8　构建 orderer、peer 和 configtxgen 工具的二进制文件

执行如下命令查看构建的结果，如图 9-9 所示。

```
ls /root/gocode/src/github.com/hyperledger/fabric/build/bin
```

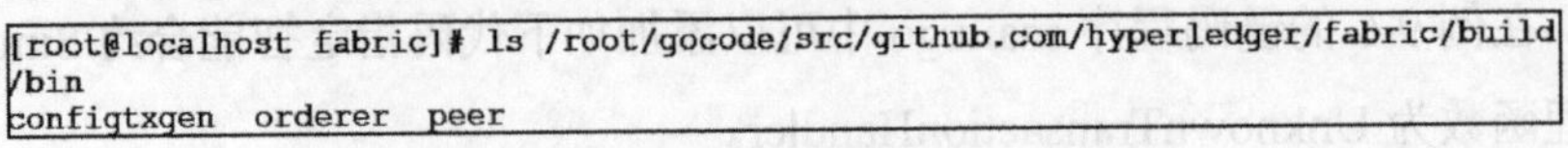

```
[root@localhost fabric]# ls /root/gocode/src/github.com/hyperledger/fabric/build
/bin
configtxgen  orderer  peer
```

图 9-9　查看构建二进制文件的结果

可以看到生成的 3 个二进制文件为 configtxgen、orderer 和 peer。

2．设置环境变量

为了方便后续定位二进制文件，将 /root/gocode/src/github.com/hyperledger/ fabric/build/bin 添加到环境变量 PATH 中，命令如下：

```
export PATH=$(pwd)/build/bin:$PATH
```

当前在/root/gocode/src/github.com/hyperledger/fabric 目录下，为了方便输入命令使用了 $(pwd)/build/bin，其中$(pwd)代表当前目录。

在 Fabric 源代码的 sampleconfig 目录下提供了常用配置文件的模板，包括 configtx.yaml、core.yaml 和 orderer.yaml。为了方便后续定位这些配置文件，将 sampleconfig 设置到环境变量 FABRIC_CFG_PATH 中，命令如下：

```
export FABRIC_CFG_PATH=$(pwd)/sampleconfig
```

3．生成创世区块

创建/var/hyperledger 目录，这是 orderer.yaml 和 core.yaml 中定义的存储区块的默认位置。创建命令如下：

```
sudo mkdir /var/hyperledger
```

如果需要，执行如下命令设置当前用户对/var/hyperledger 目录的访问权限。本书内容基于个人独享的 CentOS 虚拟机。为了避免遇到权限问题，建议使用 root 用户登录并执行命令。

```
sudo chown <当前用户> /var/hyperledger
```

执行如下命令可以为排序服务生成创世区块：

```
configtxgen -profile SampleDevModeSolo -channelID syschannel -configPath
$FABRIC_CFG_PATH -outputBlock $(pwd)/sampleconfig/genesisblock
```

命令选项说明如下。

- -profile：指定使用配置项 SampleDevModeSolo 来生成创世区块。SampleDevModeSolo 在 sampleconfig/configtx.yaml 中定义，其用于定义一个 SOLO 排序节点（其中包含排序节点、联盟成员管理员和普通用户的 MSP 样本），以及客户端应用和排序系统通道。由于篇幅所限，这里不具体介绍 sampleconfig/configtx.yaml 的配置代码，读者可以参照源代码加以理解。
- -channelID：指定生成创世区块的通道 ID。
- -configPath：指定配置文件 configtx.yaml 的存储路径。
- -outputBlock：指定生成创世区块的路径。

生成创世区块的过程如图 9-10 所示。

```
[root@localhost fabric]# configtxgen -profile SampleDevModeSolo -channelID sysch
annel -configPath $FABRIC_CFG_PATH -outputBlock $(pwd)/sampleconfig/genesisblock
2022-03-12 07:19:31.321 CST [common.tools.configtxgen] main -> INFO 001 Loading
configuration
2022-03-12 07:19:31.339 CST [common.tools.configtxgen.localconfig] completeIniti
alization -> INFO 002 orderer type: solo
2022-03-12 07:19:31.339 CST [common.tools.configtxgen.localconfig] Load -> INFO
003 Loaded configuration: /root/gocode/src/github.com/hyperledger/fabric/samplec
onfig/configtx.yaml
2022-03-12 07:19:31.340 CST [common.tools.configtxgen] doOutputBlock -> INFO 004
 Generating genesis block
2022-03-12 07:19:31.340 CST [common.tools.configtxgen] doOutputBlock -> INFO 005
 Creating system channel genesis block
2022-03-12 07:19:31.340 CST [common.tools.configtxgen] doOutputBlock -> INFO 006
 Writing genesis block
```

图 9-10　生成创世块的过程

成功生成创世区块后，在$(pwd)/sampleconfig 目录下可以看到生成的创世区块文件 genesisblock，如图 9-11 所示。

```
[root@localhost fabric]# ls $(pwd)/sampleconfig
configtx.yaml  core.yaml  genesisblock  msp  orderer.yaml
[root@localhost fabric]#
```

图 9-11　查看生成的创世区块文件

9.5.2　启动排序节点

编辑 sampleconfig/orderer.yaml，将其中的 ListenAddress: 127.0.0.1:9443 替换为 ListenAddress: 127.0.0.1:19443。这么做是因为在 9.5.3 小节中启动 Peer 节点时也会用到 9443 端口，为了避免引发冲突故进行替换。保存并退出后，执行如下命令以 SampleDevModeSolo 配置项来启动排序服务。执行过程如图 9-12 所示。

```
ORDERER_GENERAL_GENESISPROFILE=SampleDevModeSolo orderer
```

```
root@localhost:/root/gocode/src/github.com/hyperledger/fabric                    -  □  ×
[root@localhost fabric]# ORDERER_GENERAL_GENESISPROFILE=SampleDevModeSolo ordere
r
2022-03-12 07:27:13.923 CST [localconfig] completeInitialization -> INFO 001 Kaf
ka.Version unset, setting to 0.10.2.0
2022-03-12 07:27:13.923 CST [orderer.common.server] prettyPrintStruct -> INFO 00
2 Orderer config values:
        General.ListenAddress = "127.0.0.1"
        General.ListenPort = 7050
        General.TLS.Enabled = false
        General.TLS.PrivateKey = "/root/gocode/src/github.com/hyperledger/fabric
/sampleconfig/tls/server.key"
        General.TLS.Certificate = "/root/gocode/src/github.com/hyperledger/fabri
c/sampleconfig/tls/server.crt"
        General.TLS.RootCAs = [/root/gocode/src/github.com/hyperledger/fabric/sa
mpleconfig/tls/ca.crt]
        General.TLS.ClientAuthRequired = false
        General.TLS.ClientRootCAs = []
        General.TLS.TLSHandshakeTimeShift = 0s
        General.Cluster.ListenAddress = ""
        General.Cluster.ListenPort = 0
        General.Cluster.ServerCertificate = ""
        General.Cluster.ServerPrivateKey = ""
        General.Cluster.ClientCertificate = ""
        General.Cluster.ClientPrivateKey = ""
        General.Cluster.RootCAs = []
        General.Cluster.DialTimeout = 5s
        General.Cluster.RPCTimeout = 7s
        General.Cluster.ReplicationBufferSize = 20971520
        General.Cluster.ReplicationPullTimeout = 5s
        General.Cluster.ReplicationRetryTimeout = 5s
```

图 9-12　启动排序服务

执行过程的输出信息比较多，按照输出信息的编号简要说明如下。

- INFO 001：执行初始化操作，将 Kafka 版本设置为 0.10.2.0。

- INFO 002：输出排序节点的配置信息。
- INFO 003：在/var/hyperledger/production/orderer/chains 下创建新的文件账本目录。
- INFO 004：开始启动系统通道。
- INFO 005：从区块存储中获取区块信息。
- INFO 006：初始化系统通道。
- INFO 007：读取系统通道配置区块。
- INFO 008：读取集群启动区块（即创世区块）信息。
- INFO 009：与系统通道 syschannel 一起启动排序节点，排序类型为 solo。
- INFO 00a：输出注册证书的有效期。
- INFO 00b：提示 SOLO 模式只适用于测试网络。
- INFO 00c：输出创世区块的哈希值。
- INFO 00d：输出已启动的排序节点版本信息。
- INFO 00e：开始接收排序请求。

9.5.3 在开发模式下启动 Peer 节点

打开另一个终端窗口，参照9.5.1小节介绍的方法设置环境变量PATH 和FABRIC_CFG_PATH
的值。然后执行如下命令，即可在开发模式下启动 Peer 节点：

```
FABRIC_LOGGING_SPEC=chaincode=debug CORE_PEER_CHAINCODELISTENADDRESS=0.0.0.0:7052
peer node start --peer-chaincodedev=true
```

上面的命令设置了如下 2 个环境变量。

- FABRIC_LOGGING_SPEC：用于设置日志级别。为了看到详细的启动过程，这里
  设置日志级别为 debug。
- CORE_PEER_CHAINCODELISTENADDRESS：指定 Peer 节点监听链码连接请求
  的地址，这里将其设置为 0.0.0.0:7052。

在 peer node start 命令中使用--peer-chaincodedev=true 命令选项可以在开发模式下启动
Peer 节点。上面命令的输出信息比较多，由于篇幅所限，这里不具体介绍。

9.5.4 创建通道

再打开一个终端窗口，并参照 9.5.1 小节介绍的方法设置环境变量 PATH 和
FABRIC_CFG_PATH 的值。然后执行如下命令来生成创建通道的交易文件 ch2.tx。

```
configtxgen -channelID ch2 -outputCreateChannelTx ch2.tx -profile Sample
SingleMSPChannel -configPath $FABRIC_CFG_PATH
```

命令选项说明如下。

- -channelID：指定要创建的通道 ID。
- -outputCreateChannelTx：指定写入创建通道配置交易文件的路径，这里为 ch2.tx。
- -profile：指定使用配置项 SampleSingleMSPChannel 来生成创建通道的交易文件。
  SampleSingleMSPChannel 在 sampleconfig/configtx.yaml 中定义，其用于定义只包含
  一个示例组织的通道。由于篇幅所限，这里不具体介绍 sampleconfig/configtx.yaml
  的配置代码，读者可以参照源代码加以理解。
- -configPath：指定配置文件 configtx.yaml 的存储路径。

命令成功执行后，会在当前目录下生成创建通道的交易文件 ch2.tx。接下来执行下面的命令，借助 ch2.tx 创建通道。

```
peer channel create -o 127.0.0.1:7050 -c ch2 -f ch2.tx
```

命令选项说明如下。

- -o：指定要连接的排序节点地址。
- -c：指定要创建的通道名称。
- -f：指定创建通道时使用的通道配置交易文件。

创建通道后，执行如下命令将 Peer 节点添加到通道 ch2 中。

```
peer channel join -b ch2.block
```

9.5.5　在开发模式下构建链码

本小节以例 9-5 中的智能合约为例，介绍在开发模式下构建链码的方法。例 9-5 中的智能合约被保存在$GOPATH/src/github.com/hyperledger/fabric/my_contracts/sample9_5 目录下。其中包含 main.go、transaction-context.go 和 simple-contract.go 等 3 个 Go 程序文件。

首先执行如下命令，初始化例 9-5 对应的 Go 项目。

```
cd $GOPATH/src/github.com/hyperledger/fabric/my_contracts/sample9_5
go mod init
```

执行后会在 sample9_5 目录下生成 go.mod 和 go.sum 两个文件。然后在 sample9_5 目录下执行如下命令构建链码，得到二进制链码文件 simpleChaincode。

```
go build -o ./simpleChaincode
```

9.5.6　启动链码

当 Peer 节点启用开发模式后，环境变量 CORE_CHAINCODE_ID_NAME 必须设置为
<CHAINCODE_NAME>:<CHAINCODE_VERSION>格式，否则 Peer 节点将无法找到链码。
例如，这里将 CORE_CHAINCODE_ID_NAME 设置为 simpleChaincode:1.0。

执行如下命令以启动链码并使其连接到 Peer 节点。

```
cd $GOPATH/src/github.com/hyperledger/fabric/my_contracts/sample9_5
CORE_CHAINCODE_LOGLEVEL=debug CORE_PEER_TLS_ENABLED=false CORE_CHAINCODE_ID_
NAME=simpleChaincode:1.0 ./simpleChaincode -peer.address 127.0.0.1:7052
```

因为在开发模式下启动链码时启用的日志级别为 debug，所以在启动链码的终端窗口中可以看到链码 simpleChaincode:1.0 的相关日志，如图 9-13 所示。

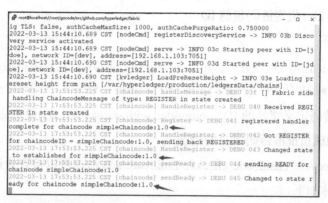

图 9-13　在启动链码的终端窗口中查看链码 simpleChaincode:1.0 的相关日志

9.5.7　批准和写入链码定义

在调用链码之前，还需要批准链码定义，并将其写入通道。关于链码的生命周期可以参照 9.3.3 小节进行理解。

1. 批准链码定义

链码定义中包含链码管理的重要参数，例如名称、版本和链码的背书策略等。在链码被写入通道之前，需要按照安全策略由通道中的组织批准链码定义。只有足够数量的组织批准链码定义后，才可以将链码定义写入通道。

执行 peer lifecycle chaincode approveformyorg 命令可以代表组织批准链码定义。

打开一个新的终端窗口，参照 9.5.1 小节介绍的方法设置环境变量 PATH 和 FABRIC_CFG_PATH 的值，然后执行如下命令以批准链码定义。

```
peer lifecycle chaincode approveformyorg  -o 127.0.0.1:7050 --channelID ch2 --name
simpleChaincode --version 1.0 --sequence 1 --init-required --signature-policy "OR
('SampleOrg.member')" --package-id simpleChaincode:1.0
```

命令选项说明如下。

- -o：指定要连接的排序节点的监听地址。因为批准链码定义相当于提交一个交易申请，所以需要将其发送给排序节点进行排序。
- --channelID：指定要写入链码定义的通道 ID。

- --name：指定链码的名字。
- --version：指定链码的版本。
- -- sequence：指定链码定义的序号。
- --init-required：指定链码是否需要调用智能合约的 init()函数。
- --signature-policy：指定与此链码有关的背书策略。这里需要以签名策略的格式来背书，且组织 SampleOrg 中任意成员签名即表示通过背书。
- --package-id：指定链码包的 ID。

执行结果如下：

```
ClientWait -> INFO 001 txid [5eb43c6d887c4cca6b891df186feb8c0eddfcd059
eee04f07e117e4d38f0791f] committed with status (VALID) at 0.0.0.0:7051
```

txid 是批准链码定义交易的 ID。committed with status (VALID)说明命令已经成功执行。

2．查看通道成员批准链码定义的情况

执行 peer lifecycle chaincode checkcommitreadiness 命令可以检查通道的成员是否批准了链码定义，具体如下：

```
peer lifecycle chaincode checkcommitreadiness -o 127.0.0.1:7050 --channelID ch2
--name simpleChaincode --version 1.0 --sequence 1 --init-required --signature-policy
"OR ('SampleOrg.member')"
```

peer lifecycle chaincode checkcommitreadiness 命令的命令选项与 peer lifecycle chaincode approveformyorg 命令的相同，请读者参照理解。命令的执行结果如下：

```
Chaincode definition for chaincode 'simpleChaincode', version '1.0', sequence '1'
on channel 'ch2' approval status by org:
SampleOrg: true
```

从中可以看到链码定义的内容，并且可知组织 SampleOrg 已经批准了链码定义。因为在开发模式下网络中只有一个组织 SampleOrg，所以此时已经具备了将链码定义写入通道的前提条件。

3．将链码定义写入通道

执行 peer lifecycle chaincode commit 命令可以将链码定义写入通道，具体命令如下：

```
peer lifecycle chaincode commit -o 127.0.0.1:7050 --channelID ch2 --name simple
Chaincode --version 1.0 --sequence 1 --init-required --signature-policy "OR
('SampleOrg.member')" --peerAddresses 127.0.0.1:7051
```

peer lifecycle chaincode commit 命令的命令选项与 peer lifecycle chaincode approveformyorg 命令的相同，请读者参照理解。命令的执行结果如下：

```
[chaincodeCmd] ClientWait -> INFO 001 txid [4436be3ef4c0168dfec091f9ffbf135799915
e8d08df071bc4e0984cf40a8414] committed with status (VALID) at 127.0.0.1:7051
```

txid 是写入链码定义交易的 ID。committed with status (VALID)说明命令已经成功执行。

9.5.8 调用链码

现在链码定义已被写入通道，并且在 Peer 节点上启动了链码 simpleChaincode，因此可以发起 CLI 命令来调用或查询链码，从而验证智能合约的功能。

首先执行如下命令，调用智能合约 simpleChaincode 的 Create()函数，向状态数据库中添加一个键值对，键为"a"，值为"100"。

```
CORE_PEER_ADDRESS=127.0.0.1:7051 peer chaincode invoke -o 127.0.0.1:7050 -C ch2 -n
simpleChaincode -c '{"Args":["Create","a","100"]}' --isInit
```

如果命令的执行结果如下，则表明命令执行成功。

```
[chaincodeCmd] chaincodeInvokeOrQuery -> INFO 001 Chaincode invoke successful. result:
status:200
```

然后执行如下命令，调用智能合约 simpleChaincode 的 Read()函数，在状态数据库中查询键"a"的值。

```
CORE_PEER_ADDRESS=127.0.0.1:7051 peer chaincode invoke -o 127.0.0.1:7050 -C ch2 -n
simpleChaincode -c '{"Args":["Read","a"]}'
```

命令的执行结果如下：

```
[chaincodeCmd] chaincodeInvokeOrQuery -> INFO 001 Chaincode invoke successful. result:
status:200 payload:"100"
```

在返回的结果 result 中，status:200 表示命令执行成功，payload:"100"表示调用 Read()函数的结果为"100"，其也正是键"a"的值。

9.6 私有数据编程

第 6 章中介绍了私有数据的概念和管理方法，本节介绍在智能合约中实现私有数据编程的方法。

9.6.1 私有数据集的定义

私有数据集中可以包含一个或多个集合，每个集合都有自己的安全策略，用于定义集合中的组织列表、背书时私有数据的分发控制属性，以及是否需要清除私有数据等。这就是私有数据集的定义。

私有数据管理

1．定义私有数据集的方法

私有数据集定义是链码定义的一部分，其与链码定义一起被通道成员批准，然后写入通道。私有数据集定义存储在集合定义文件中。对所有通道成员而言，集合定义文件的名字应该是相同的。如果使用 CLI 命令行来批准链码定义并将其写入通道，则可以使用 --collections-config 命令选项来指定集合定义文件的路径，具体方法将在 9.6.3 小节中介绍。

私有数据集定义以 JSON 文件的形式存储。例如，下面是一个包含 2 个集合的私有数据集定义的示例代码：

```
[
{
    "name": "collectionMarbles",
    "policy": "OR('Org1MSP.member', 'Org2MSP.member')",
    "requiredPeerCount": 0,
    "maxPeerCount": 3,
    "blockToLive":1000000,
    "memberOnlyRead": true,
    "memberOnlyWrite": true
},
{
    "name": "collectionMarblePrivateDetails",
    "policy": "OR('Org1MSP.member')",
    "requiredPeerCount": 0,
    "maxPeerCount": 3,
    "blockToLive":3,
    "memberOnlyRead": true,
    "memberOnlyWrite":true,
    "endorsementPolicy": {
        "signaturePolicy": "OR('Org1MSP.member')"
    }
}
]
```

其中包含的属性说明如下。

- name：集合的名字。
- policy：指定私有数据集的分发策略，用于定义允许哪些组织的 Peer 节点存储私有数据。分发策略使用签名策略语法来表现，每个有权限存储私有数据的组织都包含在一个 OR 签名策略列表中。私有数据集分发策略中定义的组织列表应该包含背书策略中定义的组织列表，因为 Peer 节点在对交易提案进行背书时必须读取私有数据。
- requiredPeerCount：指定背书节点的最小数量。
- maxPeerCount：指定背书节点的最大数量。它和 requiredPeerCount 属性一起控制背书时分发私有数据集的程度。

- blockToLive：指定私有数据可以在私有数据库中保存的时间，这里以区块数量来表示时间。区块链网络中区块一直在增长，当区块数量超过 blockToLive 属性的值时，私有数据库中保存的私有数据将被删除。
- memberOnlyRead：当值为 true 时，指定只有集合的成员组织的客户端才允许读取私有数据。
- memberOnlyWrite：当值为 true 时，指定只有集合的成员组织的客户端才允许写入私有数据。
- endorsementPolicy：可选的、指定集合级别的背书策略，应用于集合内的成员组织。endorsementPolicy 的子策略 signaturePolicy，用于定义背书的签名策略。

上面的私有数据集定义示例代码基于测试网络，其中还定义了 2 个私有数据集 collectionMarbles 和 collectionMarblePrivateDetails。私有数据集 collectionMarbles 中包含 Org1 和 Org2 这 2 个组织，并且定义了这 2 个组织中所有用户都拥有访问私有数据的权限；私有数据集 collectionMarblePrivateDetails 中只包含组织 Org1。

2. 隐式私有数据集

除了显示定义的私有数据集外，每个链码还有一个为指定组织预留的隐式私有数据集。隐式私有数据集用于存储单个组织的私有数据，不需要显式定义。

隐式私有数据集的分发策略和背书策略由使用它的组织决定。也就是说，如果隐式私有数据集中存在数据，则读/写这些私有数据的交易的背书由存储这些数据的组织自己来完成。因为没有显式定义，所以不可能为隐式私有数据集定义其他策略。

一个组织可以使用隐式私有数据集记录自己的协议数据或投票数据等隐私数据，这在由多方参与的区块链应用中是很有用的一种模式。其他组织可以检查数据的链上哈希值，从而对一个组织提供的数据进行验证。这使私有数据可以在组织间共享，并传输至其他组织的私有数据集中。一个组织的隐式私有数据集的名字格式为_implicit_org_<组织 ID>。例如组织 Org1 的隐式私有数据集的名字为_implicit_org_Org1。有权限的组织可以使用该名字读取隐式私有数据集中的数据，方法如下：

```
<私有数据的值>, <error 对象> := ctx.GetStub().GetPrivateData(<私有数据集名>, <键>)
```

因为隐式私有数据集不能被显式定义，所以不能设置 memberOnlyRead 和 memberOnlyWrite 属性，只能在智能合约中硬编码客户端针对私有数据的读/写权限。这里所说的智能合约是指隐式私有数据集所属组织的 Peer 节点上部署的智能合约，其中的程序是由隐式私有数据集所属组织编码的。而且，blockToLive 属性也是无效的，所有的隐式私有数据不会被自动清除。

但是，requiredPeerCount 和 maxPeerCount 属性可以在 Peer 节点的配置文件 core.yaml 中定义。requiredPeerCount 属性对应的配置项如下：

```
peer.gossip.pvtData.implicitCollectionDisseminationPolicy.requiredPeerCount
```

maxPeerCount 属性对应的配置项如下：

```
peer.gossip.pvtData.implicitCollectionDisseminationPolicy.maxPeerCount
```

9.6.2　在链码中读/写私有数据

可以在链码中利用交易上下文对象提供的 API 读/写私有数据。本小节介绍这些读/写私有数据的 API 的使用方法，具体应用案例将在 9.6.3 小节中介绍。

1．读取私有数据的哈希值

没有私有数据访问权限的用户可以通过 GetPrivateDataHash()函数读取私有数据的哈希值，并且可以基于此哈希值对交易中的私有数据进行校验。方法如下：

```
<哈希值>，<error 对象> := ctx.GetStub().GetPrivateDataHash(<私有数据集名>，<键>)
```

2．读取指定键对应的私有数据值

有访问权限的用户可以通过 GetPrivateData()函数（根据键）读取私有数据值。方法如下：

```
<私有数据的值>，<error 对象> := ctx.GetStub().GetPrivateData(<私有数据集名>，<私有数据的键>)
```

3．批量读取私有数据值

可以通过 GetPrivateDataByRange()函数根据一定范围内的键读取私有数据。方法如下：

```
<查询结果集合>，<error 对象> := ctx.GetStub().GetPrivateDataByRange(<私有数据集名>，
<私有数据的起始键>，<私有数据的终止键>)
```

与 GetPrivateData()函数相比，GetPrivateDataByRange()函数有如下不同。

- 在函数的参数中需要传入 2 个键，即起始键和终止键；函数会在私有数据集中查询起始键和终止键之间所有键对应的私有数据。
- 函数的第一个返回值是查询结果集合。因为是一组键对应的查询结果，所以其是一个集合对象。

4．根据指定条件读取私有数据值

可以通过 GetPrivateDataQueryResult()函数根据指定条件读取私有数据，方法如下：

```
<查询结果集合>，<error 对象> := ctx.GetStub().GetPrivateDataQueryResult(<私有数据集名>，
<查询条件选择器>)
```

参数<查询条件选择器>是 JSON 字符串，使用了 CouchDB 富查询的选择器（selector）语法，格式如下：

```
{"selector":<查询条件>}
```

<查询条件>也是 JSON 字符串。简单的查询条件选择器（含<查询条件>）字符串如下：

```
{"selector":{"name":"张三"}}
```

可以在<查询条件>中使用运算符，如比较运算符、逻辑运算符、对象相关运算符和数组相关运算符。

比较运算符的具体情况如表 9-4 所示。

表 9-4　查询条件选择器中常用的比较运算符

运算符	说明	应用示例
"$lt"	指定字段小于指定值时满足查询条件	{"age": {"$lt": 9}}//指定字段 age 小于 9
"$lte"	指定字段小于或等于指定值时满足查询条件	{"age": {"$lte": 9}}//指定字段 age 小于或等于 9
"$eq"	指定字段等于指定值时满足查询条件	{"age": {"$eq": 9}}//指定字段 age 等于 9
"$ne"	指定字段不等于指定值时满足查询条件	{"age": {"$ne": 9}}//指定字段 age 不等于 9
"$gt"	指定字段大于指定值时满足查询条件	{"age": {"$gt": 9}}//指定字段 age 大于 9
"$gte"	指定字段大于或等于指定值时满足查询条件	{"age": {"$gte": 9}}//指定字段 age 大于或等于 9

逻辑运算符的具体情况如表 9-5 所示。

对象相关运算符的具体情况如表 9-6 所示。

数组相关运算符的具体情况如表 9-7 所示。

表 9-5　查询条件选择器中常用的逻辑运算符

运算符	说明	应用示例
"$and"	指定多个条件同时成立时满足查询条件	{"$and": [{"age": {"$gt": 18}}, {"age": {"$lt": "40"}}]}//指定字段 age 大于 18 并且小于 40
"$or"	指定多个条件中有一个成立即满足查询条件	{"$or": [{"name ": {"$eq": "小红"}}, {" name ": {"$eq": "小强"}}]}//指定字段 name 等于小红或者等于小强
"$not"	指定条件不成立时满足查询条件	{"$not": {"age": {"$eq": 18}}}//指定字段 age 不等于 18
"$nor"	指定多个条件中任意一个都不成立时满足查询条件	{"$nor": [{"name ": {"$eq": "小红"}}, {" name ": {"$eq": "小强"}}]}//指定字段 name 不等于小红并且不等于小强

表 9-6　查询条件选择器中常用的对象相关运算符

运算符	说明	应用示例
"$exists"	检查指定字段是否存在，不关注字段的值是什么	{"age": {"$exsits": "false"}}//字段 age 不存在时成立
"$type"	检查指定字段的类型	{"name": {$type: 'string'} //字段 name 的类型是 string 时成立

表 9-7　查询条件选择器中常用的数组相关运算符

运算符	说明	应用示例
"$in"	检查指定字段值是否存在于指定的列表中	{"age": {$in : [18,19,20] }//字段 age 的值在 18、19 或 20 之中时成立
"$nin"	指定字段值不存在于指定的列表中时成立	{"age": {$nin : [18,19,20] }//字段 age 的值不在 18、19 或 20 之中时成立
"$size"	检查指定数组字段的长度	{ "list": {"$size" :2}} //数组字段 list 中元素数量等于 2 时成立

5．写入私有数据

可以通过 PutPrivateData()函数向私有数据集中写入私有数据。方法如下：

```
<error 对象> := ctx.GetStub().PutPrivateData(<私有数据集名>, <键>, <值>)
```

PutPrivateData()函数的参数中涉及隐私数据（私有数据）。调用函数时，这些私有数据会作为交易参数被永久地记录在区块中。这会造成私有数据的泄露。

为了防止私有数据泄露，Fabric 区块链引入了"暂态数据"（Transient Data）的概念。暂态数据是一种可以向链码函数传参但不需要将其保存在交易记录中的输入方法。Fabric 区块链使用暂态数据来传递交易上下文对象中的私有数据参数。调用函数时可以使用 --transient 命令选项传入参数，具体方法将在 9.6.3 小节中介绍。在函数中可以通过链码 API GetTransient()函数来读取暂态数据，方法如下：

```
transMap, err := ctx.GetStub().GetTransient()
```

返回值 transMap 是一个集合对象，其中包含当前交易上下文对象中所有的暂态数据（即通过--transient 命令选项传入的参数）。从 transMap 对象中可以获取要写入私有数据集的数据。

写入私有数据的具体示例将在 9.6.3 小节中介绍。

9.6.3　私有数据编程示例程序

在 fabric-samples 源代码的 chaincode/marbles02_private/目录下有一个示例程序。本小节将结合该示例程序介绍私有数据编程的方法。

私有数据编程
示例程序

1．私有数据集定义文件

在 marbles02_private 目录下存储着示例程序的私有数据集定义文件 collections_config.json，代码如下：

```
[
  {
    "name": "collectionMarbles",
    "policy": "OR('Org1MSP.member', 'Org2MSP.member')",
    "requiredPeerCount": 0,
    "maxPeerCount": 3,
    "blockToLive":1000000,
    "memberOnlyRead": true
  },
  {
    "name": "collectionMarblePrivateDetails",
    "policy": "OR('Org1MSP.member')",
    "requiredPeerCount": 0,
```

```
    "maxPeerCount": 3,
    "blockToLive":3,
    "memberOnlyRead": true
  }
]
```

其中定义了 2 个私有数据集,即 collectionMarbles 和 collectionMarblePrivateDetails。数据集 collectionMarbles 包含组织 Org1 和组织 Org2,其他属性说明如下。

- 要求的最少背书节点数量为 0。
- 可以包含的最多背书节点数量为 3。
- 指定新增 1 000 000 个区块后清除私有数据。
- 指定只有组织 Org1 和组织 Org2 的客户端才能读取私有数据集中的数据。

数据集 collectionMarblePrivateDetails 中包含组织 Org1,其他属性说明如下。

- 要求的最少背书节点数量为 0。
- 可以包含的最多背书节点数量为 3。
- 指定新增 3 个区块后清除私有数据。
- 指定只有组织 Org1 的客户端才能读取私有数据集中的数据。

2. 智能合约 SmartContract

在 marbles02_private 目录下存储着示例程序的 Go 程序文件 marbles_chaincode_private.go。其中定义了一个关于弹球交易的智能合约 SmartContract。结构体 Marble 用于存储弹球数据,定义代码如下:

```
type Marble struct {
    ObjectType string 'json:"docType"'    //用于区分状态数据库中不同类别的对象
    Name       string 'json:"name"'       //弹球的名字
    Color      string 'json:"color"'      //弹球的颜色
    Size       int    'json:"size"'       //弹球的尺寸
    Owner      string 'json:"owner"'      //弹球的所有者
}
```

结构体 MarblePrivateDetails 用于存储关于弹球的私有数据,定义代码如下:

```
type MarblePrivateDetails struct {
    ObjectType    string    'json:"docType"'  //类型
    Name          string    'json:"name"'     //名字
    Price         int       'json:"price"'    //价格
}
```

智能合约 SmartContract 中定义的函数如表 9-8 所示。

表 9-8　智能合约 SmartContract 中定义的函数

函数名	说明
InitMarble	创建一个弹球记录，并存储在状态数据库中
ReadMarble	从状态数据库中读取弹球记录
ReadMarblePrivateDetails	从状态数据库中读取弹球私有记录
Delete	删除私有数据
TransferMarble	交易弹球，即更新弹球记录的所有者字段值
GetMarblesByRange	批量读取弹球记录
QueryMarblesByOwner	获取指定所有者名下的所有弹球记录
QueryMarbles	根据指定条件获取满足条件的弹球记录
getQueryResultForQueryString	在指定的私有数据集上执行富查询，其与 QueryMarbles()函数实现的功能相同，但是实现的方法不同
GetMarbleHash	返回指定弹球记录的私有数据的哈希值

由于篇幅所限，这里只介绍 InitMarble()函数、Delete()函数、ReadMarblePrivateDetails()
函数和 TransferMarble()函数的部分代码。对于其他函数，读者可以参照源代码加以理解。

（1）InitMarble()函数

InitMarble()函数的部分代码如下：

```
func (s *SmartContract) InitMarble(ctx contractapi.TransactionContextInterface)
error {
    transMap, err := ctx.GetStub().GetTransient()//读取暂态数据
......
    //从暂态数据中获取传入的要添加的参数
    transientMarbleJSON, ok := transMap["marble"]
......
    type marbleTransientInput struct {                  //暂态数据的结构
        Name  string `json:"name"`
        Color string `json:"color"`
        Size  int    `json:"size"`
        Owner string `json:"owner"`
        Price int    `json:"price"`
    }
    var marbleInput marbleTransientInput
    err = json.Unmarshal(transientMarbleJSON, &marbleInput) //反序列化暂态数据
......
    //创建 marble 对象，并将其序列化为 JSON 字符串，然后保存到状态数据库
    marble := &Marble{
        ObjectType: "Marble",
        Name:       marbleInput.Name,
        Color:      marbleInput.Color,
        Size:       marbleInput.Size,
```

```
        Owner:          marbleInput.Owner,
    }
    marbleJSONasBytes, err := json.Marshal(marble)
    ……
    //保存到私有数据集collectionMarbles
    err = ctx.GetStub().PutPrivateData("collectionMarbles", marbleInput.Name,
    marbleJSONasBytes)
    if err != nil {
        return fmt.Errorf("failed to put Marble: %s", err.Error())
    }
    //创建弹球的详情对象，并将其序列化为JSON字符串，然后保存到私有数据集collection
    MarblePrivateDetails
    marblePrivateDetails := &MarblePrivateDetails{
        ObjectType: "MarblePrivateDetails",
        Name:       marbleInput.Name,
        Price:      marbleInput.Price,
    }
    marblePrivateDetailsAsBytes, err := json.Marshal(marblePrivateDetails)
    ……
    err = ctx.GetStub().PutPrivateData("collectionMarblePrivateDetails",
    marbleInput.Name, marblePrivateDetailsAsBytes)
    ……
    //创建以颜色和名字组合的复合键，以便支持基于颜色的范围查询
    indexName := "color~name"
    colorNameIndexKey, err := ctx.GetStub().CreateCompositeKey(indexName,
    []string{marble.Color, marble.Name})
    ……
    //将组合键保存到私有数据集collectionMarbles
    value := []byte{0x00}
    err = ctx.GetStub().PutPrivateData("collectionMarbles", colorNameIndexKey, value)
    return nil
}
```

因为涉及私有数据（所有者和价格），所以程序通过暂态数据传入要添加的弹球数据。程序中3次调用ctx.GetStub().PutPrivateData()函数保存私有数据，具体如表9-9所示。

表9-9 InitMarble()函数中保存私有数据的情况

次序	私有数据集	键	值
1	collectionMarbles	弹球记录的名字	完整的弹球记录JSON字符串，包括对象类型、名字、颜色、所有者、尺寸和价格等字段的值
2	collectionMarblePrivateDetails	弹球记录的名字	私有数据JSON字符串，包括对象类型、名字和价格
3	collectionMarbles	组合键，格式为"color~name:颜色:名字"	0x00

在私有数据集 collectionMarbles 中存储了一组索引记录，索引就是存储在状态数据库中普通的键值对。索引使用组合键，本例中组合键的格式为"color～name:颜色:名字"。这可以提高基于颜色的范围查询效率。例如，查询所有蓝色的弹球。索引数据有键，但其值为 0x00。

（2）Delete()函数

Delete()函数的部分代码如下：

```go
func (s *SmartContract) Delete(ctx contractapi.TransactionContextInterface) error {
//获取暂态数据
    transMap, err := ctx.GetStub().GetTransient()
    ……

    //读取要删除的数据
    transientDeleteMarbleJSON, ok := transMap["marble_delete"]
    ……
    type marbleDelete struct {
            Name string `json:"name"`
        }
//反序列化要删除的数据
    var marbleDeleteInput marbleDelete
    err = json.Unmarshal(transientDeleteMarbleJSON, &marbleDeleteInput)
    ……

    //获取私有数据，以便使用颜色生成复合键
    valAsbytes, err := ctx.GetStub().GetPrivateData("collectionMarbles",
    marbleDeleteInput.Name)
    ……

    var marbleToDelete Marble
    err = json.Unmarshal([]byte(valAsbytes), &marbleToDelete)//反序列化
    ……

    //从私有数据集 collectionMarbles 中删除私有数据
    err = ctx.GetStub().DelPrivateData("collectionMarbles", marble DeleteInput.Name)
    ……

    //删除索引
    indexName := "color~name"
    colorNameIndexKey, err := ctx.GetStub().CreateCompositeKey(indexName,
    []string{marbleToDelete.Color, marbleToDelete.Name})
    ……
    err = ctx.GetStub().DelPrivateData("collectionMarbles", colorNameIndexKey)
    …..
    //从私有数据集 collectionMarblePrivateDetails 中删除私有数据
    err = ctx.GetStub().DelPrivateData("collectionMarblePrivateDetails",
    marbleDeleteInput.Name)
    if err != nil {
            return err
    }
```

```
    return nil
}
```

与 InitMarble()函数对应，在 Delete()函数中 3 次调用 ctx.GetStub().DelPrivateData()函数从私有数据集中删除私有数据。涉及的私有数据集、键、值等与表 9-9 所示一致，请读者参照理解。

（3）ReadMarblePrivateDetails()函数

ReadMarblePrivateDetails()函数的部分代码如下：

```
func (s *SmartContract) ReadMarblePrivateDetails(ctx contractapi.Transaction
ContextInterface, marbleID string) (*MarblePrivateDetails, error) {
    marbleDetailsJSON, err := ctx.GetStub().GetPrivateData("collectionMarble
    PrivateDetails", marbleID) //从状态数据库中读取数据
        ……
        marbleDetails := new(MarblePrivateDetails)
    _ = json.Unmarshal(marbleDetailsJSON, marbleDetails)//反序列化
    return marbleDetails, nil
}
```

程序调用 ctx.GetStub().GetPrivateData()函数从私有数据集 collectionMarble Private Details 中获取弹球数据；将数据反序列化后，将其作为 ctx.GetStub().GetPrivateData()函数的返回值。

（4）TransferMarble()函数

TransferMarble()函数的部分代码如下：

```
func (s *SmartContract) TransferMarble(ctx contractapi.TransactionContextInterface)
error {
    transMap, err := ctx.GetStub().GetTransient() //获取暂态数据
    ……
    //从暂态数据中读取 marble_owner 的字段值，该参数会通过--transient 命令选项传入暂态数据
    transientTransferMarbleJSON, ok := transMap["marble_owner"]
    ……
    //定义传入暂态数据的结构体
    type marbleTransferTransientInput struct {
        Name  string `json:"name"`
        Owner string `json:"owner"`
    }
    var marbleTransferInput marbleTransferTransientInput
    //反序列化传入的参数
    err = json.Unmarshal(transientTransferMarbleJSON, &marbleTransferInput)
    ……
    //根据参数中的 Name 字段值获取私有数据，并判断待修改的记录是否存在
    marbleAsBytes, err := ctx.GetStub().GetPrivateData("collectionMarbles", marble
    TransferInput.Name)
    ……
```

```
    marbleToTransfer := Marble{}
    err = json.Unmarshal(marbleAsBytes, &marbleToTransfer) //反序列化得到待修改记录
    对应的 Marble 对象
    ……
    marbleToTransfer.Owner = marbleTransferInput.Owner //修改所有者
    marbleJSONasBytes, _ := json.Marshal(marbleToTransfer)
    err = ctx.GetStub().PutPrivateData("collectionMarbles", marbleToTransfer.Name,
    marbleJSONasBytes) //写入私有数据集 collectionMarbles
    ……
    return nil
}
```

相关代码的功能请读者参照注释加以理解。

3．运行示例程序

该示例涉及 Org1 和 Org2 两个组织，而 9.5 节介绍的开发模式只支持一个示例组织 SampleOrg。因此，接下来演示在测试网络中安装链码 marblesp，并通过命令调用链码函数访问私有数据的方法。

（1）如果测试网络已经启动，则执行如下命令关闭测试网络。

```
cd $GOPATH/src/github.com/hyperledger/fabric/scripts/fabric-samples/test-network
./network.sh down
```

（2）如果之前运行过本示例中的链码容器，则执行如下命令删除之前的容器。

```
docker rm -f $(docker ps -a | awk '($2 ~ /dev-peer.*.marblesp.*/) {print $1}')
docker rmi -f $(docker images | awk '($1 ~ /dev-peer.*.marblesp.*/) {print $3}')
```

（3）以 CouchDB 为状态数据库启动测试网络，命令如下。

```
cd $GOPATH/src/github.com/hyperledger/fabric/scripts/fabric-samples/test-network
./network.sh up createChannel -s couchdb
```

命令会创建一个通道 mychannel，其中包含 Org1 和 Org2 两个组织。每个组织都有一个 Peer 节点。

（4）设置环境变量，并切换为 Org1 admin 的身份。

```
export PATH=${PWD}/../bin:$PATH
export FABRIC_CFG_PATH=$PWD/../config/
export CORE_PEER_TLS_ENABLED=true
export CORE_PEER_LOCALMSPID="Org1MSP"
export CORE_PEER_TLS_ROOTCERT_FILE=${PWD}/organizations/peerOrganizations/ org1.
example.com/peers/peer0.org1.example.com/tls/ca.crt
export CORE_PEER_MSPCONFIGPATH=${PWD}/organizations/peerOrganizations/org1.
example.com/users/Admin@org1.example.com/msp
export CORE_PEER_ADDRESS=localhost:7051
```

可以参照 9.3.3 小节的内容理解上述环境变量的含义。

（5）执行如下命令安装本实例的依赖包。

```
cd ../chaincode/marbles02_private/go

go env -w GOPROXY=https://goproxy.cn
GO111MODULE=on
go mod vendor
```

（6）执行如下命令打包 marblesp 链码。

```
cd $GOPATH/src/github.com/hyperledger/fabric/scripts/fabric-samples/test-network
peer lifecycle chaincode package marblesp.tar.gz --path ../chaincode/marbles02_
private/go/ --lang golang --label marblesp_1.0
```

打包后，会在 test-network 目录下生成链码包 marblesp.tar.gz。

（7）执行如下命令安装链码 marblesp。

```
peer lifecycle chaincode install marblesp.tar.gz
```

如果报错，则重复执行步骤（5）～（7），直至返回类似如下的结果：

```
2022-03-21 22:34:48.933 CST [cli.lifecycle.chaincode] submitInstallProposal -> INFO
001 Installed remotely: response:<status:200 payload:"\nMmarblesp_1.0:b6a48e74b3e
6028164b2f6e59f6b8fad4bf279b8823e931adf4d9b2507498b6d\022\014marblesp_1.0" >
2022-03-21 22:34:48.933 CST [cli.lifecycle.chaincode] submitInstallProposal -> INFO
002 Chaincode code package identifier: marblesp_1.0:b6a48e74b3e6028164b2
f6e59f6b8fad4bf279b8823e931adf4d9b2507498b6d
```

status:200 说明链码已安装成功。

（8）将步骤（7）中输出的 package ID 赋值给环境变量 CC_PACKAGE_ID，命令如下：

```
export CC_PACKAGE_ID=marblesp_1.0:b6a48e74b3e6028164b2f6e59f6b8fad4bf279b8823e
931adf4d9b2507498b6d
```

（9）代表组织 Org1 批准链码定义，命令如下。

```
export CORE_PEER_LOCALMSPID="Org1MSP"
export CORE_PEER_TLS_ROOTCERT_FILE=${PWD}/organizations/peerOrganizations/org1.
example.com/peers/peer0.org1.example.com/tls/ca.crt
export CORE_PEER_MSPCONFIGPATH=${PWD}/organizations/peerOrganizations/org1.
example.com/users/Admin@org1.example.com/msp
export CORE_PEER_ADDRESS=localhost:7051
export ORDERER_CA=${PWD}/organizations/ordererOrganizations/example.com/orderers/
orderer.example.com/msp/tlscacerts/tlsca.example.com-cert.pem
peer lifecycle chaincode approveformyorg -o localhost:7050 -orderer
TLSHostnameOverride orderer.example.com --channelID mychannel --name marblesp
--version 1.0 --collections-config ../chaincode/marbles02_private/
collections_config.json --signature-policy "OR('Org1MSP.member','Org2MSP. member')"
```

```
--package-id $CC_PACKAGE_ID --sequence 1 --tls --cafile $ORDERER_CA
```

（10）代表组织 Org2 批准链码定义，命令如下。

```
export CORE_PEER_LOCALMSPID="Org2MSP"
export CORE_PEER_TLS_ROOTCERT_FILE=${PWD}/organizations/peerOrganizations/org2.
example.com/peers/peer0.org2.example.com/tls/ca.crt
export CORE_PEER_MSPCONFIGPATH=${PWD}/organizations/peerOrganizations/org2.
example.com/users/Admin@org2.example.com/msp
export CORE_PEER_ADDRESS=localhost:9051
peer lifecycle chaincode approveformyorg -o localhost:7050 -ordererTLSHostname
Override orderer.example.com --channelID mychannel --name marblesp --version 1.0
--collections-config ../chaincode/marbles02_private/collections_config.json
--signature-policy "OR('Org1MSP.member','Org2MSP.member')" --package-id
$CC_PACKAGE_ID --sequence 1 --tls --cafile $ORDERER_CA
```

（11）提交链码定义到通道。

现在，组织 Org1 和 Org2 都已批准链码定义，因此可以执行如下命令提交链码定义到通道。

```
export ORDERER_CA=${PWD}/organizations/ordererOrganizations/example.com/orderers/
orderer.example.com/msp/tlscacerts/tlsca.example.com-cert.pem
export ORG1_CA=${PWD}/organizations/peerOrganizations/org1.example.com/peers/
peer0.org1.example.com/tls/ca.crt
export ORG2_CA=${PWD}/organizations/peerOrganizations/org2.example.com/peers/
peer0.org2.example.com/tls/ca.crt
peer lifecycle chaincode commit -o localhost:7050 --ordererTLSHostnameOverride
orderer.example.com --channelID mychannel --name marblesp --version 1.0 --sequence
1 --collections-config ../chaincode/marbles02_private/collections_config.json
--signature-policy "OR('Org1MSP.member','Org2MSP.member')" --tls --cafile
$ORDERER_CA --peerAddresses localhost:7051 --tlsRootCertFiles $ORG1_CA
--peerAddresses localhost:9051 --tlsRootCertFiles $ORG2_CA
```

（12）设置环境变量，并切换至组织 Org1 的身份。

```
export CORE_PEER_LOCALMSPID="Org1MSP"
export CORE_PEER_TLS_ROOTCERT_FILE=${PWD}/organizations/peerOrganizations/
org1.example.com/peers/peer0.org1.example.com/tls/ca.crt
export CORE_PEER_MSPCONFIGPATH=${PWD}/organizations/peerOrganizations/org1.
example.com/users/Admin@org1.example.com/msp
export CORE_PEER_ADDRESS=localhost:7051
```

（13）调用链码 marblesp 的 InitMarble()函数，并通过命令选项--transient 向其中传入暂
态数据，命令如下。

```
export MARBLE=$(echo -n "{\"name\":\"marble1\",\"color\":\"blue\",\"size\":35,
\"owner\":\"tom\",\"price\":99}" | base64 | tr -d \\n)
peer chaincode invoke -o localhost:7050 --ordererTLSHostnameOverride orderer.
example.com --tls --cafile ${PWD}/organizations/ordererOrganizations/example.com/
orderers/orderer.example.com/msp/tlscacerts/tlsca.example.com-cert.pem -C
mychannel -n marblesp -c '{"Args":["InitMarble"]}' --transient "{\"marble\":
```

```
\"$MARBLE\"}"
```

如果一切正常，则执行结果应该类似如下：

```
[chaincodeCmd] chaincodeInvokeOrQuery -> INFO 001 Chaincode invoke successful. result:
status:200
```

（14）执行如下命令，查询名字为 marble1 的记录，执行结果如图 9-14 所示。

```
peer chaincode query -C mychannel -n marblesp -c '{"Args":["ReadMarble","marble1"]}'
```

```
[root@localhost test-network]# peer chaincode query -C mychannel -n marblesp -c
'{"Args":["ReadMarble","marble1"]}'
{"docType":"Marble","name":"marble1","color":"blue","size":35,"owner":"tom"}
```

图 9-14 查询名字为 marble1 的记录

注意，查询的数据不会被记录在区块链上。因此，这里并没有使用暂态数据传递参数。

（15）执行如下命令查询私有数据，执行结果如图 9-15 所示。

```
peer chaincode query -C mychannel -n marblesp -c '{"Args": ["ReadMarblePrivateDetails",
"marble1"]}'
```

```
[root@localhost test-network]# peer chaincode query -C mychannel -n marblesp -c
'{"Args":["ReadMarblePrivateDetails","marble1"]}'
{"docType":"MarblePrivateDetails","name":"marble1","price":99}
```

图 9-15 查询私有数据

9.7 本章小结

本章介绍了使用 Go 语言开发 Fabric 区块链智能合约的方法。在简要介绍智能合约的基本概念和编程基础后，本章以测试网络为例，详细介绍了部署和调用链码的方法。本章还介绍了通过智能合约实现交易编程和私有数据编程的方法。为了方便读者调试和测试智能合约，本章还讲解了在开发模式下运行链码的方法。

本章的主要目的是使读者掌握使用 Go 语言开发 Fabric 区块链智能合约的流程和方法，这是开发区块链应用的重要一环。

习　题

一、选择题

1.（　　）是提供智能合约开发接口的程序包。

A．Fabric Contract API

B．contractapi.Contract

C．asset-transfer-basic

D．contractapi.TransactionContextInterface

2. 在智能合约定义中通常要嵌入（　　　）结构体以便快速实现 Fabric Contract API 的要求。

  A. contractapi.Contract   B. contractapi.SmartContract

  C. contractapi.TransactionContextInterface   D. asset-transfer-basic

3. 在测试网络中可以使用 network.sh 脚本的（　　　）子命令部署链码。

  A. up   B. deployCC   C. down   D. createChannel

4. 在 peer chaincode 所支持的链码操作命令中，以指定的格式打包链码的命令为（　　　）。

  A. install   B. instantiate   C. package   D. invoke

5. 没有私有数据访问权限的用户可以通过（　　　）函数读取私有数据的哈希值，并基于此哈希值对交易中的私有数据进行校验。

  A. GetPrivateDataHash()   B. GetPrivateData()

  C. GetPrivateDataByRange()   D. GetPrivateDataQueryResult()

二、填空题

1. 每个链码中都应该包含一个　__【1】__　函数。

2. 要在链码中启动智能合约，首先要创建与智能合约相对应的　__【2】__　对象。

3. 通过 peer chaincode　__【3】__　命令调用链码上的函数。

4. 交易处理函数可以分为　__【4】__　处理函数、　__【5】__　处理函数和　__【6】__　处理函数 3 种类型。

5. 私有数据集定义以　__【7】__　文件的形式存储。

6. 可以通过　__【8】__　函数向私有数据集中写入私有数据。

三、简答题

1. 简述智能合约的基本概念。

2. 简述链码工作流程的 4 个步骤。

第 10 章 客户端应用开发

在开发 Fabric 区块链客户端应用时，可以通过 Fabric SDK 管理 Fabric 区块链的通道、事件、资源和 MSP，也可以通过 gateway 开发模型与 Fabric 区块链进行交互，调用链码。

10.1 Fabric 区块链客户端应用开发概述

在 Fabric 区块链中，智能合约并没有界面，因此终端用户要使用 Fabric 区块链就需要开发客户端应用。客户端应用并不是 Fabric 区块链的组件，其不在 Fabric 区块链的内部。它只是连接到应用通道上，接受 Peer 节点所提供的服务。

10.1.1 Fabric SDK Go 概述

Fabric SDK 是 Fabric 区块链官方提供的开发包，可以实现安装链码、初始化链码、查询状态和提交交易等功能。Fabric SDK Go 是 Go 语言版本的 Fabric SDK。使用 Go 语言开发 Fabric 区块链客户端应用时，需要通过 Fabric SDK Go 与 Fabric 区块链进行交互。它们的关系如图 10-1 所示。

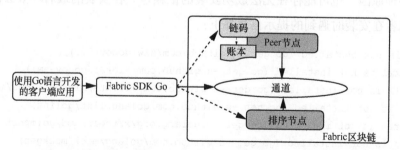

图 10-1　客户端应用通过 Fabric SDK Go 与 Fabric 区块链进行交互

10.1.2 安装 Fabric SDK Go

在配置完成 Go 语言开发环境（可以参照第 7 章的内容）的基础上，本节介绍在 CentOS

虚拟机中安装 Fabric SDK Go 的方法。

1．下载 Fabric SDK Go

首先创建$GOPATH/src/github.com/hyperledger 目录，用于保存 Fabric SDK Go 的源代码；执行以下命令，从 GitHub 上下载 Fabric SDK Go 的源代码。

```
cd$GOPATH/src/github.com/hyperledger
git clone https://github.com/hyperledger/fabric-sdk-go.git
```

如果无法连接 github.com，则可搜索 github.com 的最新 IP 地址，并将其添加到 hosts 中，这样便可直接下载最新的可以访问 github.com 的 hosts 文件。hosts 用于加快域名解析，其存储位置为 c:\windows\system32\drivers\etc。需要说明的是，github.com 的最新 IP 地址会经常变化，因此读者也可以通过 Gitee 下载 Fabric SDK Go 的源代码。

然后切换到源代码目录，执行以下命令，检出最新代码：

```
cd$GOPATH/src/github.com/hyperledger/fabric-sdk-go
git checkout 614551a752802488988921a730b172dada7def1d
```

614551a752802488988921a730b172dada7def1d 是 Fabric 区块链官方提供的 Fabric SDK Go 源代码的修订版本号。

2．安装 Fabric SDK Go 的依赖包

执行以下命令可以安装 Fabric SDK Go 的依赖包。

```
cd$GOPATH/src/github.com/hyperledger/fabric-sdk-go
export GOPROXY=https://goproxy.cn
export GO111MODULE=on
make depend
make depend-install
```

在安装完成后会在$GOPATH/bin 目录下生成一些 Fabric SDK Go 的依赖包可执行文件。

由于各种原因，也可能存在无法成功安装的依赖包。在安装的最后环节会出现提示信息，例如编者在安装时遇到的提示信息如下：

```
gocov is not installed (go get -u github.com/axw/gocov/...)
gocov-xml is not installed (go get -u github.com/AlekSi/gocov-xml)
misspell is not installed (go get -u github.com/client9/misspell/cmd/misspell)
golint is not installed (go get -u github.com/golang/lint/golint)
goimports is not installed (go get -u golang.org/x/tools/cmd/goimports)
mockgen is not installed (go get -u github.com/golang/mock/mockgen)
dep is not installed (go get -u github.com/golang/dep/cmd/dep)
Missing dependency. Aborting. You can fix by installing the tool listed above or running
make depend-install.
make: *** [depend] 错误 1
```

此时，需要根据提示信息手动生成相关依赖包。首先执行下面的命令，下载 gocov 到

$GOPATH/src/github.com/axw/gocov/目录下。

```
go get -u github.com/axw/gocov/
```

然后执行下面的命令手动安装 gocov。

```
cd$GOPATH/src/github.com/axw/gocov/
go install
```

如果一切顺利，则会在$GOPATH/bin/目录下生成可执行文件 gocov。

手动安装依赖包的方法可以分为以下 2 个步骤。

（1）根据提示信息执行以下命令，下载依赖包的源代码。然后确认在%GOPATH%/src/github.com/目录下是否存在依赖包的源代码。

```
go get -u<相关依赖包的下载地址>
```

（2）下载完源代码后，根据需要使用 go install 或 go build 命令手动编译和安装依赖包。如果执行完 go get 命令，且依赖包的可执行文件已经出现在$GOPATH/bin/目录下，则不需要手动安装。手动安装时可以根据提示执行 go mod init 命令以初始化 Go 项目文件夹，或执行 go mod vendor 命令以下载项目的依赖库。如果需要，可以手动将生成的依赖包文件复制到$GOPATH%/bin/目录下。对于不同依赖包的不同版本而言，它们的安装方法不尽相同，这里不再一一介绍。需要特别说明的是，在编者编写本书时，dep 包已不被官方支持。可以执行以下命令手动安装依赖包（可能需要多次尝试）。

```
export GO111MODULE=on
go env -w GOPROXY=https://goproxy.cn
go get -u github.com/golang/dep/cmd/dep
```

所有依赖包都安装好后，执行 ll $GOPATH/bin 命令，确认所有依赖包的可执行文件都在$GOPATH/bin 目录下，包括 dep、gocov、gocov-xml、goimports、golint、misspell 和 mockgen。

如果在安装这些依赖包的过程中遇到其他问题，读者可以自行搜索相关方法加以解决。

3．安装 Fabric SDK Go

安装完依赖包后，在 fabric-sdk-go 目录下执行 make populate 命令，可以编译和生成 Fabric SDK Go。在编译过程中可能会遇到各种问题，下面列举 3 类问题加以介绍。

（1）Gopkg.toml 中网址的相关问题

由于存在因网络问题而无法获取数据的情况，因此可能出现以下提示信息：

```
The following issues were found in Gopkg.toml:

X unable to deduce repository and source type for "golang.org/x/net": unable to read
metadata: unable to fetch raw metadata: failed HTTP request to URL "http://golang.org/
x/net?go-get=1": Get "http://golang.org/x/net?go-get=1": dial tcp 172.217.160.113:80:
connectex: A connection attempt failed because the connected party did not properly respond
after a period of time, or established connection failed because connected host has failed
to respond.
```

解决方法是在 Gopkg.toml 中将与 golang.org 相关的网址——替换为 github.com 的对应网址。注意，不是简单替换，而是得找到对应资源的下载 URL。例如将 golang.org/x/net 替换为 github.com/golang/net。完成替换后再次执行 make populate 命令，将不会再出现类似上面的报错。

（2）密钥文件的相关问题

编译过程中还可能会遇到如下报错。

```
The authenticity of host 'github.com (140.82.114.4)' can't be established.
ECDSA key fingerprint is SHA256:p2QAMXNIC1TJYWeIOttrVc98/R1BUFWu3/LiyKgUfQM.
ECDSA key fingerprint is MD5:7b:99:81:1e:4c:91:a5:0d:5a:2e:2e:80:13:3f:24:ca.
Are you sure you want to continue connecting (yes/no)?
```

这是由缺少名为 known_hosts 的密钥文件造成的。执行以下命令可以创建该密钥文件。

```
ssh-keyscan github.com >> ~/.ssh/known_hosts
```

再次执行 make populate 命令，将不会再出现类似上面的报错。

（3）Gopkg.lock 中网址的相关问题

在 Gopkg.lock 文件中也有一些与 golang.org 和 google.golang.org 相关的网址，将它们替换为 github.com 的对应网址。替换后还有可能出现类似下面的报错。

```
grouped write of manifest, lock and vendor: error while writing out vendor tree: failed
to write dep tree: failed to export gopkg.in/yaml.v2: failed to fetch source for
http://gopkg.in/yaml.v2: unable to get repository: 正克隆到 '/root/gocode/
pkg/dep/sources/http---gopkg.in-yaml.v2'...
POST git-upload-pack (gzip 1142 to 593 bytes)
error: RPC failed; result=35, HTTP code = 301
fatal: The remote end hung up unexpectedly
: command failed: [git clone --recursive -v --progress http://github.com/go-yaml/yaml
/root/gocode/pkg/dep/sources/http---gopkg.in-yaml.v2]: exit status 128
```

此时可以手动执行提示信息中的 git clone 命令，例如：

```
git clone --recursive -v --progress http://github.com/go-yaml/yaml /root/gocode/pkg/
dep/sources/http---gopkg.in-yaml.v2
```

手动执行成功后，从 Gopkg.lock 中删除相关错误，再次执行 make populate 命令，将不会再出现类似上面的报错。

根据安装环境与开源项目版本的不同，在安装过程中可能还会遇到其他提示信息。这里只以上述 3 类问题为例说明了解决问题的方法。如果遇到其他问题，请读者自行搜索相关方法加以解决。

10.2　Fabric SDK Go 的配置和依赖

在客户端应用中使用 Fabric SDK Go 进行开发之前，需要做如下准备工作。

- 配置 Fabric SDK Go。
- 管理 Fabric SDK Go 项目的依赖。

10.2.1　配置 Fabric SDK Go

每个客户端应用都需要配置 Fabric 网络中各组件的参数，以便与这些组件进行通信。可以创建一个配置文件，用于定义 Fabric SDK Go 的配置参数和客户端应用的自定义配置参数。

在 Fabric SDK Go 的配置参数中，一类用于定义客户端应用自身的配置信息（包括基本配置项和 client 配置组），另一类用于定义 Fabric 网络中各组件的配置信息（包括 channels 配置组、organizations 配置组、orderers 配置组和 peers 配置组）。

在 Fabric SDK Go 源代码的 pkg/config/testdata/template 目录下提供了一个 Fabric SDK Go 的配置文件模板 config.yaml。本小节将结合 config.yaml 介绍配置 Fabric SDK Go 的方法。执行如下命令可以查看 config.yaml 的内容。由于配置项很多，下面仅介绍主要的配置项，具体情况可以参考源代码加以理解。

```
cd $GOPATH/src/github.com/hyperledger/fabric-sdk-go/pkg/config/testdata/template
vi config.yaml
```

1．基本配置项

config.yaml 中包含的主要基本配置项如下。

- name：配置文件的名字，默认值为 default-network。
- x-type：Fabric 网络的类型，默认值为 hlfv1，代表 Hyperledger Fabric 1.x。
- description：指定目标网络的描述信息。
- version：指定配置文件的格式版本，默认值为 1.0.0。

2．client 配置组

client 配置组用于配置客户端应用的信息，也就是定义谁与 Fabric 网络进行交互。client 配置组中包含的主要配置项如下。

- organization：指定客户端应用所属的组织。
- logging.level：指定客户端应用的日志级别，默认值为 info。
- peer：配置与 Peer 节点相关的超时信息，包括连接超时时间、查询超时时间、查询响应超时时间、执行交易响应超时时间、节点进入灰名单的超时时间。读者可以参考源代码理解相关配置项，这里不展开介绍。
- eventService：配置与事件服务相关的超时信息，包括连接超时时间、查询超时时间、查询响应超时时间、执行交易响应超时时间。
- orderer：配置与排序节点相关的超时信息，包括连接超时时间和注册超时时间。

- cryptoconfig.path：配置存储用户密钥和证书的路径。

3．channels 配置组

channels 配置组用于配置客户端应用所连接的通道的信息。channels 配置组中包含通道的排序节点和 Peer 节点信息。例如，下面是 channels 配置组的示例代码：

```
channels:
 mychannel:
  orderers:
   - orderer0.example.com
  peers:
   peer0.org1.example.com:
    endorsingPeer: true         #是否是背书节点
    chaincodeQuery: true        #是否可以发起查询链码请求
    ledgerQuery: true           #是否可以查询账本
```

4．organizations 配置组

organizations 配置组用于配置参与 Fabric 网络的组织信息。下面是 organizations 配置组的示例代码：

```
organizations:
 org1:
  mspid: Org1MSP                    #org1 的 MSP ID
  peers:
   - peer0.org1.example.com         #org1 的 Peer 节点列表
  #org1 的 Fabric CA Server
  certificateAuthorities:
   - ca.org1.example.com
  adminPrivateKey:                  #管理员私钥
    pem: "-----BEGIN PRIVATE KEY----- <etc>"
  signedCert:                       #签名证书
    path: "/tmp/somepath/signed-cert.pem"
```

5．orderers 配置组

orderers 配置组用于配置 Fabric 网络中的排序节点信息，客户端应用可以参照配置将交易及创建和更新通道的请求发送至排序节点。目前，orderers 配置组只支持配置一个排序节点。

下面是 orderers 配置组的示例代码：

```
orderers:
 orderer.example.com:
  url: grpcs://orderer.example.com:7050

  #gRPC 库的标准属性，其会在构造 gRPC 客户端时被用到
```

```
    grpcOptions:
      ssl-target-name-override: orderer.example.com
      grpc-max-send-message-length: 15
      #keep alive 客户端相关参数。TCP 的 keep alive 机制的目的在于保持客户端和服务器端的连接，
      一方会不定期发送心跳包给另一方。当一方断掉的时候，没有断掉的一方会定时发送几次心跳包，如果对
      方返回的都是 RST，而不是 ACK，则释放当前连接
      keep-alive-time: 5s
      keep-alive-timeout: 6s
      #如果为 true，则即使没有启用 RPC，客户端也会进行 keep alive 检查
      keep-alive-permit: false
      #当 RPC 试图断开连接或连接不可到达的服务器时，决定是否启动快速失败功能
      fail-fast: true

    tlsCACerts:
      #证书的绝对路径
      path: ${GOPATH}/src/github.com/hyperledger/fabric-sdk-go/test/fixtures/
      channel/crypto-config/ordererOrganizations/example.com/tlsca/tlsca.example.
      com-cert.pem
```

6．peers 配置组

peers 配置组用于配置 Fabric 网络中的 Peer 节点信息。客户端应用可以向 Peer 节点发送各种请求，包括背书请求、查询请求和事件监听器注册请求等。下面是 peers 配置组的示例代码：

```
peers:
  peer0.org1.example.com:
    #此 URL 用于发送背书请求和查询请求
    url: grpcs://peer0.org1.example.com:7051
    #此 URL 用于连接 EventHub，并注册事件监听器
    eventUrl: grpcs://peer0.org1.example.com:7053
    tlsCACerts:
      #TLS 证书的绝对路径
      path: path/to/tls/cert/for/peer0/org1
```

7．certificateAuthorities 配置组

certificateAuthorities 配置组用于配置 Fabric CA。下面是 certificateAuthorities 配置组的示例代码：

```
certificateAuthorities:
  ca.org1.example.com:
    url: https://ca.org1.example.com:7054
    # 指定处理发送给 Fabric CA 服务器的请求时所使用的 HTTP 配置项
    httpOptions:
      verify: true
```

客户端应用开发　第 10 章

```
tlsCACerts:
    #用逗号分隔的 TLS CA 证书路径列表
    path: path/to/tls/cert/for/ca-org1
    #与 Fabric CA 进行 TLS 通信时所使用的客户端密钥和证书
      client:
      keyfile: path/to/client_fabric_client-key.pem
      certfile: path/to/client_fabric_client.pem
  #Fabric CA 支持通过 REST API 进行动态用户登录。配置登录新用户时需要提供的管理员用户和密码
  registrar:
    enrollId: usually-it-is_admin
    enrollSecret: adminpasswd
  #CA 的名字，可选项
  caName: ca.org1.example.com
```

10.2.2　管理 Fabric SDK Go 项目的依赖包

Fabric SDK Go 自身也是使用 Go 语言开发的，使用 Go Modules 管理依赖包。因此，基于 Fabric SDK Go 开发的项目也可以使用 Go Modules 管理依赖包。Go Modules 是 Go 1.11 引入的官方包管理工具，用于解决之前没有地方记录依赖包版本信息的问题，可以方便依赖包的管理。在使用 Go Modules 之前，需要将环境变量 GO111MODULE 设置为 on。

在项目目录下执行 go mod init 可以初始化项目，并生成 go.mod 文件和 go.sum 文件。go.mod 文件用于管理项目的依赖包及其版本，其中包括以下信息。

- 当前项目的模块名。
- 当前项目使用的 Go 语言版本。
- 当前项目模块的依赖包及其版本。

例如，例 9-5 中项目 go.mod 文件的内容如下：

```
module github.com/hyperledger/fabric/my_contracts/sample9_5

go 1.15

require github.com/hyperledger/fabric-contract-api-go v1.1.1
```

go.sum 文件包含特定模块版本内容的哈希值，用于安全校验，不需要手动维护。

Fabric SDK Go 源代码目录下也有一个 go.mod 文件，用于管理 Fabric SDK Go 的依赖包。如果项目中依赖包的版本和 Fabric SDK Go 依赖包的版本不同，则会产生编译问题。可以将 Fabric SDK Go 中 go.mod 文件的内容复制到项目的 go.mod 文件中，然后保存。go mod 命令会自动合并相同的依赖包。执行 go mod tidy 命令可以自动添加新的依赖包或删除不需要的依赖包；执行 go mod run 命令可以下载 go.mod 中的依赖包。

10.3 使用 Fabric SDK Go 开发客户端应用

本节介绍使用 Fabric SDK Go 开发客户端应用的编程方法。

10.3.1 Fabric SDK Go 的开发包

Fabric SDK Go 中包含的开发包如下。

- pkg/fabsdk：Fabric SDK Go 的主开发包，可以基于配置创建上下文对象，这些上下文对象可以在下面的客户端开发包中应用。也就是说，客户端应用可以通过 pkg/fabsdk 开发包使用 Fabric 网络。本章将在 10.3.2 小节中介绍使用 pkg/fabsdk 开发包进行编程的方法。

- pkg/client/channel：客户端应用可以通过 pkg/client/channel 开发包访问 Fabric 网络中的通道。本章将在 10.3.3 小节中介绍使用 pkg/client/channel 开发包进行编程的方法。

- pkg/client/event：提供通道事件的处理能力。由于篇幅所限，本书不对 Fabric 智能合约的事件编程做详细介绍。

- pkg/client/ledger：提供查询通道中账本的处理能力。本章将在 10.3.4 小节中介绍使用 pkg/client/ledger 开发包进行编程的方法。

- pkg/client/resmgmt：提供在 Fabric 网络上创建和更新资源的能力。本章将在 10.3.5 小节中介绍使用 pkg/client/ resmgmt 开发包进行编程的方法。

- pkg/client/msp：提供在 Fabric 网络上创建和更新用户的能力。本章将在 10.3.6 小节中介绍使用 pkg/client/msp 开发包进行编程的方法。

使用 Fabric SDK Go 开发客户端应用的基本工作流程如下。

（1）编写客户端应用的 Fabric SDK 配置文件。

（2）使用配置文件初始化一个 fabsdk 实例。

（3）基于一个组织和用户，使用 fabsdk 实例创建一个上下文对象。

（4）使用 New() 函数创建一个客户端实例，创建时将上下文对象作为参数传递给客户端实例。

（5）调用客户端实例提供的函数来实现客户端应用的具体功能。

本章后面将介绍使用 Fabric SDK Go 开发包实现上述工作流程的方法。

10.3.2 创建 fabsdk 实例

使用 Fabric SDK Go 开发客户端应用的第一步就是使用配置文件创建 fabsdk 实例，方法如下：

```
<fabsdk 实例>, <error 对象> := fabsdk.New(<ConfigProvider 对象>)
```

ConfigProvider 对象可以为 Fabric SDK Go 提供应用程序的配置信息。可以使用配置文件创建 ConfigProvider 对象，方法如下：

```
<ConfigProvider 对象> = config.FromFile(<配置文件路径>)
```

下面是创建 fabsdk 实例的代码。

```
import "github.com/hyperledger/fabric-sdk-go/pkg/core/config"
import "github.com/hyperledger/fabric-sdk-go/pkg/fabsdk"

sdk, err := fabsdk.New(config.FromFile(c.ConfigPath))
if err != nil {
    log.Panicf("创建 fabsdk 实例，识别错误信息: %s", err)
}
```

sdk 就是创建的 fabsdk 实例。

10.3.3 通道客户端编程

使用 pkg/client/channel 开发包可以实现通道客户端编程，基本工作流程如图 10-2 所示。

图 10-2 pkg/client/channel 开发包实现通道客户端编程的基本工作流程

1．准备通道客户端上下文环境

准备通道客户端上下文环境的方法如下：

```
<通道客户端上下文对象> := <fabsdk 实例>.ChannelContext(<通道 ID>, <组织>, <用户>)
```

上面语句的作用是以指定组织、指定用户的身份创建指定通道的客户端上下文对象。在 ChannelContext()函数中，参数<组织>可以通过如下方法指定：

```
<fabsdk 实例>.WithOrg(<组织名>)
```

在 ChannelContext()函数中，参数<用户>可以通过如下方法指定：

```
<fabsdk 实例>. WithUser(<用户名>)
```

WithUser()函数用于根据用户名加载用户的身份。例如，下面的语句可以获取用户 User1 的身份。

```
fabsdk.WithUser("User1")
```

2．创建通道客户端

可以根据通道客户端上下文对象来创建通道客户端，方法如下：

```
<通道客户端>, <error 对象> := channel.New(<通道客户端上下文对象>)
```

这里的 channel 是包名。

例如，下面是创建通道客户端的完整代码：

```
import " github.com/hyperledger/fabric-sdk-go/pkg/client/channel"

ctx := sdk.ChannelContext(channelName, fabsdk.WithOrg(org), fabsdk.WithUser(user))

c, err := channel.New(ctx)
if err != nil {
  return channel.Response{}, err
}
```

也可以利用 mockChannelProvider 对象来创建通道客户端，方法如下：

```
<通道客户端>, <error 对象> := New(mockChannelProvider(<通道 ID>))
```

mockChannelProvider 中包含一个模拟的通道提供器，在演示代码中，可以将其用作通道客户端上下文对象，从而简化创建通道客户端的过程。例如，当用于演示时，上面创建通道客户端的代码可以简化如下（除了使用 mockChannelProvider，演示程序还省略了 New() 的包名）：

```
c, err := New(mockChannelProvider("mychannel"))
if err != nil {
    fmt.Println("failed to create client")
}
```

3．执行交易

使用 Execute() 函数可以在通道上执行交易，方法如下：

```
<Response 对象>, <error 对象> := <通道客户端对象>.Execute(request Request, ptions...
RequestOption)
```

Execute() 函数的第 1 个参数是 Request 对象，用于指定要执行的链码和函数信息，其中包含的主要字段如下。

- ChaincodeID：链码 ID。
- Fcn：要调用的函数名。
- Args：调用函数时传递的参数。

Execute() 函数的第 2 个参数是 RequestOption 对象，用于指定调用链码函数的选项。这是一个可选项，可以指定部署链码的 Peer 节点。这里不具体介绍 RequestOption 对象的结构。

Execute() 函数的第 1 个返回值是 Response 对象，用于返回执行交易的响应参数，其定义代码如下：

```
type Response struct {
    Proposal              *fab.TransactionProposal          //交易提案对象
    Responses             []*fab.TransactionProposalResponse //交易提案响应对象
    TransactionID         fab.TransactionID                 //交易 ID
    TxValidationCode      pb.TxValidationCode               //交易验证码
    ChaincodeStatus       int32    //链码状态
    Payload               []byte   //交易的 Payload 字段，用于存储交易的关键信息
}
```

下面是利用通道客户端对象执行交易的示例程序。

```
c, err := New(mockChannelProvider("mychannel"))
if err != nil {
    fmt.Println("failed to create client")
}
_, err = c.Execute(Request{ChaincodeID: "testCC", Fcn: "invoke", Args: [][]byte
{[]byte("move"), []byte("a"), []byte("b"), []byte("1")}})
if err != nil {
    fmt.Println(err.Error())
}
```

程序在通道 mychannel 中执行链码 testCC 的 move()函数并传递了 3 个参数，即"a"、"b"和"1"。

4．查询链码

使用 Query()函数可以在通道上查询链码，方法如下：

```
<Response 对象>, <error 对象> := <通道客户端对象>.Query(request Request,options ...
RequestOption)
```

Query()函数的参数和返回值与 Execute()函数的相同，请读者参照理解。

下面是利用通道客户端对象查询链码的示例程序。

```
c, err := New(mockChannelProvider("mychannel"))
if err != nil {
    fmt.Println("failed to create client")
}

response, err := c.Query(Request{ChaincodeID: "testCC", Fcn: "invoke", Args:
[][]byte{[]byte("query"), []byte("data")}})
if err != nil {
    fmt.Printf("查询链码失败: %s\n", err)
}
if len(response.Payload) > 0 {
    fmt.Println("查询链码成功")
}
```

程序在通道 mychannel 中执行链码 testCC 的 invoke()函数并传递了 2 个参数，即"query"和"data"。

10.3.4　账本客户端编程

如果客户端应用需要查询多个通道中的账本，则必须为每个通道创建一个账本客户端对象。可以通过 pkg/client/ledger 开发包提供的 API 实现账本客户端编程。

与创建通道客户端对象的方法相似，也可以通过通道上下文对象来创建账本客户端对象，代码如下：

```
import "github.com/hyperledger/fabric-sdk-go/pkg/client/ledger"
ctx := mockChannelProvider("mychannel")
cli, err := New(ctx)
if err != nil {
    fmt.Println("failed to create client")
}
```

代码中的 New()函数是 pkg/client/ledger 开发包中的函数。可以利用账本客户端对象的 API 查询账本，支持的查询方式如下。

- 根据区块号查询账本。
- 根据区块哈希查询账本。
- 根据交易 ID 查询账本。

1. 根据区块号查询账本

可以使用 QueryBlock()函数根据区块号查询账本，定义代码如下：

```
func (c *Client) QueryBlock(blockNumber uint64, options...RequestOption)
(*common.Block, error)
```

参数说明如下。

- blockNumber：指定要读取区块的区块号。
- options：可选参数，指定请求选项；通常可以不传递此参数。

QueryBlock ()函数的第一个返回值是 common.Block 类型的指针，其中存储着区块中的数据，包括区块头、区块体和区块元数据。

下面是使用 QueryBlock()函数的示例程序。

```
c, err := New(mockChannelProvider("mychannel"))
if err != nil {
    fmt.Println("创建客户端对象失败")
}
block, err := c.QueryBlock(1)  //查询区块号为1的区块
if err != nil {
```

```
    fmt.Printf("查询区块失败: %s\n", err)
}
if block != nil {
    fmt.Println("已成功获取区块#1")
}
```

2. 根据区块哈希查询账本

可以使用 QueryBlockByHash()函数根据区块哈希查询账本, 定义代码如下:

```
func (c *Client) QueryBlockByHash(blockHash []byte, options...RequestOption)
(*common.Block, error)
```

下面是使用 QueryBlockByHash ()函数的示例程序。

```
c, err := New(mockChannelProvider("mychannel"))
if err != nil {
    fmt.Println("创建客户端对象失败")
}
block, err := c.QueryBlockByHash([]byte("hash"))//查询区块哈希为"hash"的区块
if err != nil {
    fmt.Printf("查询区块失败: %s\n", err)
}
if block != nil {
    fmt.Println("已成功获取区块")
}
```

3. 根据交易 ID 查询账本

可以使用 QueryBlockByTxID()函数根据交易 ID 查询账本, 定义代码如下:

```
func (c *Client) QueryBlockByTxID(txID fab.TransactionID, options...RequestOption)
(*common.Block, error)
```

下面是使用 QueryBlockByTxID()函数的示例程序。

```
c, err := New(mockChannelProvider("mychannel"))
if err != nil {
    fmt.Println("创建客户端对象失败")
}

block, err := c.QueryBlockByTxID("123")//查询交易 ID 为"123"的区块
if err != nil {
    fmt.Printf("查询区块失败: %s\n", err)
}
if block != nil {
    fmt.Println("已成功获取区块")
}
```

10.3.5 资源客户端编程

使用 pkg/client/resmgmt 开发包可以实现资源客户端编程，例如实现创建或更新通道、将 Peer 节点添加到通道，以及在 Peer 节点上执行安装链码、初始化链码、升级链码等操作。pkg/client/resmgmt 开发包的基本工作流程如图 10-3 所示。

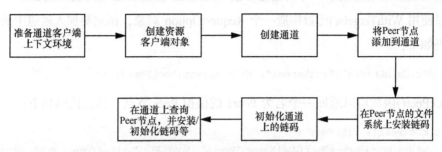

图 10-3　pkg/client/resmgmt 开发包的基本工作流程

1．创建资源客户端对象

与创建通道客户端对象的方法相似，也可以通过通道上下文对象创建资源客户端对象，代码如下：

```
import "github.com/hyperledger/fabric-sdk-go/pkg/client/resmgmt"
cli, err := New(mockClientProvider())
if err != nil {
    fmt.Println("failed to create client")
}
```

上述代码中的 New()函数是 pkg/client/resmgmt 开发包中的函数。

2．创建通道

可以利用资源客户端对象的 SaveChannel()函数创建通道，其定义代码如下：

```
func (rc *Client)SaveChannel(req SaveChannelRequest, options...RequestOption)
(SaveChannelResponse, error)
```

参数 req 中包含通道名称和配置信息。

在创建通道时，通道客户端对象并不会被绑定到具体的通道上，代码如下：

```
c, err := New(mockClientProvider()) //mockClientProvider()函数没有指定通道的参数
```

创建通道之前需要读取通道配置文件，方法如下：

```
file, err := os.Open(channelConfigPath)
```

可以使用文件对象 file 创建通道，代码如下：

```
resp, err := c.SaveChannel(SaveChannelRequest{ChannelID: "mychannel", ChannelConfig: file}
```

3．将 Peer 节点加入通道中

利用资源客户端对象的 JoinChannel() 函数可以将 Peer 节点加入通道中，定义代码如下：

```
func (rc *Client) JoinChannel(channelID string, options ...RequestOption) error
```

在 JoinChannel() 函数中，可以通过参数 channelID 指定要加入的通道的 ID。

可以使用 WithTargets() 函数构造一个 RequestOption 对象，指定要加入通道中的 Peer 节点，代码如下：

```
err = c.JoinChannel("mychannel", WithTargets(mockPeer()))
```

mockPeer() 函数可以返回一个名为 Peer1 的模拟 Peer 节点，其源代码如下：

```
func mockPeer() fab.Peer {
    return &mocks.MockPeer{MockName: "Peer1", MockURL: "http://peer1.com", Status: 200}
}
```

也可以根据需要构造 RequestOption 对象 options。如果 options 中没有指定 Peer 节点，则默认将属于客户端 MSP 的所有 Peer 节点都加入通道中。

4．在通道中执行链码操作

利用资源客户端对象可以在通道中执行链码操作，相关函数如表 10-1 所示。

表 10-1　资源客户端对象在通道中执行链码操作的函数

链码操作	函数	使用示例
安装链码	InstallCC()	req := InstallCCRequest{Name: "ExampleCC", Version: "v0", Path: "path", Package: &resource.CCPackage{Type: 1, Code: []byte ("bytes")}} responses, err := c.InstallCC(req, WithTargets(mockPeer()))
实例化链码	InstantiateCC()	ccPolicy := cauthdsl.SignedByMspMember("Org1MSP") req := InstantiateCCRequest{Name: "ExampleCC", Version: "v0", Path: "path", Policy: ccPolicy} resp, err := c.InstantiateCC("mychannel", req)
查询已安装链码	QueryInstalledChaincodes()	response, err := c.QueryInstalledChaincodes(WithTargets(mockPeer()))
查询已实例化链码	QueryInstantiatedChaincodes()	response, err := c.QueryInstantiatedChaincodes("mychannel", WithTargets(mockPeer()))
升级链码	UpgradeCC()	ccPolicy := cauthdsl.SignedByMspMember("Org1MSP") req := UpgradeCCRequest{Name: "ExampleCC", Version: "v1", Path: "path", Policy: ccPolicy} resp, err := c.UpgradeCC("mychannel", req, WithTargets(mockPeer()))

由于篇幅所限，这里不对表 10-1 中的各函数进行具体介绍。

10.3.6　MSP 客户端编程

使用 pkg/client/msp 开发包可以实现 MSP 客户端编程，例如实现注册用户、登录用户和删除用户等功能。pkg/client/msp 开发包的基本工作流程如图 10-4 所示。

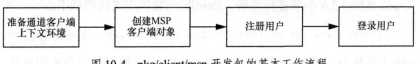

图 10-4　pkg/client/msp 开发包的基本工作流程

1．创建 MSP 客户端对象

与创建通道客户端对象的方法相似，也可以通过通道上下文对象创建 MSP 客户端对象，代码如下：

```
import "github.com/hyperledger/fabric-sdk-go/pkg/client/msp"

ctx := mockClientProvider()
c, err := New(ctx)
if err != nil {
    fmt.Println("failed to create client")
}
```

上述代码中的 New() 函数是 pkg/client/msp 开发包中的函数。

2．注册用户

利用 MSP 客户端对象的 Register() 函数可以注册用户，定义代码如下：

```
func (c *Client) Register(request *RegistrationRequest) (string, error)
```

在 Register() 函数中，可以通过参数 request 指定注册用户请求选项，并且可以在其中指定用户名、用户类型和密码等信息。例如，下面是使用 Register() 函数注册用户的示例程序。

```
ctx := mockClientProvider()
c, err := New(ctx)
if err != nil {
    fmt.Println("创建 MSP 客户端对象失败")
    return
}
username := randomUsername()
enrollmentSecret, err := c.Register(&RegistrationRequest{Name: username})
if err != nil {
    fmt.Printf("返回错误信息 %s\n", err)
    return
}
```

randomUsername() 函数用于生成一个随机的用户。如果在 RegistrationRequest 对象中没有指定用户密码，则调用 Register()函数会返回一个自动生成的密码。例如，上面示例程序中的变量 enrollmentSecret 就用于接收自动生成的密码。

3．登录用户

利用 MSP 客户端对象的 Enroll ()函数可以登录用户。关于在客户端登录一个已有身份的具体含义可以参照 4.2.6 小节进行理解。Enroll()函数的定义代码如下：

```go
func (c *Client) Enroll(enrollmentID string, opts ...EnrollmentOption) error
```

在 Enroll ()函数中，可以通过参数 enrollmentID 指定要登录用户的用户名。参数 opts 是可选的登录选项，通常可以用来指定用户密码。下面是使用 Enroll()函数登录用户的示例程序。

```go
ctx := mockClientProvider()
c, err := New(ctx)
if err != nil {
    fmt.Println("创建 MSP 客户端对象失败")
    return
}
err = c.Enroll(randomUsername(), WithSecret("enrollmentSecret"))
if err != nil {
    fmt.Printf("登录用户返回错误: %s\n", err)
    return
}
fmt.Println("登录用户完成")
```

这里使用 WithSecret()函数作为登录选项参数，用于指定用户密码。

4．删除身份标识

利用 MSP 客户端对象的 RemoveIdentity()函数可以通过 Fabric CA Server 删除指定的身份标识，定义代码如下：

```go
func (c *Client) RemoveIdentity(request *RemoveIdentityRequest) (*IdentityResponse, error)
```

参数 request 中包含要删除的身份标识。返回值 IdentityResponse 对象中包含已删除的身份标识信息。下面是使用 RemoveIdentity()函数删除身份标识的示例程序。

```go
c, err := New(mockClientProvider())
if err != nil {
    fmt.Println("创建 MSP 客户端对象失败")
    return
}
identity, err := c.RemoveIdentity(&RemoveIdentityRequest{ID: "johney"})
if err != nil {
    fmt.Printf("删除身份标识返回错误 %s\n", err)
    return
```

```
    }
    fmt.Printf("身份标识 '%s' 已被删除\n", identity.ID)
```

5．pkg/client/msp 开发包中的其他常用函数

pkg/client/msp 开发包中的其他常用函数如表 10-2 所示。

表 10-2　pkg/client/msp 开发包中的其他常用函数

函数	说明	使用示例
CreateIdentity	使用 Fabric CA Server 创建一个新的身份标识	identity, err := c.CreateIdentity(&IdentityRequest{ID: "johney", Affiliation: "org2", Attributes: []Attribute{{Name: "attName1", Value: "attValue1"}}})
CreateSigningIdentity	创建签名的身份标识	func (c *Client) CreateSigningIdentity(opts ... mspctx.SigningIdentityOption) (mspctx.SigningIdentity, error)
GetAllIdentities	查看所有身份	results, err := c.GetAllIdentities()
GetIdentity	查看指定身份的信息	identity, err := c.GetIdentity("johney")
GetSigningIdentity	获取签名身份	enrolledUser, err := c.GetSigningIdentity(username)
ModifyIdentity	修改身份标识	identity, err := c.ModifyIdentity(&IdentityRequest{ID: "johney", Affiliation: "org2", Secret: "top-secret"})
Reenroll	重新登录用户	err = c.Reenroll(username)
Revoke	使用 Fabric CA 注销指定用户的数字证书	_, err = c.Revoke(&RevocationRequest{Name: "testuser"})

由于篇幅所限，这里不对表 10-2 中的各函数进行具体介绍。

10.4　gateway 开发模型

通过 Fabric SDK，客户端应用可以实现针对 Fabric 区块链的各种管理功能，包括通道管理、事件管理、用户管理、安装链码、初始化链码等。虽然功能强大，但是开发的复杂度也比较高。在大多数应用场景中，客户端应用通常只需要调用链码。gateway 开发模型可以简化客户端应用开发的流程。

gateway 开发
模型原理

gateway 开发
模型编程

10.4.1　概述

在 gateway 开发模型中，gateway（网关）为 Fabric 网络提供了单一的入口。客户端应用无须逐一连接每一个 Fabric 组件，即无须关注各组件的具体配置。

gateway 开发模型不仅简化了客户端应用的开发流程，还简化了 Fabric 网络的管理，因为管理员无须配置 Fabric 网络对外开放多个组件的端口，也无须关注各组件对外通信的安全问题。

1．Fabric Gateway 组件

Fabric Gateway 是与 Peer 节点、排序节点、Fabric CA 一样的 Fabric 服务器组件。它使

用 Go 语言开发，实现了 gateway 开发模型。它可以在 Docker 容器中独立运行，也可以嵌入 Peer 节点运行。无论以何种方式运行，Fabric Gateway 组件都通过 gRPC 接口对外提供其功能。从客户端的角度看，Fabric Gateway 组件代表整个 Fabric 网络。Fabric Gateway 组件在 Fabric 网络拓扑中的位置和作用如图 10-5 所示。

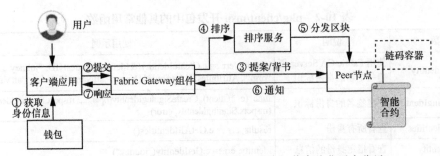

图 10-5　Fabric Gateway 组件在 Fabric 网络拓扑中的位置和作用

客户端应用通过 Fabric Gateway 组件与 Fabric 网络进行交互的步骤如下。

（1）用户使用客户端应用的第一件事是从钱包（Wallet）中加载自己的身份信息。关于配置和使用钱包的方法将在 10.4.3 小节中介绍。

（2）用户通过客户端应用提交交易提案。

（3）提案和背书请求通过 Fabric Gateway 组件发送至 Peer 节点。

（4）通过背书的交易信息再通过 Fabric Gateway 组件发送至排序服务。

（5）经过排序的交易被打包到区块中，区块由排序服务发送至记账 Peer 节点，再由记账 Peer 节点写入账本。

（6）Peer 节点将交易处理结果通知给 Fabric Gateway 组件。

（7）Fabric Gateway 组件将交易处理的响应信息返回给客户端应用。

图 10-6 所示是一个使用 Fabric Gateway 组件的示例网络。

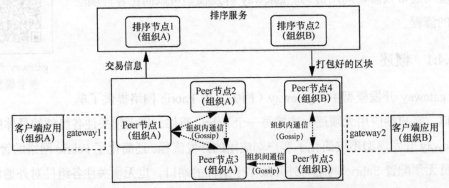

图 10-6　一个使用 Fabric Gateway 组件的示例网络

图 10-6 中演示的 Fabric 网络由组织 A 和组织 B 组成。组织 A 有 3 个 Peer 节点，组织 B 有 2 个 Peer 节点。这 2 个组织各由一个排序节点组成排序服务。组织 A 的客户端应用通

过 Fabric Gateway 组件 gateway1 访问 Fabric 网络,组织 B 的客户端应用通过 Fabric Gateway 组件 gateway2 访问 Fabric 网络。

2. 静态网关

Fabric Gateway 组件有静态网关和动态网关两种模式。静态网关指所有的网关配置都在连接配置文件中定义。也就是说,所有的 Peer 节点、排序节点和 CA 都在连接配置文件中使用网关配置静态的定义。关于连接配置文件的具体情况将在 10.4.2 小节中介绍。

客户端应用可以读取网关连接配置选项,使用静态网络拓扑来管理交易提交和通知的过程。在静态网关模式中,连接配置文件必须包含足够的网络拓扑信息。这样客户端应用就可以通过网关与 Fabric 网络进行交互。此时,对 Fabric 网络而言,网关代表客户端应用。

3. 动态网关

动态网关指在连接配置文件中最小限度地定义网关配置,通常只定义 1~2 个客户端应用使用的 Peer 节点。然后通过服务发现机制来发现有效的网络拓扑,包括 Peer 节点、排序节点、通道、部署好的链码和背书策略等。在生产网络中,网关配置至少应该包含 2 个有效的 Peer 节点。

在动态网关模式中,Fabric SDK 会同时使用网关配置中的组件和发现网络拓扑来管理交易的提交和通知过程。通过发现的背书策略,Fabric SDK 可以自动计算智能合约所需要的最少背书节点数量。

那么如何选择使用静态网关还是动态网关呢?这需要在可预见性和响应性之间做权衡。静态网络的表现总是稳定的,因为系统认为网络是不会变化的。也就是说,当网络拓扑很少发生变化时,使用静态网关模式比较合适。动态网关可以自动适配网络的变化。如果经常向网络中增加 Peer 节点或排序节点,则选择动态网关更合适。系统默认采用动态网关模式,这会减少一些人工配置的工作量,使系统更智能。

注意,同一个连接配置文件可以同时用于静态网关模式和动态网关模式。采用何种网关模式对客户端应用而言都是透明的,采用哪种模式都不会影响客户端应用的设计。

10.4.2　连接配置文件

在 gateway 开发模型中,可以使用连接配置文件来定义 Fabric 网络的拓扑。连接配置文件用于描述 Fabric 网络的一组组件,包括 Peer 节点、排序节点、CA、通道和相关组织的信息等。

通常,每个客户端应用都有一个专门的连接配置文件,用于配置与网络进行交互的网关信息。这样客户端应用就可以专注于处理业务逻辑,而无须过多地考虑网络拓扑的具体情况。

连接配置文件应该由熟悉网络拓扑的管理员来创建。

连接配置文件可以使用 JSON 或 YAML 格式，但在多数情况下使用 YAML 格式，因为这种格式更宜读。

连接配置文件中并不需要详尽地描述每一个通道的信息，只要包含网关需要的足够信息即可。例如，背书组织、部署链码的 Peer 节点和通知网关交易已被写入账本的 Peer 节点。

1．连接配置文件的结构

Fabric 测试网络中包含一个示例连接配置文件 connection-org1.yaml，其存储位置为 test-network/organizations/peerOrganizations/org1.example.com。本小节将以 connection- org1.yaml 为例介绍连接配置文件的结构。connection-org1.yaml 的代码如下：

```yaml
name: test-network-org1
version: 1.0.0
client:
  organization: Org1
  connection:
    timeout:
      peer:
        endorser: '300'
organizations:
  Org1:
    mspid: Org1MSP
    peers:
    - peer0.org1.example.com
    certificateAuthorities:
    - ca.org1.example.com
peers:
  peer0.org1.example.com:
    url: grpcs://localhost:7051
    tlsCACerts:
      pem:
        -----BEGIN CERTIFICATE-----
        MIICWDCCAf6gAwIBAgIRAND4vHXpoHmX0PpPeikLViUwCgYIKoZIzj0EAwIwdjEL
        MAkGA1UEBhMCVVMxEzARBgNVBAgTCkNhbGlmb3JuaWExFjAUBgNVBAcTDVNhbiBG
        cmFuY2lzY28xGTAXBgNVBAoTEG9yZzEuZXhhbXBsZS5jb20xHzAdBgNVBAMTFnRs
        c2NhLm9yZzEuZXhhbXBsZS5jb20wHhcNMjIwMzIxMTQyODAwWhcNMzIwMzE4MTQy
        ODAwWjB2MQswCQYDVQQGEwJVUzETMBEGA1UECBMKQ2FsaWZvcm5pYTEWMBQGA1UE
        BxMNU2FuIEZyYW5jaXNjbzEZMBcGA1UEChMQb3JnMS5leGFtcGxlLmNvbTEfMB0G
        A1UEAxMWdGxzY2Eub3JnMS5leGFtcGxlLmNvbTBZMBMGByqGSM49AgEGCCqGSM49
        AwEHA0IABDYb9k/5Plcei2RkvOZYODpjPVU7H9AnPFjQC4PG0NdS+vNVCJv3JMAT
        h+HxVM7huldBEQuHFRbouMEKqoAOTcOjbTBrMA4GA1UdDwEB/wQEAwIBpjAdBgNV
        HSUEFjAUBggrBgEFBQcDAgYIKwYBBQUHAwEwDwYDVR0TAQH/BAUwAwEB/zApBgNV
        HQ4EIgQgzLY6vwsDffgV5mUoT3EfOBzynfB0emRxYPx0iDOXOBUwCgYIKoZIzj0E
        AwIDSAAwRQIhALStDTWlTqmGHSQritFCtBzNnbazY4fPaO1tAOUKJtauAiBDEFiC
```

```
            FD4T46wogZ1/5ZHsZ7iDTXnhPmlTsi7a0pIGnw==
            -----END CERTIFICATE-----

    grpcOptions:
      ssl-target-name-override: peer0.org1.example.com
      hostnameOverride: peer0.org1.example.com
certificateAuthorities:
  ca.org1.example.com:
    url: https://localhost:7054
    caName: ca-org1
    tlsCACerts:
      pem:
        -----BEGIN CERTIFICATE-----
        MIICUjCCAfigAwIBAgIRAPrvGXE2ZQTxmOAAEhwWGfkwCgYIKoZIzj0EAwIwczEL
        MAkGA1UEBhMCVVMxEzARBgNVBAgTCkNhbGlmb3JuaWExFjAUBgNVBAcTDVNhbiBG
        cmFuY2lzY28xGTAXBgNVBAoTEG9yZzEuZXhhbXBsZS5jb20xHDAaBgNVBAMTE2Nh
        Lm9yZzEuZXhhbXBsZS5jb20wHhcNMjIwMzIxMTQyODAwWhcNMzIwMzE4MTQyODAw
        WjBzMQswCQYDVQQGEwJVUzETMBEGA1UECBMKQ2FsaWZvcm5pYTEWMBQGA1UEBxMN
        U2FuIEZyYW5jaXNjbzEZMBcGA1UEChMQb3JnMS5leGFtcGxlLmNvbTEcMBoGA1UE
        AxMTY2Eub3JnMS5leGFtcGxlLmNvbTBZMBMGByqGSM49AgEGCCqGSM49AwEHA0IA
        BEiVYDuMlaXNn0ub7v4hBJtWoTtmbfweXy80IiAl/tKjc+J5rxQjk94aQ/eGtq70
        Wwk/w98GjUWyEXXkulrI1GmjbTBrMA4GA1UdDwEB/wQEAwIBpjAdBgNVHSUEFjAU
        BggrBgEFBQcDAgYIKwYBBQUHAwEwEwYDVR0TAQH/BAUwAwEB/zApBgNVHQ4EIgQg
        6n8jqT7fgVLuC2sBcalWQBuIEgam6S4Q4XPu2B7uw1owCgYIKoZIzj0EAwIDSAAw
        RQIhAIeKJKrpyiGuroP/Km2GDMnky42kofeZhz3heNPK4X1SAiAO2jkWAvFCGCBo
        LWLUiCYOvEKL96VjKmkw/I1Vpb9UVg==
        -----END CERTIFICATE-----
    httpOptions:
      verify: false
```

配置项的具体说明如下。

- name：指定连接配置文件的名字，建议使用 DNS 格式的名字。
- version：指定连接配置文件的版本，目前只支持 1.0.0。
- client：定义客户端应用的信息。client.organization 定义客户端应用所属的组织；client.connection.timeout.peer.endorser 定义客户端应用等待 Peer 节点背书的超时时间，单位为 ms。
- organizations：定义网络中组织的信息。connection-org1.yaml 定义的网络中只有一个组织 Org1，其 MSP ID 为 Org1MSP。组织 Org1 有一个 Peer 节点 peer0.org1.example.com，组织 Org1 的 CA 为 ca.org1.example.com。
- peers：定义网络中 Peer 节点的信息。connection-org1.yaml 定义的网络中只有一个 Peer 节点 peer0.org1.example.com，其下面的 url 属性用于定义 Peer 节点的通信地址，tlsCACerts 属性用于定义 TLS 通信证书的信息，grpcOptions 属性用于定义 gRPC 的参数，certificateAuthorities 属性用于定义与 Peer 节点对应的 CA 的参数。

除了 connection-org1.yaml 中使用的配置项外，还可以使用 channels 定义通道信息，使用 orderers 定义排序节点。具体使用方法将在本书配套资源中结合商业票据实例的应用进行介绍。

2．在客户端应用中读取连接配置文件

可以通过 pkg/gateway 开发包中的 config.FromFile()函数读取连接配置文件，其在连接网关对象时使用。config.FromFile()函数的使用方法如下：

```
config.FromFile(配置文件路径) core.ConfigProvider
```

config.FromFile()函数返回一个 core.ConfigProvider 对象，其在连接到网关时可以使用。

在 Go 语言中，可以使用 path/filepath 包实现文件和路径的相关编程。比较常用的函数是 filepath.Join()函数，用于将路径元素拼接成路径字符串。例如下面的代码可以返回路径../../test-network/organizations/peerOrganizations/org1.example.com/ connection-org1.yaml。

```
ccpPath := filepath.Join(
        "..",
        "..",
        "test-network",
        "organizations",
        "peerOrganizations",
        "org1.example.com",
        "connection-org1.yaml",
    )
```

Go 语言是跨平台的，即开发者在使用 filepath.Join()函数时无须考虑不同操作系统的差异，例如分隔符是“/”还是“\”。

下面的代码可以加载连接配置文件 connection-org1.yaml，并得到 core.ConfigProvider 对象 cp。

```
ccpPath := filepath.Join(
        "..",
        "..",
        "test-network",
        "organizations",
        "peerOrganizations",
        "org1.example.com",
        "connection-org1.yaml",
    )
cp := config.FromFile(filepath.Clean(ccpPath))
```

filepath.Clean()函数用于返回与指定路径等效的最短路径名。

10.4.3　通过网关调用链码

本小节介绍在客户端应用中通过网关调用链码的方法，具体步骤如下。

1. 配置钱包

配置钱包的流程如图 10-7 所示。

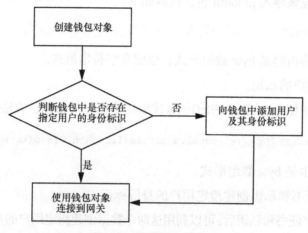

图 10-7　配置钱包的流程

下面介绍配置钱包的具体方法。

（1）创建钱包对象

使用 gateway.NewFileSystemWallet()函数可以创建一个文件系统钱包，方法如下：

```
<Wallet 对象>, <error 对象> := gateway.NewFileSystemWallet(<存储钱包文件的路径>)
```

文件系统钱包实际上就是存储在硬盘上的一个扩展名为.id 的文件。通常，文件系统钱包的文件名是其所属用户的用户名。

gateway.NewFileSystemWallet()函数返回一个 Wallet 对象。接下来可以使用 Wallet 对象对钱包进行配置。

（2）判断钱包中是否存在指定用户的身份标识

调用 Wallet 对象的 Exists()函数可以判断钱包中是否存在指定用户的身份标识，方法如下：

```
existed := <Wallet 对象>. Exists(<用户名>)
```

如果不存在，则可以向钱包中添加用户及其身份标识。

（3）向钱包中添加用户及其身份标识

向钱包中添加用户及其身份标识的流程如图 10-8 所示。

图 10-8　向钱包中添加用户及其身份标识的流程

下面介绍向钱包中添加用户及其身份标识的具体方法。

① 读取指定用户的数字证书。

可以使用 io/ioutil 包中的 ReadFile()函数读取指定用户的数字证书，方法如下：

```
<证书的内容>, <error 对象> := ioutil.ReadFile(filepath.Clean(<证书文件的路径>))
```

注意，使用前应该导入 io/ioutil 包，代码如下：

```
import "io/ioutil"
```

读取到的证书的内容是 byte 数组形式，也就是字符串形式。

② 读取指定用户的私钥。

同样，也可以使用 ioutil.ReadFile()函数读取指定用户的私钥，方法如下：

```
<私钥的内容>, <error 对象> := ioutil.ReadFile(filepath.Clean(keyPath))
```

读取到的私钥也是 byte 数组形式。

③ 使用数字证书和私钥创建指定用户的身份标识。

读取用户的数字证书和私钥后，可以利用这两个数据创建指定用户的身份标识，方法如下：

```
<身份标识对象> := gateway.NewX509Identity(<MSPID>, <数字证书的内容>, string(<私钥的内容>))
```

身份标识对象是 X509Identity 结构体指针，其代表一个 X.509 格式的身份标识。

④ 将用户名和用户的身份标识添加到钱包对象中。

X.509 格式的身份标识代表一个用户的身份，将它和用户名添加到钱包对象中后，就可以使用钱包标识一个用户的身份了，方法如下：

```
<error 对象> := <Wallet 对象>.Put(<用户名>, <身份标识对象>)
```

在第 9 章介绍的 asset-transfer-basic 示例中，包含一个使用 gateway 开发模型的客户端应用示例程序 assetTransfer.go。其中定义了一个 populateWallet()函数，其功能是配置钱包，也就是将指定的用户 appUser 及其证书添加到钱包对象中，代码如下：

```go
func populateWallet(wallet *gateway.Wallet) error {
    //构建数字证书文件的路径
    credPath := filepath.Join(
        "..",
        "..",
        "test-network",
        "organizations",
        "peerOrganizations",
        "org1.example.com",
        "users",
        "User1@org1.example.com",
        "msp",
```

```
    )
    certPath := filepath.Join(credPath, "signcerts", "cert.pem")
    //读取数字证书
    cert, err := ioutil.ReadFile(filepath.Clean(certPath))
    if err != nil {
        return err
    }
    //构建私钥目录的路径
    keyDir := filepath.Join(credPath, "keystore")
    files, err := ioutil.ReadDir(keyDir)
    if err != nil {
        return err
    }
    if len(files) != 1 {
        return fmt.Errorf("私钥目录下应该只有一个私钥文件")
    }
    keyPath := filepath.Join(keyDir, files[0].Name())
    //读取私钥文件的内容
    key, err := ioutil.ReadFile(filepath.Clean(keyPath))
    if err != nil {
        return err
    }
    //使用数字证书和私钥创建指定用户的身份标识
    identity := gateway.NewX509Identity("Org1MSP", string(cert), string(key))
    //将用户名 appUser 和用户的身份标识添加到钱包对象中, 并返回钱包
    return wallet.Put("appUser", identity)
}
```

这里在源代码中添加了注释，请读者参照理解。

本例中，用户 appUser 的证书文件为 test-network/organizations/peerOrganizations/
org1.example.com/users/User1@org1.example.com/msp/signcerts/cert.pem，其私钥文件保存在
test-network/organizations/peerOrganizations/org1.example.com/users/User1@org1.example.co
m/msp/leystore 目录下，该目录下应该只有一个私钥文件。如果存在多个私钥文件，则应该
只保留其中的一个，否则 populateWallet()函数会返回报错信息。程序会按照本小节前面介
绍的步骤配置钱包对象。

2．通过网关连接到 Fabric 网络

调用 gateway 包中的 Connect()函数可以通过网关连接到 Fabric 网络，方法如下：

```
<Gateway 对象>, <error 对象> := gateway.Connect(<ConfigOption 对象>, <IdentityOption
对象>)
```

参数说明如下。

- <ConfigOption 对象>：指定网络的连接配置选项，其中至少应该包含一个网关 Peer 节点。
- <IdentityOption 对象>：指定一个签名的身份标识。建立网关连接后，客户端应用与 Fabric 网络的所有交互都将以该身份标识进行。

Connect()函数返回一个 Gateway 对象和一个 error 对象。可以通过 Gateway 对象与 Fabric 网络进行交互，具体方法将在后文介绍。

可以使用 gateway 包中的 WithConfig()函数得到 ConfigOption 对象，方法如下：

```
<ConfigOption 对象> := gateway.WithConfig(<ConfigProvider 对象>)
```

ConfigProvider 对象可以为 Fabric SDK 提供配置的后端支持。可以通过 config 包中的 FromFile()函数读取连接配置文件，并得到 ConfigProvider 对象，方法如下：

```
<ConfigProvider 对象> := config.FromFile(<连接配置文件路径>)
```

可以使用 gateway 包中的 WithIdentity()函数得到 IdentityOption 对象，方法如下：

```
<IdentityOption 对象> := gateway.WithIdentity (<Wallet 对象>, <身份标识名>)
```

在 assetTransfer.go 中连接到网关的代码如下：

```
// 构造连接配置文件的路径
ccpPath := filepath.Join(
        "..",
        "..",
        "test-network",
        "organizations",
        "peerOrganizations",
        "org1.example.com",
        "connection-org1.yaml",
    )
    // 连接到网关
    gw, err := gateway.Connect(
        gateway.WithConfig(config.FromFile(filepath.Clean(ccpPath))),
        gateway.WithIdentity(wallet, "appUser"),
```

这里使用的连接配置文件为 connection-org1.yaml，其内容已经在 10.4.2 小节中介绍，请读者参照理解。参数 wallet 按照本小节前面介绍的方法配置好钱包对象，这里使用身份标识 appUser 连接到网关，其数字证书和私钥已被添加到钱包对象 wallet 中。

gateway.Connect()函数返回一个 Gateway 对象 gw。客户端应用可以通过它调用智能合约，与 Fabric 网络进行交互。

3．获取智能合约对象

在客户端应用开发中，大部分功能都是通过调用智能合约来实现的。在 gateway 开发模型中，通过网关调用智能合约的流程如图 10-9 所示。

图 10-9　在 gateway 开发模型中通过网关调用智能合约的流程

（1）获取代表通道的 Network 对象

在通过网关连接到网络之后，可以通过本小节前面介绍的 Gateway 对象获取代表通道的 Network 对象，方法如下：

```
<Network 对象>, <error 对象> := <Gateway 对象>.GetNetwork(<通道名>)
```

（2）获取当前通道的智能合约实例

通过 Network 对象可以获取当前通道的智能合约实例，方法如下：

```
<智能合约实例> := network.GetContract(<链码名>)
```

（3）通过智能合约实例调用智能合约的函数

智能合约实例实际上是 gateway.Contract 对象。客户端应用可以通过该对象调用智能合约的函数。

在 assetTransfer.go 中获取当前通道智能合约实例的代码如下：

```
network, err := gw.GetNetwork("mychannel")
if err != nil {
    log.Fatalf("获取 Network 对象: %v", err)
}
contract := network.GetContract("basic")
```

其中 gw 是前面介绍的 Gateway 对象。程序首先获取通道 mychannel 的 Network 对象 network，然后利用 network.GetContract()函数获取智能合约 basic 所对应的 Contract 对象。

4．调用智能合约函数

在 gateway 开发模型中，调用智能合约函数可以分为以下 2 种情况。

- 调用从状态数据库中读取数据的函数：可以通过 gateway.Contract 对象的 EvaluateTransaction()函数实现，具体方法如下：

```
<结果集>, <error 对象> = <智能合约对象>.EvaluateTransaction(<智能合约函数名>)
```

返回值<结果集>是 byte 数组，其中包含从状态数据库中读取的数据。

- 调用向状态数据库中写入数据的函数：相当于提交交易，可以通过 gateway.Contract 对象的 SubmitTransaction()函数实现，具体方法如下：

```
<执行结果>, <error 对象> = <智能合约对象>.SubmitTransaction(<智能合约函数名>, <参数>,…)
```

返回值<执行结果>是 byte 数组，其中包含调用函数的返回结果。

在 assetTransfer.go 中调用智能合约函数的代码如下:

```
log.Println("--> Submit Transaction: InitLedger, function creates the initial set
of assets on the ledger")
result, err := contract.SubmitTransaction("InitLedger")
    if err != nil {
        log.Fatalf("Failed to Submit transaction: %v", err)
    }
    log.Println(string(result))


    log.Println("--> Evaluate Transaction: GetAllAssets, function returns all the
current assets on the ledger")
    result, err = contract.EvaluateTransaction("GetAllAssets")
    if err != nil {
        log.Fatalf("Failed to evaluate transaction: %v", err)
    }
    log.Println(string(result))


    log.Println("--> Submit Transaction: CreateAsset, creates new asset with ID,
color, owner, size, and appraisedValue arguments")
    result, err = contract.SubmitTransaction("CreateAsset", "asset13", "yellow",
"5", "Tom", "1300")
    if err != nil {
        log.Fatalf("Failed to Submit transaction: %v", err)
    }
    log.Println(string(result))


    log.Println("--> Evaluate Transaction: ReadAsset, function returns an asset with
a given assetID")
    result, err = contract.EvaluateTransaction("ReadAsset", "asset13")
    if err != nil {
        log.Fatalf("Failed to evaluate transaction: %v\n", err)
    }
    log.Println(string(result))


    log.Println("--> Evaluate Transaction: AssetExists, function returns 'true' if
an asset with given assetID exist")
    result, err = contract.EvaluateTransaction("AssetExists", "asset1")
    if err != nil {
        log.Fatalf("Failed to evaluate transaction: %v\n", err)
    }
    log.Println(string(result))


    log.Println("--> Submit Transaction: TransferAsset asset1, transfer to new owner
of Tom")
    _, err = contract.SubmitTransaction("TransferAsset", "asset1", "Tom")
    if err != nil {
```

```
        log.Fatalf("Failed to Submit transaction: %v", err)
    }

    log.Println("--> Evaluate Transaction: ReadAsset, function returns 'asset1'
    attributes")
    result, err = contract.EvaluateTransaction("ReadAsset", "asset1")
    if err != nil {
        log.Fatalf("Failed to evaluate transaction: %v", err)
    }
    log.Println(string(result))
```

程序调用了智能合约 basic 的以下几个函数。

- 调用 InitLedger()函数向账本中写入一组资产信息。
- 调用 ReadAsset()函数从状态数据库中读取 ID 为 asset13 的资产记录。
- 调用 AssetExists()函数判断状态数据库中是否存在 ID 为 asset1 的资产记录。
- 调用 TransferAsset()函数将状态数据库中 ID 为 asset1 的资产记录的 Owner 字段值更新为 Tom。
- 调用 ReadAsset()函数从状态数据库中读取 ID 为 asset1 的资产记录，并验证其 Owner 字段值是否被更新。

请注意调用智能合约函数的方法。

示例程序 assetTransfer.go 完整地演示了基于 gateway 开发模型开发客户端应用的方法。接下来通过运行 assetTransfer.go 来查看程序的工作流程和运行效果。

（1）启动测试网络

示例程序 assetTransfer.go 是基于测试网络的，因此在运行 assetTransfer.go 之前应该启动测试网络，命令如下：

```
cd $GOPATH/src/github.com/hyperledger/fabric/scripts/fabric-samples/test-network
./network.sh up createChannel -ca
```

因为 assetTransfer.go 使用到了通道 mychannel，所以这里使用子命令 createChannel 实现在启动测试网络的同时创建通道 mychannel。

因为 assetTransfer.go 会使用用户 appUser 及其证书连接到网关，所以在启动测试网络时会使用命令选项-ca 来启用内置的 CA 服务。启动过程中会创建相关用户，并为其生成数字证书和密钥。

（2）部署智能合约

因为 assetTransfer.go 会调用智能合约 asset-transfer-basic 中的函数，所以这里使用 network.sh 脚本的子命令 deployCC 来部署智能合约 asset-transfer-basic，命令如下：

```
./network.sh deployCC -ccn basic -ccp ../asset-transfer-basic/chaincode-go -ccl go
```

（3）运行示例程序 assetTransfer.go

执行如下命令以切换至 asset-transfer-basic/application-go 目录下，并运行示例程序 assetTransfer.go。

```
cd ../ asset-transfer-basic/application-go
go run assetTransfer.go
```

运行结果如下：

```
2022/04/04 18:51:37 ============ application-golang starts ============
2022/04/04 18:51:37 ============ Populating wallet ============
[fabsdk/core] 2022/04/04 10:51:37 UTC - cryptosuite.GetDefault -> INFO No default
cryptosuite found, using default SW implementation
2022/04/04 18:51:37 --> Submit Transaction: InitLedger, function creates the initial
set of assets on the ledger
2022/04/04 18:51:39
2022/04/04 18:51:39 --> Evaluate Transaction: GetAllAssets, function returns all the
current assets on the ledger
2022/04/04 18:51:39 [{"AppraisedValue":300,"Color":"blue","ID":"asset1","Owner":
"Tomoko","Size":5},{"AppraisedValue":400,"Color":"red","ID":"asset2","Owner":
"Brad","Size":5},{"AppraisedValue":500,"Color":"green","ID":"asset3","Owner":"Jin
Soo","Size":10},{"AppraisedValue":600,"Color":"yellow","ID":"asset4","Owner":
"Max","Size":10},{"AppraisedValue":700,"Color":"black","ID":"asset5","Owner":
"Adriana","Size":15},{"AppraisedValue":800,"Color":"white","ID":"asset6",
"Owner":"Michel","Size":15}]
2022/04/04 18:51:39 --> Submit Transaction: CreateAsset, creates new asset with ID,
color, owner, size, and appraisedValue arguments
2022/04/04 18:51:41
2022/04/04 18:51:41 --> Evaluate Transaction: ReadAsset, function returns an asset
with a given assetID
2022/04/04 18:51:41 {"AppraisedValue":1300,"Color":"yellow","ID":"asset13",
"Owner":"Tom","Size":5}
2022/04/04 18:51:41 --> Evaluate Transaction: AssetExists, function returns 'true'
if an asset with given assetID exist
2022/04/04 18:51:41 true
2022/04/04 18:51:41 --> Submit Transaction: TransferAsset asset1, transfer to new
owner of Tom
2022/04/04 18:51:43 --> Evaluate Transaction: ReadAsset, function returns 'asset1'
attributes
2022/04/04 18:51:43 {"AppraisedValue":300,"Color":"blue","ID":"asset1", "Owner":
"Tom","Size":5}
2022/04/04 18:51:43 ============ application-golang ends ============
```

从运行结果可以看到，程序的运行过程如下。

（1）生成钱包，并使用钱包通过网关连接到测试网络。

（2）调用智能合约 asset-transfer-basic 的 InitLedger()函数，在账本中创建一组初始的数字资产。

（3）调用智能合约 asset-transfer-basic 的 GetAllAssets()函数，从账本中读取并输出所有数字资产。

（4）调用智能合约 asset-transfer-basic 的 ReadAsset()函数，读取并输出 ID 为 asset13 的数字资产记录。

（5）调用智能合约 asset-transfer-basic 的 TransferAsset()函数，修改 ID 为 asset1 的数字资产记录的 Owner 字段值为 Tom。

（6）调用智能合约 asset-transfer-basic 的 ReadAsset()函数，读取并输出 ID 为 asset1 的数字资产记录，并验证其 Owner 字段值已被设置为 Tom。

10.5 本章小结

本章介绍了使用 Fabric SDK Go 开发 Fabric 区块链客户端应用的方法，包括 Fabric SDK Go 的配置、依赖和开发包的使用。为了简化客户端应用的开发流程，本章还介绍了 gateway 开发模型的开发流程和编程方法。

本章的主要目的是使读者熟悉开发 Fabric 区块链客户端应用的方法。客户端应用可以从用户的角度与 Fabric 区块链进行交互，它虽然不属于 Fabric 区块链，但也是 Fabric 区块链在应用时不容忽视的一部分。

习　题

一、选择题

1. 使用 Go 语言开发 Fabric 区块链客户端应用时，需要通过（　　）与 Fabric 区块链进行交互。

 A. 链码   B. Fabric SDK Go

 C. 智能合约   D. Golang

2. 在 Fabric 区块链客户端应用的配置文件中，（　　）配置组用于配置参与 Fabric 网络的组织信息。

 A. client   B. channels

 C. organizations   D. orderers

3. 在 Fabric 区块链客户端应用的配置文件中，（　　）配置组用于配置 Fabric CA。

 A. client   B. channels

 C. organizations   D. certificateAuthorities

4. Fabric SDK 的主开发包是（　　）。

A. pkg/fabsdk

B. pkg/client/ledger

C. pkg/client/resmgmt

D. pkg/client/msp

二、填空题

1. 基于 Fabric SDK Go 开发的项目可以使用 Go Modules 来管理依赖包。在使用 Go Modules 之前，需要将环境变量＿＿【1】＿＿设置为 on。

2. 使用 pkg/client/＿＿【2】＿＿开发包可以实现通道客户端编程。

3. Fabric Gateway 组件有＿＿【3】＿＿和＿＿【4】＿＿两种模式。

三、简答题

1. 简述在 gateway 开发模型中通过网关调用链码的步骤。

2. 简述客户端应用通过 Fabric Gateway 组件与 Fabric 区块链进行交互的步骤。